László Studinka

Mit heißem Jägerherzen

Ein Leben der Jagd in Ungarn

Verfasser mit seinem „Lebenshirsch". Der berühmte Aulocksche Hirsch – das Wahrzeichen der Weltjagdausstellung, Budapest 1971 – wurde unter Führung des Verfassers 1967 gestreckt und erbrachte 246,13 IP

László Studinka

Mit heißem Jägerherzen

Ein Leben der Jagd in Ungarn

Zweite Auflage

Mit 51 Abbildungen auf 33 Tafeln

Verlag Paul Parey · Hamburg und Berlin

Mit Aufnahmen des Autors

CIP-Kurztitelaufnahme der Deutschen Bibliothek

Studinka, László:
Mit heißem Jägerherzen: e. Leben d. Jagd in Ungarn / László Studinka. – 2. Aufl. – Hamburg; Berlin: Parey, 1982.
ISBN 3-490-26811-3

Gemeinschaftsausgabe des Corvina Verlages, Budapest, und des Verlages Paul Parey, Hamburg und Berlin

ISBN 3-490-26811-3

Duckerei Kossuth, Budapest
Printed in Hungary

Inhalt

Dem Andenken meines Vaters gewidmet,
der mich zum Jäger erzog

Lebenslauf eines Jägers

Ich fühle, diesem Buch muß mein jagdlicher Lebenslauf vorausgeschickt werden, ich muß eine Indiskretion mir selbst gegenüber verüben, erzählen, wie mich das Schicksal behandelt hat, oder wie ich es auch selber zu lenken versucht habe. Ohne dies wäre vieles, was ich erzählen möchte, kaum verständlich. Denn solche „Abnormität", für die ich mich selber wähne, gibt es auch unter Jägersleuten nur wenige.

Meines Wissens sind alle meine Ahnen Jäger gewesen. Ein Urgroßvater war Jäger – Forstmeister auf einer Domäne in Oberungarn – ebenso waren es meine beiden Großväter – Landwirte und Verwalter großer Güter –, wie auch mein seliger Vater es war. Kein Wunder also, daß wir beide, mein Bruder und ich, die Jagdpassion erbten, ich vielleicht noch zwei gute Portionen mehr als ein Durchschnittsjäger.

Schon als kleiner Junge zeigte sich bei mir die Neigung zu Jagd und Getier, die große Passion. Mein Vater förderte sie mit allen Mitteln, und auch deswegen muß ich ihm stets dankbar bleiben. Erst lehrte er mich, bereitete mich vor und erzog mich für die hohe Schule der Jägerei. Ich steckte noch in den Kinderschuhen, als ich schon vieles wußte, unter anderem was *Cervus elaphus* und *Canis vulpes* war, und daß der Schnepf beim Frühjahrsstrich quorrt und puitzt. Auch späterhin unterstützte mein Vater meine sich früh zeigende Neigung mit Lehren, Büchern und gutem Beispiel. Schon im Alter von zehn Jahren war ich ständiger Leser von Jagdzeitschriften, auch von „Wild und Hund"; anhand von Jagdklassikern und anderen Jagdbüchern konnte ich mich selber jagdlich weiterbilden, hatte ich doch ein brennendes Interesse für alles, was mit Jagd und Wild zusammenhing. Ich hatte auch viele gute Beispiele, Lehrmeister, Waidmänner, hervorragende Schützen, die Freunde meines Vaters. Wie hätte es unter solchen Umständen anders kommen können, als daß ich alles begierig lernte? Ich war ein Glückskind, daß es so begann.

Mein Vater glaubte, wenn er mich zum Jägersmann erzöge, ich gebrauche absichtlich nicht das mir etwas hochtrabend klingende Wort „Waidmann", so werde die Jagd und alles, was damit zusammenhängt, mein Leben erfüllen und mich von allen schädlichen Lastern fernhalten. Und er sollte recht behalten. Vielleicht haben wir das Ziel sogar noch überschossen, er im Lehren und ich in der Gelehrigkeit, denn die Jagd, das Wild, die Ornithologie wurden meine Besessenheit, mein Lebensziel, so daß ich, als ich eine gute Zeit nach Kriegsende heimkam und nicht einmal Erinnerungen an mein vormaliges Leben vorfand, ohne einen Augenblick zu zögern das schwierige Leben eines Berufsjägers wählte. Soweit es die Umstände erlaubten, bin ich dieser Laufbahn treu geblieben bis zum heutigen Tag! Und Gott sei Dank, habe ich diesen Entschluß niemals bereut, so schwierig es manchmal auch gewesen ist, denn während den meisten Menschen ihre Beschäftigung nicht selten zur Last wird, lebte ich meiner Passion. Mein Leben war eine Folge von kleineren und größeren Jagdfreuden, und meine Arbeit war in erster Linie Freude, Passion, Begeisterung und Idealismus.

Ich wuchs auf dem Lande auf. Zumindest hielt ich mich für einen Jungen vom Land, obwohl ich zur Schule in die Stadt verbannt war. Ich habe alles Wissen über Wild und Vogelwelt aufgeklaubt, was ein Bengel, der im Grünen aufwächst, erlernen muß. Ich war erst Treiberjunge, als ich schon, sozusagen gleichzeitig mit dem Lesen und Schreiben, die Regeln der Jagd erlernte, die vielen geschriebenen und vor allem die ungeschriebenen Gesetze des Waidwerks sowie die Liebe zum Wild.

Wenn die Ferien begannen, stürzte ich nach Hause. Und das „Zuhause" war Westungarn, Pannonien, die Ecke zwischen Donau und Raab, die Ausläufer der „Hanság", des Wiesengeländes östlich vom Neusiedlersee. Eine schöne, abwechslungsreiche, fruchtbare, wasserreiche, mit vielen Bäumen und Gehölzen bestandene Ebene, eine mit Niederwild reichlich gesegnete Landschaft.

Das Zeitalter der Zwille kam schnell herbei. Von da ab war meine Seelenwelt nur auf die Jagd eingestellt. Für andere Dinge, wie Pferde oder Anglerei, blieb kaum mehr Platz und Zeit übrig, obwohl die Möglichkeiten auch dafür gegeben waren.

Die Munitionsbeschaffung war nicht schwierig, denn es gab genügend Kieselsteine im Schotter der Gartenwege.

Der Maierhof und der Obstgarten waren das Niederwildrevier, wo es auf den Gartenzäunen und den in der Sommerzeit Früchte tragenden Maulbeerbäumen keinen Mangel an Spatzen gab. Hier befaßte ich mich erstmalig mit ornithologischen Studien, denn vor dem Schuß mußte man die Spatzen von den vielerlei anderen Gästen der reifen Früchte unterscheiden können. Es war Ehrensache, keine Singvögel zu erlegen.

Unser Hochwildrevier war jedoch der große Park des gräflichen Schlosses, das einzige Baumgelände zwischen weiten Feldern. Hier konnte man auf den geschotterten Fußwegen barfuß wunderbar auf die rufenden Ringel- und Turteltauben pirschen.

Im Alter von etwa sechs, sieben Jahren nahm mich Vater oft auf seine Inspektionsfahrten mit, dann auch als Treibjungen zu Hühnerjagden. Die Flinte lag ständig waagerecht im Gewehrhalter hinter dem Kutschersitz. Vater war ein hervorragender, flinker Flintenschütze und hatte große Übung beim Schießen vom fahrenden Wagen aus. Ich kann mich erinnern, daß er öfters Krähen und Elstern, die vor dem Wagen von den Alleebäumen wegstrichen, vom fahrenden Wagen aus traf.

Da ich schon in der Handhabung der Jagdgewehre bewandert war, kam ich zeitig in das Alter des ersten „Flobert". Dies war damals eine Kleinkaliberbüchse mit gezogenem Lauf, nicht mehr das Flobertgewehr älterer Zeiten mit glattem Lauf, aus dem man auch Schrotpatrönchen verschießen konnte.

Wenn ich an diese Zeiten zurückdenke, so tut es mir leid, daß die Türkentaube damals in unserem Land noch nicht heimisch war. Wie große Strecken wir erreicht hätten! Obwohl es möglich oder sogar wahrscheinlich ist, daß ich bei diesem halbwilden Vogel in keine solch gute jagdliche Schule gegangen wäre wie bei seinen wilden Verwandten.

Im Alter von zehn Jahren begann ich mit der Flinte zu jagen. Noch dazu nicht mit einer gewöhnlichen, sondern mit einer 28er. Die 28er Flinte war eher eine Art Kinderspielzeug, damit der

Rückstoß den Jungen nicht auf den Hintern setzte und ihn schußscheu machte.

Dieses „Kronengewehr" war ein Patent des Büchsenmachermeisters Fückert, und bei uns in den Jahren vor dem Ersten Weltkrieg sehr beliebt und verbreitet. Seine Spezialität waren die in den Schafthals gesenkten flachen Hähne, die jedoch beim Öffnen des Gewehres gespannt wurden: Eine Selbstspanner-Hahnenflinte also. Die Sicherung war wie bei normalen Selbstspannerflinten am Kolbenhals angebracht, und entsichert konnten die Hähne auch entspannt werden. So war immer sofort zu sehen, ob die Flinte gespannt war.

Das Kronengewehr war gewissermaßen ein Übergang zwischen Hahnen- und hahnlosen Flinten, doch schon mit Ejektor, ein schnittiges, elegantes und leichtes kleines Gewehr.

Vier oder fünf Jahre, solange ich „Jägerlehrling" war, schoß ich ausschließlich damit. So lange durfte ich nur neben meinem Vater oder unter den Fittichen von Oberjäger Józsi Csepi an Gesellschaftsjagden teilnehmen.

Die damaligen Alten sorgten für strenge Jagddisziplin, die außerordentlich ernst genommen wurde. Ich kann mich noch genau an den Fall erinnern, der am Anfang meiner Jägerlaufbahn passierte. Bei einer Hühnerstreife, als ich neben meinem Vater ging, wurde eine Wachtel aus der kniehohen Hirse vor mir hoch und passierte die Schützen- und Treiberlinie nach Wachtelart niedrig streichend. Ich zielte auf das Vögelchen und zog, in meinem Leben zum ersten, aber auch zum letzten Male, die Flinte zielend durch die Linie, einer der schlimmsten Fehler der Anfänger.

Vater ließ mich zu sich kommen, nahm mir das Gewehr aus der Hand und gab mir ohne Worte rechts und links zwei anständige Watschen.

„Weißt du, wofür das war?"

„Ja, Vater!"

„Dann wirst du die nächsten drei Tage ohne Gewehr mit den Treibern gehen!"

Es war eine gute Lektion, die ich mir für mein ganzes Leben gemerkt habe!

Im Alter von zwölf Jahren jagte ich bereits mit einer richtigen

Büchse und durfte mit ihr schon Rehböcke und einige schwache Hirsche erlegen. Und mit fünfzehn Jahren, zur Zeit des großen Niederwildsegens in den dreißiger Jahren, nahm ich an den großen Jagden, den Erntetagen, schon mit Schwesterflinten teil.

Zurückblickend muß ich sagen, daß mein Vater recht hatte, all dies zu gestatten und zu fördern. Denn dadurch kam ich sehr zeitig über alle jagdlichen Kinderkrankheiten hinweg, die ein jeder durchmachen muß, ganz gleich, in welchem Alter er dieses Handwerk anfängt. Es müssen Schießwut, Schußneid und Schußgier überwunden werden. Das meisterte ich schon in sehr jungen Jahren und wurde nicht blasiert oder gelangweilt, sondern wählerisch. Dies aber gereicht zum Vorteil des Jägers. Wenn er in erster Linie nicht auf die Zahl des erlegten Wildes, sondern auf die Sportlichkeit des Schießens, beim Hochwild nicht auf die Trophäe, sondern auf die schwierigen Umstände ihrer Erbeutung Wert legt.

Als dann das Niederwild zu schwinden begann, hauptsächlich die Rebhühner im Laufe des Winters 1939/40, schwanden gleichzeitig auch meine bisherigen jagdlichen Möglichkeiten dahin. Ich begann ein neues Jägerleben, doch hatte ich schon jeden Ballast an Schußgier abgeworfen; ich liebte das Wild bereits mehr als die Jagd selber.

Liebe zum Wild und Kunstgriffe des Waidwerks lehrte mich hauptsächlich mein einstiger Lehrmeister, der junge Laci Csepi. Er war Berufsjäger in der „Hanság" bei Lébény, und ich verbrachte die schönsten Wochen und Monate bei ihm. Dort wurde ich auch zum Ornithologen. Ich wollte die dortige interessante Vogelwelt auch nach Arten genau ansprechen können. Doch hierzu genügten die Kenntnisse meines Meisters nicht. Er kannte bloß die volkstümlichen Namen der Vögel und ihre Lebensgewohnheiten. So ging ich also ins Ornithologische Institut, eines der ältesten in Europa, wo ich herzlich aufgenommen wurde und in jeder Hinsicht Ratschläge und Weisungen bekam. Ich wurde in dieser Zeit zum begeisterten Ornithologen. Ich nahm die ornithologischen Studien ernst, aber doch nicht so ernst, als daß ich sie zu meiner Laufbahn gewählt hätte.

Die Berufswahl war für mich eine äußerst schwierige und komplizierte Frage. Schon damals war es mein Wunschtraum, das Allerhöchste, was mir im Leben erreichbar schien: die Bewirtschaftung eines großen Jagdbannes, in dem ich für Wild und Jagd leben könnte. Doch war an eine solche Beschäftigung in den dreißiger Jahren überhaupt nicht zu denken, da es keine entsprechenden Möglichkeiten hierzu gab.

Meinem Wunschtraum entsprach noch am meisten die Laufbahn eines Forstakademikers. Manchmal kam es vor, daß der Forstmeister oder Forstrat einer der wenigen großen Walddomänen sich mit Wild und Jagd befassen konnte, doch nur, wenn der Jagdherr selber desinteressiert war, was jedoch eine Ausnahme bildete. Nichtsdestoweniger hatte ich große Lust zu dieser Laufbahn, die ja mit Wald und Wild zusammenhängt, doch war mir dieser schöne Beruf leider verschlossen, einfach deshalb, weil mir mein Leben lang alles, was mit Ziffern und Zahlen zu tun hatte, wie Chinesisch vorkam. Sogar beim Abitur hatte ich in Mathematik und Physik eine Vier, also ungenügend. In Ungarn tragen die Forstakademiker bis zum heutigen Tag den Ingenieurstitel und werden auch als solche ausgebildet. Wie hätte ich mit diesem Zeugnis und diesen Kenntnissen denn Ingenieur werden können?

Zur Ornithologie als Beruf hatte ich jedoch nicht genügend Begeisterung, um so mehr, als man in diesem Fach außer beim Ornithologischen Institut kaum Berufsmöglichkeiten hatte. Das war eine magere Sache, und dazu hätte ich als staatsangestellter Wissenschaftler niemals so viel verdient, um nebenher meiner Jagdleidenschaft frönen zu können.

Und zu anderem hatte ich keine Lust. Ich stand damals vor einem großen Dilemma: Wenn einer zu dieser Zeit nicht in ein großes Vermögen, in jagdliche Möglichkeiten und Gegebenheiten hineingeboren wurde, so konnte er kaum seiner Passion richtig nachgehen; den Berufsjäger „akademischen Grades“ gab es damals überhaupt nicht; nur im Glücksfall war die Jagd mit dem Beruf des Forstmannes verbunden. Wie konnte ich also im Laufe meines weiteren Lebens meiner alles beherrschenden Jagdpassion Genüge tun?

Ich hatte keine andere Wahl, ich mußte mir aus eigener Kraft das hierzu unbedingt notwendige Kleingeld verdienen!

Voraussetzung dafür war aber zur damaligen Zeit ein Akademikergrad. Ich erreichte ihn auch sehr schnell, und nicht bloß einen, sondern sogar zwei. Den doctor juris, denn Jurist mußte man sein, um in den meisten Lebenslagen seinen Mann stehen zu können, und auch den Grad eines Diplomlandwirtes, denn Ungarn war damals noch ein fast reiner Agrarstaat, und man konnte diese Fachbildung überall gebrauchen. Vor allem waren damals beide geeignet, eine Karriere zu beginnen, die genügend Geld einbringen würde, von dem das meiste wiederum für die Jagd ausgegeben werden könnte. Eigentlich hatte ich kein besonderes Interesse für irgendeines dieser Fächer, doch hol's der Teufel, ich brauchte all dies nur als Grundlage, hatte Ambitionen, etwas würde schon daraus werden, und dann konnte ich mir auch die Jagdmöglichkeiten sichern. Der Fehler der Sache war bloß, daß ich, wenn ich auch die nötigen Moneten für die Jagd verdiente, sicherlich nie genügend Zeit würde aufbringen können, um nach Herzenslust zu jagen und mit dem zu jagenden Wild zu leben. Denn schon damals liebte ich das „Kommen-Sehen-Schießen" nicht.

Und siehe da: Es mußte ein fürchterliches Unwetter der Geschichte, eine grundlegende gesellschaftliche Umwälzung kommen, damit ich mein Lebensziel, die Träume meiner Kindheit verwirklichen konnte. Fast zwanzig Jahre lang habe ich dann mit dem Wild und für das Wild und die Jagd leben können! Freilich ist es sehr oft ein hartes Brot gewesen. Und doch, auch zurückblickend bin ich froh, daß ich so gewählt habe.

Als ich aus Krieg und Gefangenschaft heimkam, war ich 28 Jahre alt und unternehmungslustig genug, um meinem Leben eine andere Richtung zu geben, um von der Jagd und für die Jagd leben zu können. Ich wurde Berufsjäger.

Um die jagdlichen Gegebenheiten im Nachkriegsungarn verstehen zu können, muß man wissen, daß vor dem Krieg auch bei uns ein den deutschsprachigen Ländern Europas ähnliches Reviersystem herrschte; das Jagdrecht war an das Grundeigentum gebunden, mit einem Mindestmaß von 115 Hektar. Folglich gab es sehr viele kleine Reviere, und eine rationelle Hege konnte eigentlich nur auf dem großen Grundbesitz betrieben werden.

Als 1945 das Bodenreformgesetz eingeführt wurde, trennte es das Jagdrecht prinzipiell vom Eigentumsrecht und übertrug es dem Staat, der es entweder in eigener Regie nützen oder mit größeren Flächeneinheiten als Einzelreviere an Jagdgesellschaften, nicht aber an Privatpersonen, verpachten konnte.

Die neuen Reviereinheiten und die jeweiligen Jagdgrenzen wurden von an Ort und Stelle bekannten Jägern auf der Karte eingezeichnet, möglichst so, daß die Grenzen einerseits natürliche oder leicht erkennbare waren, andererseits das Wild aus den Waldungen nicht direkt auf „feindliche" Felder auswechseln sollte. Das Mindestmaß der jeweiligen Jagdgebiete betrug etwa fünftausend Hektar: im Falle von Hochwildrevieren wurden sie an eine Jagdgesellschaft von maximal zwanzig, bei Niederwildrevieren von höchstens dreißig Mitgliedern auf die Dauer von zehn Jahren verpachtet. Je Reviereinheit mußte mindestens ein hauptberuflicher Revierjäger gehalten werden.

Besonders das Hoch- und Rehwild hatte durch die Kriegseinwirkungen stark gelitten, und um die letzten Reste retten zu können, wurden gleich zu Anfang aus den besten Rot-, Dam- und Rehwildgebieten Staatsreviere gebildet, die anfangs von den Staatsforstbetrieben, später, nach Schaffung von staatlichen landwirtschaftlichen Betrieben auch von diesen in eigener Regie verwaltet wurden und sozusagen den Keim zukünftiger Wildbestände und kapitaler Trophäen bildeten. Da diese Reviere größtenteils von geschulten, älteren Berufsjägern geleitet wurden, bekamen diese einerseits eine Existenzmöglichkeit in der jagdlichen Praxis, konnten aber auch ihr Können und ihre jagdethische Einstellung und Schulung an eine neue Jägergeneration weitergeben.

Als ich 1946 mein neues Jägerleben anfing, wurde mir eine Stellung als „Jagdinspektor" angeboten. Es wurde damals in jedem Landkreis zur Kontrolle der Hegemaßnahmen und der Jagdausübung der Jagdgesellschaften ein solcher vom Staat eingesetzt. Ich wies das Angebot jedoch dankend zurück. Ich wollte hinaus ins grüne Revier, nicht an den Schreibtisch.

Der Großteil der Reviere unmittelbar nördlich von Győr, die wir vormals bejagt hatten, wurde von drei Budapester Jagdgesellschaften in Pacht genommen und gemeinsam unter der Jagdleitung eines alten Bekannten und hervorragenden Schrotschützen verwaltet. Als ich heimkam und dies erfuhr, meldete ich mich sofort bei ihm als Berufsjäger. Er nahm mich natürlich mit Freude an, da ich ja Jagdpraxis, Revier und Leute bestens kannte. Umgekehrt aber war ich dort überall bestens bekannt, was wieder zu vielen Komplikationen führte. Der Grund war in erster Linie der, daß es offizielle Personen nie und nimmer verstehen wollten, warum ich trotz meines akademischen Grades „nur Jäger" war. Was auf der Hand lag, die Wahrheit, wurde mir nie geglaubt; ein jeder meinte immer wieder, dahinter irgendein Geheimnis entdecken zu müssen.

Nach einigen Monaten wurde ich zum Oberjäger des ganzen Feld-Revierkomplexes von etwa achtzehntausend Hektar ernannt, das ich mit meinen sechs Berufsjägerkollegen betreute. Das Rehwild war fast ausgerottet worden, Flugwild gab es nur noch sehr wenig, doch den Hasenbestand konnten wir durch Schonung und Kurzhalten des Raubzeuges schnell wieder auf die alte Höhe bringen. Dies war unser Glück, denn unsere Jagdgesellschaften wurden 1948 aufgelöst, und wir allesamt wären in den damaligen turbulenten Zeiten wahrscheinlich ohne Brot geblieben, wenn die Reviere im Hinblick auf die guten Hasenbesätze und den damals schon wieder anlaufenden Exportmöglichkeiten lebender Hasen nicht in staatliche Regie gekommen und von der Forstdirektion verwaltet worden wären. So konnte die Hege nach den Anfangserfolgen weitergeführt werden, und nach Monaten der Unsicherheit wurde auch das Jagdpersonal in den Staatsdienst übernommen.

Nichtsdestoweniger war unsere Lage dort nicht leicht. Das Revier lag unglücklicherweise vor den Toren der Stadt, wo es allzu viele Jäger gab, und der Hasenbesatz entwickelte sich in ganz wenigen Jahren in ungeahnter Weise, nicht zuletzt deswegen, weil wir die Hasen nie bejagten, sondern nur in Netzen fingen und immer sehr starke Stammbesätze übrigließen. Es gab dort Ende der vierziger und Anfang der fünfziger Jahre so viele Hasen wie nie zuvor. Wir fingen jährlich vier- bis fünftausend Hasen lebend, was einen großen Teil des damaligen Exportes ausmachte. Freilich war es nur dann möglich, solch einen Wildbestand heranzuhegen, wenn die Jägerei alles versuchte, um im Revier jagdliche Ordnung zu schaffen, was zu diesen Zeiten und im Hinblick auf die Stadtnähe eine äußerst heikle Angelegenheit war.

Damals war es ein schwieriges und oft auch bitteres Brot, Berufsjäger zu sein! Die jagdliche Ordnung war bei meitem noch nicht gefestigt, der Berufsjäger aber, der für sie zu sorgen bemüht war, wurde oft als Feind angesehen. Und doch gab es einige Versessene, die meinten, daß es in unserem Lande Wild geben müsse und die sich den Wiederaufbau der Wildbestände als Lebensziel steckten.

Heute, wo die Zeiten die Auffassung der damaligen Waidmänner bestätigt haben, als die Jagd zur Mode und zur Sensation des Fremdenverkehrszweiges wurde, wird es naturgemäß oft vergessen, welch langen und schwierigen Weg wir seitdem zurückgelegt haben. Und doch, damals, gleich zu Anfang, gelang es, die Grundlagen der heute wieder mit vollem Recht weltberühmten Wildbestände zu schaffen! Damals gelang es, die Groß- und Urgroßväter der jetzigen Trophäenträger, die an den Weltspitzen rütteln, zu retten. Damals, als große „Wildreservate" zustande kamen und das neue Jagdrecht es ermöglichte, daß auf den Ruinen der einstmaligen Bestände auf großen Reviereinheiten unter einheitlichen Richtlinien gehegt werden konnte, wurde der Grundstein zu bisher nie gesehenen Erfolgen gelegt ... Doch nicht nur in bezug auf das Hochwild, sondern auch bei Reh und Fasan! Wer hätte damals geglaubt, daß in Kürze die Zeit kommen würde, wo es in diesem Lande mehr von diesen Wildarten geben werde als je zuvor und so viele starke Trophäenträger ihre Fährte ziehen würden!

Es war für uns Berufsjäger ein richtiges „Pionier-Zeitalter"! Nach der Währungsreform 1946 hatte ich als Revierjäger bei der Jagdgesellschaft ein Monatsgehalt von einhundert Forint, als Oberjäger von dreihundert und jeweils in jedem Jahr einen Jagdanzug. Dies war natürlich auch mit Schußgeldern für Raubzeug und dem Erlös für Bälge zu wenig zum Leben. Wir hatten nicht einmal eine eigene Wohnung im Dorf, nur das hintere Zimmer eines landesüblichen Bauernhauses, das uns von guten Leuten angeboten worden war. Wir machten Feldarbeit, um Futter für unsere Tiere zu verdienen, hackten Mais und Kartoffeln und auch Zuckerrüben, die schwerste Feldarbeit neben dem Ernten mit der Sense. Wir hielten einige Hühner, zwei oder drei Schweinderl – und freilich Jagdhunde!

Meine Frau folgte mir als Stadtkind in die neue Umgebung. Ich bin ihr dafür zu großem Dank verpflichtet, denn hierzu wären wenige Frauen bereit gewesen. Nur sie konnte es mir ermöglichen, daß

Mein Bruder und ich mit unserem Lehrmeister Laci Csepi nach einer Morgenpirsch an der alten Ulme am Ufer der kleinen Donau (1935)

ich schon zu Anfang mein Leben der Jagd widmete und mich nicht genötigt sah, in der Stadt im Zivilberuf als „Tintenlecker“ zu verwelken, obwohl wir dort bestimmt ein leichteres Leben gehabt hätten!

Die heutigen Berufsjäger, die unter geordneten jagdlichen Verhältnissen, mit gesicherter Lebensmöglichkeit und gutem Einkommen, auch mittels bequemer, möglichst geländegängiger Fahrzeuge ihren Dienst tun und weite Möglichkeiten zur Ernte in den Wildbeständen haben, glauben kaum mehr, wie schwer die damaligen Zeiten der Anfänge waren. Sie sind in den Wildreichtum hineingewachsen. Doch damals mußten wir jedes Stück Wild verteidigen!

Im vierten Jahr brachten wir es soweit, daß der Jagdbetrieb zwei Pferdegespanne hatte. Sie versorgten mit notwendigen Fuhren die Fasanenaufzucht, bebauten die Wildäcker und waren im Winter beim Hasenfang beschäftigt. So hatten sie ständig viel zuviel Arbeit, als daß ich mit ihnen herumkutschiert wäre; ich aber bekam als Dienstfahrzeug ein 250-ccm-Motorrad, das ich zwei Jahre lang fuhr. In meinem Leben einmal und nicht wieder! Ich mußte es nämlich auch im Winter benutzen, zur Zeit des Hasenfanges noch mehr als sonst, denn dann war ich ständig unterwegs, und es war fast egal, wie dick ich mich angezogen hatte, nach einem halben Kilometer saß ich auf dem Teufelsding mit dem Gefühl vollständiger Nacktheit. Doch bis dahin hatte ich nur ein uraltes Fahrrad mit noch älteren Reifen benützen können, und dies in einem riesigen Revier, wo noch dazu ständig der Wind blies, gegen den man ankämpfen mußte. Wenn aber ein starker Regen kam und das Rad sich auf den Feldwegen im Dreck nicht mehr drehte, mußte man es auf den Buckel nehmen. Wegen der allzu großen Entfernungen war ich meistens mehrere Tage unterwegs.

Zu Wintersende 1952 wurde dann das Maß voll, nachdem ich mich sechs Jahre lang hatte wacker halten können. In diesem Winter hatten wir die größte Strecke an lebenden Hasen (6300 Stück) erreicht. Wir beließen so viel Stammbesatz im Revier, daß Außenstehende an Jagd und Fang nicht geglaubt hätten.

Damals traten in unserer Gegend einige Fälle der Tularämie bei Menschen auf. Es wurde festgestellt, daß sie von unseren eingegan-

Der „Fangmeister“ (1953)

genen Hasen herrührten und ich den Kardinalfehler begangen hätte, die Seuche nicht zu melden.

Mein damaliger höchster Chef, der Direktor der Forstwirtschaft von Győr, war ein sachlicher Mann mit geradem Charakter, der sich selber die Mühe nahm, den vielen Verleumdungen nachzugehen und sie zu klären. Doch erachtete er es in meinem eigenen Interesse für besser, mich in den Bakonywald zu versetzen, wo in einem wundervollen großen Waldrevier der Oberjägerposten eben frei geworden war.

Im nördlichen Bakonywald in der Nähe von Ugod, wo es schon wieder angehende Hoch- und Schwarzwildbestände und wundervolle alte Buchenwälder gab, konnte ich leider nicht lange leben. Wir zogen mit Kind und Kegel im zeitigen Frühjahr nach „Hubertlak" inmitten der Wälder, wo ehedem das weitbekannte altehrwürdige, inzwischen abgebrannte Jagdhaus gestanden hatte. Wir wohnten in einem ganz kleinen ehemaligen Wirtschaftsgebäude, das den Brand überstanden hatte und über welches sich uralte, himmelhohe Buchen wölbten. Die nächste menschliche Behausung war sechs Kilometer entfernt. Hier hoffte ich auf ein neues, ein richtiges Jägerleben. Es war mir nicht beschieden. Kaum hatten wir unseren kleinen Garten hinter dem Haus und das Deputat-Maisfeld bebaut, als direkt aus Budapest ein Wisch von drei Zeilen mit der Kündigung kam. Es waren schwere Zeiten, doch es gab auch dort, wie überall, wohlgesinnte und hilfsbereite Menschen. Ich bekam neue Arbeit, jedoch im Büro. Ich wurde Schreiber in einem Forstamt, das fünf Stunden Fußmarsch von unserer Waldbehausung entfernt lag. Montags früh ging ich fort, und Samstag nachmittags kehrte ich heim. Meine Frau war mit der vierjährigen Tochter die Woche über alleine im Wald. Doch dauerte diese Beschäftigung gottlob kaum drei Monate.

Es war gerade Mitte Sommer, als ich mich kurzerhand zur Erntearbeit im nächsten landwirtschaftlichen Betrieb meldete. Als Entlohnung bekam man damals noch Naturalien. So war zumindest unser tägliches Brot für den Winter gesichert.

Ich mußte einsehen, daß eine Berufsjägerlaufbahn zumindest vorläufig keinen Sinn hatte. Bis zu dieser Zeit wurden die staatlichen Jagdreservate von einer zentralen Stelle aus geleitet; dies wurde jetzt so umorganisiert, daß jeder Leiter der Forstbetriebe auch für das Jagdwesen direkt zuständig wurde. Da aber die wenigsten dieser Amtsleiter Jäger waren, und Wild und Jagd damals noch kaum einen ideellen Wert besaßen, kamen Berufsjäger ganz niedrig im Kurs zu stehen.

In meiner Zwangslage hängte ich meine Flinte – die ich schon seit langem nicht mehr besaß – an den Nagel und nahm mein Landwirtsdiplom zur Hand. Ich wurde Verwalter eines Landwirtschaftsbetriebes, weit weg, in der Nähe von Pécs im Süden des Landes. Nach kaum einem halben Jahr zogen wir schon wieder um. Doch waren wir nicht traurig, „Hubertlak“ zu verlassen, er hatte uns wenig Gutes gebracht!

Meine neue „Zivilbeschäftigung“ war gottlob auch nicht von langer Dauer: Sie währte insgesamt bloß drei Monate.

Ohne zu zögern nahm ich sogleich wieder eine jagdliche Beschäftigung auf, der ich insgesamt nur sechs Monate lang untreu geblieben war. Jetzt jedoch nur als „Saisonarbeiter“, wobei Personalien keine Rolle spielten. Einige Tage später war ich schon als „Fangmeister“ beim Einfangen lebender Hasen irgendwo an der Theiß im Einsatz. Damals gab es auch schon bei Jagdgesellschaften, besonders in Ostungarn, stellenweise gute Hasenbestände, doch waren die Gesellschaften in diesen Zeiten bei weitem noch nicht so organisiert und in jagdlichen Dingen bewandert wie heutzutage. Vom Lebendfang des Wildes verstanden sie naturgemäß sehr wenig. So wurde seitens der Übernehmerfirma – auch damals schon MAVAD – ein Fangmeister delegiert, insofern solche „Wundertiere“ aufzutreiben waren. Ich war einer der ersten, wir wurden uns auch sofort einig. Meine Aufgabe bestand darin, die Arbeit des Hasenfanges mit Rat und Tat zu leiten, die Hasen zu übernehmen und mich um den Bahntransport zu kümmern, darauf zu achten, daß die Netze vorschriftsmäßig gehandhabt wurden und daß immer ein genügender Vorrat von Versandkisten bereit war. Das Gehalt war freilich ziemlich mager, doch bekam ich bei den Jagdgesellen freie Wohnung und Verpflegung, kam viel herum und lernte vieles, und vor allem war es eine saisonbedingte, keine ständige Beschäftigung: genau das, was ich suchte.

Von hier wurde ich auch nicht mehr gefeuert. Drei Winter hindurch war ich Fangmeister in Ostungarn, weil es in anderen Landesteilen nicht genügend Hasen zum Lebendfang gab. Ich erreichte eine große Praxis im Lebendwildfang: Ich glaube kaum, daß jemals irgend jemandem mehr lebende Hasen durch die Hände gegangen sind während der acht Jahre, in denen ich zuerst im selbstverwalteten Revier und dann als Fangmeister arbeitete. Meiner Berechnung nach sind es um die fünfzigtausend Hasen gewesen. Auch mit Hochgarnen fingen wir zusätzlich Fasanen und Hühner; einmal in einem Winter insgesamt zehntausend Stück.

In diesen drei Jahren fing ich im Winter Hasen und arbeitete sommersüber mit einem im Herbst ablaufenden Kontrakt bei einem damals gut bekannten Filmregisseur und Ornithologen, der erstklassige Naturfilme drehte: István Homoki-Nagy. So war ich abseits vom Trubel und konnte sozusagen freiberuflich mein tägliches Brot verdienen. Es kümmerte sich keiner um mich.

Die Filmgruppe war ein lieber Freundeskreis. Wir verstanden uns sehr gut, denn freilich war die ganze Gesellschaft vom gleichen Ziele beseelt und vielleicht auch ein jeder etwas exzentrisch. Wir kampierten sommersüber monatelang völlig abgeschieden. In einem Sommer von April bis November auf einer Insel im Naturschutzgebiet des Kis-Balaton, einem großen Sumpfgebiet in der Südwestekke des Plattensees. Hier konnte ich meine ornithologischen Kenntnisse und mein Geschick im Abführen von Hunden gut gebrauchen.

Wir hatten eine ganze Anzahl von gelben „Vizsla" (Ungarische Vorstehhunde), schwarz-roten Kurzhaarteckeln, von denen jeder eine besondere Aufgabe zu erlernen hatte. Auch lernte ich vieles auf dem Gebiet der Wildphotographie, was sich später als sehr nützlich erwies.

Doch während ich ständig im Lande herumvagabundierte, wohnte meine Familie immer noch in der Nähe von Pécs. Ich kam bloß jeden Jubelmonat heim, und unsere aufwachsende Tochter erkannte mich kaum mehr! Sie mußte nun auch zur Schule, und meine Frau wurde hartnäckig: Sie wollte mit der Tochter nach Budapest ziehen, ich sollte mir dort irgendeine Beschäftigung suchen. Ich könnte auch von Budapest aus Fangmeister oder „Hundeabrichter" sein. Gesagt, getan. Wir zogen wieder mit Kind und Kegel nach Budapest, wo schon meine gesamte Familie in einem der Großmutter gehörenden zerbombten Familienhaus residierte.

Ich muß noch erzählen, daß damals, als die ersten Personalausweise ausgestellt wurden, meine Beschäftigung „de jure und de facto“ „Fangmeister“ war. So wurde sie auch in den Ausweis eingetragen. Jede offizielle Person, die in den späteren Jahren meinen Personalausweis kontrollierte, machte große Augen wegen meiner komischen Beschäftigung.

In Budapest fand ich dann in Kürze eine mir sympathische Verdienstmöglichkeit. Ich wurde der Gehilfe eines Bekannten, der sich mit dem Kampf gegen Ratten beschäftigte. Wir führten eine „biologische Verteidigung“ gegen sie, reisten zum Tatort, freilich mit der Bahn, weil uns kein Auto zur Verfügung stand, mit einem halben Dutzend Frettchen und drei, vier Foxterriers. Alle Türen der Räumlichkeiten, meistens waren es Stallungen, Lagerräume und Ähnliches, wurden zugesperrt, und einige der Frettchen in die Gänge der Ratten zum Einschliefen gebracht. Vor den Eingängen warteten die Terriers und die mit Stöcken bewaffnete Jugend auf das Erscheinen der Nager. Es war ein gewaltiges Gaudi! Als dann die Frettchen alle wieder zum Vorschein gekommen waren und nicht mehr in die leeren Gänge einschliefen wollten, wurde vorschriftsmäßig wie auf der Jagd Strecke gelegt. So konnte ein jeder das Ergebnis selber sehen und nachzählen. Wie bei der Niederwildstrecke wurde jedes zehnte Stück aus der Reihe gezogen. Nur die traditionelle Meldung mit gezogenem Hut und der Hörnerklang fehlten.

Auch meine Karriere als Rattenfänger kam zu einem jähen Ende. Nein, nein, von hier wurde ich nicht hinausgeschmissen. Doch als ich an einem frostigen Wintermorgen zu Fuß mit der Frettchenkiste zum Bahnhof wandelte, rutschte ich auf der vereisten Straße aus und fiel mit voller Wucht rücklings auf die Ecke der Kiste. Zum Glück war den Tierchen nichts passiert. Ich setzte mich in den Zug und erreichte meinen Bestimmungsort, doch mit äußerst schmerzendem Rücken. Daheim stellte sich heraus, daß ich mir zwei Rippen gebrochen hatte. Während der Zwangsruhe verlegte ich mich aufs Buchschreiben. Mit einem Freund verfaßte ich ein jagdliches Fachbuch, betitelt: „Hasen, Rebhühner, Fasanen“, das außer in zwei ungarischen Auflagen auch in deutscher und slowakischer Sprache erschien.

„Soviel das Rad sich nach unten dreht, genau soviel geht es auch nach oben!" sagt ein alter ungarischer Bauernspruch. Dies bewahrheitete sich auch bei mir. Mit meinem Leben ging es endlich aufwärts.

Ich bekam eine Beschäftigung, die mich wieder dem Wild und Waidwerk ganz nahe brachte, noch dazu mit Sitz in der Hauptstadt, bei der Oberdirektion der Staatsgüter als Sachverständiger in jagdlichen Fragen. Meine Aufgabe war die Förderung der Wildbestände in den von Staatsgütern verwalteten Jagdrevieren, die als hauptsächliche Feldreviere nur Niederwild und damals noch in sehr geringer Zahl Rehwild beherbergten.

Diese Aufgabe war mir natürlich auf den Leib geschneidert. Die Organisationsarbeit habe ich immer geliebt, besonders wenn sie mit Wild und Jagd zusammenhing. Ich beging dauernd die Reviere, die Berufsjägerei freute sich, wenn ich kam, weil ich zu ihr gehörte. Ich versuchte, jagdliche Ordnung in die Sache zu bringen. Ich sammelte meine Erfahrungen im grünen Revier, nicht im Büro am Schreibtisch. Zu den Meinen in Budapest kam ich höchstens einmal wöchentlich, um Meldungen und Referate zu verfassen und weitere Dienstreisen vorzubereiten. Ich kannte die Reviere so gut, als wäre ich Oberjäger eines jeden einzelnen gewesen. Ich war ständig unterwegs, aus einer Ecke des Landes in die andere, freilich immer nur mit der Bahn und einem Rucksack. Ich organisierte Jagdpersonal, Fasanenaufzucht, Lebendwildfang, Bestandaufnahme beim Rehwild, Einsammeln der ausgemähten Gelege und alles, was zur jagdlichen Praxis gehörte. Mit viel Freude und Passion. Ich hatte ein vollständig freies Leben, ich konnte nach Herzenlust kommen und gehen. Ich hatte wieder mein Lebensziel erreicht . . .

Zu dieser Zeit, nach der Jagdausstellung in Düsseldorf, zu der Ungarn auch vier oder fünf aus der Nachkriegszeit stammende Spitzenhirsche geschickt hatte, begann der damalige Direktor der MAVAD – des Unternehmens für Wildhandel –, den Gedanken der Jagd ausländischer Gäste bei ungarischen Behörden als erster zu lancieren. Dies schien damals als vollständige Utopie. Man versuche, sich die Absurdität der Idee vorzustellen, daß im Jahre 1954

Bürger kapitalistischer Staaten „bis zum Kinn mit Büchsen, Flinten und Munition bewaffnet“ in unser Land kommen und hier „umanandschießen“ würden.

Ich selber war seitens der MAVAD von Anfang an in die Ausarbeitung dieser Pläne einbezogen und so auch bei der ersten Sitzung dabei, als wir Vertretern der zuständigen Ministerien – natürlich war kein Jäger unter ihnen – die finanziellen Aspekte der vorgeschlagenen Ermöglichung des Jagdtourismus klarzulegen versuchten. Ich kann mich noch genau daran erinnern, daß unsere Zuhörer allesamt ungläubig die Köpfe schüttelten, als wir ihnen eröffneten, daß es Leute gäbe, die für den Abschuß eines starken Hirsches den Anschaffungspreis eines Kraftwagens zu zahlen bereit wären. Ich hatte das Gefühl, daß uns die Anwesenden einhellig für Narren hielten.

Der Erfolg blieb jedoch nicht aus! Die Sache wurde versucht, um zu sehen, ob aus dem „toten Kapital“ Wildbestand Devisen zu erwirtschaften wären. Im Frühjahr 1956 war es dann soweit, daß die Organisationsarbeit begonnen werden konnte, wozu ich von der MAVAD beauftragt wurde, da es dort kaum jemand gab, der sich auf praktische jagdliche Fragen verstand.

Ich stürzte mich also mit großem Elan in die neue und mir außerordentlich zusagende Aufgabe. Ich sah mir eine Menge Reviere und Jagdhäuser an, beschwichtigte die Leute und erklärte ihnen, was zu tun wäre. Wir verfaßten die Abschußbedingungen und das System der Abrechnung – damals gab es unsere auch zur Kontrolle der Abrechnungen allbewährte „Throphäenbewertungsstelle“ noch nicht, doch wurde nach den Erfahrungen des ersten Jahres diese allen Beteiligten nur zum Vorteil gereichende Organisation schnellstens ins Leben gerufen, ebenfalls wurden die Vertragsformulare und die erste Preisliste geschaffen. Ich war der erste, der damals für die Abrechnung nach dem Geweihgewicht die Lanze brach, und es gereicht mir zur großen Freude, daß ich Erfolg hatte und wir diese Form im Gegensatz zur Abrechnung nach der Punktebewertung in unseren Nachbarländern bis zum heutigen Tag beibehalten haben. Das Gewicht ist ein absoluter Wert. Hier können kaum Differenzen entstehen, denn jede interessierte Partei kann mit eigenen Augen klar sehen, was die Waage zeigt. Daß es Divergenzen zwischen dem spezifischen Gewicht sowohl bei Hirschgeweihen als auch Rehgehörnen gibt, kann nicht bestritten werden. Sie spielen aber anderenteils auf keiner Seite eine Rolle, da sich diese bei der Anzahl der Trophäen ausgleichen. Die Verrechnung nach Punktzahlen ist eine Quelle ewiger Meinungsverschiedenheiten, bei der eine absolute korrekte Bewertung unmöglich ist. Denken wir nur daran, daß schon einfache Maße, wie zum Beispiel die der Stangenlänge, bei mehreren Messungen verschiedener Vermesser erstaunlich abweichen. Sogar beim Rehgehörn, vom Hirschgeweih überhaupt nicht zu sprechen! Das Vergeben der Schönheitspunkte beruht auf so großer Subjektivität, daß eine korrekte Bewertung eigentlich nur von einem internationalen Gremium, wie bei großen Jagdausstellungen, gewährleistet ist. Den widerlichen Streit um die Punktebewertung bei der Abrechnung habe ich in benachbarten Ländern des öfteren als sehr unangenehm empfunden.

Ich hoffe sehr, daß wir auch in Zukunft die erbeuteten Trophäen der Jagdgäste auf die Waage legen werden, weil dies die klarste Abrechnungsweise ist. Denn der größte, grundlegendste Vorteil bei dem von uns organisierten „Jagdtourismus“ (welch häßliches Wort!) lag neben der guten Organisation und den starken Trophäen gleich von Anfang an in der absolut korrekten Abrechnung mit dem Jagdgast!

Im Sommer des Jahres 1956, als wir schon die Genehmigung hatten, ausländische Jagdgäste zu empfangen, trat der Direktor der MAVAD eine Organisationsreise in mehrere westliche Staaten an. Ich gab indessen eine kleine, billige und ziemlich unauffällige Anzeige mit ungefähr folgendem Wortlaut in „Wild und Hund“ auf: „Abschuß starker Hirsche in ausgedehnten ungarischen Revieren zur heurigen Brunft erstmalig zu vergeben“. Als mein Chef von seiner Rundreise heimkam, konnte ich ihm mit Freuden melden, daß ich mit fast fünfundzwanzig Jägern in Kontakt sei. Nach der Düsseldorfer Internationalen Jaghausstellung waren sie mit Leichtigkeit davon zu überzeugen, daß es bei uns schon wieder starke Trophäen zu erbeuten gab.

Schließlich kamen in der ersten Hirschbrunft 1956 insgesamt neunzehn deutsche Jagdgäste. Keiner verließ unser Land ohne ein für deutsche Verhältnisse außerordentlich kapitales Geweih. Die sich erholenden Wildbestände, das Jagdpersonal, auch damals schon zum Großteil mit Niveau und den Ansprüchen gewachsen, die genaue, korrekte Abrechnung und – last not least – der herzliche, jagdkameradschaftliche Empfang bauten die Grundlage des guten Rufes der Jagd in Ungarn aus.

In dieser Brunft, als wir noch alle Neulinge in jener neuen Sparte waren, passierte eine zumindest von uns als sehr komisch empfundene Episode. Ein echter Prinz in Lebensgröße war gekommen, um einen Kapitalen zu erlegen; er wurde natürlich in eines der Spitzenreviere eingewiesen. Ein junger, doch ausgezeichneter Jäger begleitete und führte ihn auf den Hirsch, der nach wenigen Tagen zur Strecke kam. Dieses große Ereignis meldete der Berufsjäger seinem vorgesetzten Jagdleiter etwa mit folgendem Wortlaut: „Der Hirsch schrie morgens bei Büchsenlicht noch auf dem Wildacker, es gelang uns auch ihn anzupürschen, und als ich sah, daß es der Gesuchte war, und zum Schießen das Zeichen gab, streckte ihn der Genosse Prinz mit Hochblattschuß im Feuer!“ Diese Kurzgeschichte machte damals innerhalb von Tagen bei der ungarischen Jägerei die Runde!

Zum besseren Verständnis der Sachlage will ich hier noch etliche Worte zu der allzu oft in Schlagzeilen benutzten, spöttischen Bezeichnung „Devisenjagd“ sagen.

Meistens werden dabei die Preise für Spitzentrophäen – und auch die übertrieben – zitiert. Aber starke Hirsche und Böcke sind immer kostspielig gewesen. Sogar für die Jagdherren großer Eigenjagden früherer Zeiten, wegen des Wald- und Flurschadens, Personal- und sonstiger Kosten. Damals habe ich das Bonmot gehört, daß Rennpferde, starke Hirsche und schöne Frauen stets eine teure Angelegenheit gewesen sind! Die starken Hirsche und Böcke zumindest sind auch heutzutage kostspielig für den, der sie heranhegt, und sei es auch ein Staatsrevier oder eine Jagdgesellschaft in Ungarn. Außerdem: Ein jeder Geschäftsmann weiß, daß sich der Preis auch in unseren Tagen noch nach Angebot und Nachfrage richtet. Na bitte!

Jeder ausländische Jäger, der jemals in Ungarn Büchse oder Flinte geführt hat, kennt das Jagdbüro MAVAD, das einzig zuständig für die Vermittlung ausländischer Jäger in ungarische Reviere ist. (Jagdgewehre können auch nur aufgrund der Bestätigung der MAVAD mitgebracht werden.) Die Jagdgesellschaften und staatlichen Jagdreviere bieten der MAVAD gleicherweise ihre zu vergebenden Jagdmöglichkeiten an. Die MAVAD ist „de jure und de facto“ Kommissionär, der diese an ausländische Jäger weitervermittelt, mit ihnen nach Kontrolle und Registrierung der erbeuteten Trophäen endgültig abrechnet und die Kosten in Devisen kassiert. Klar, nicht wahr? Nun verrechnet die MAVAD ihrerseits mit den Jagdberechtigten und zahlt nach Abzug einer ganz normalen Kommission von 6 Prozent den Rest in ungarischer Währung aus. Es lohnt sich, darauf hinzuweisen, daß alle Einnahmen der Jagdgesellschaften, natürlich auch der Entgelt von Abschüssen, zweckgebundene Mittel sind, *die ausschließlich zum Decken der jagdlichen Ausgaben* (Wildschaden, Personalausgaben usw.) *und zum Fördern jagdlicher Belange* (Fasanenaufzucht, Jagdhäuser, Fahrzeuge usw.) *verwendet werden dürfen.*

Andererseits ist die MAVAD unter anderem auch zuständig für Wildhandel. Sie kauft im ganzen Lande das erlegte Wild von den Jagdberechtigten auf und verkauft den größten Teil an Wildhändler der westlichen Länder, von denen es außerordentlich gesucht wird, und kassiert natürlich auch Devisen dafür. Darf ich fragen: Was ist der Unterschied?

Und doch gibt es einen Unterschied! Im Laufe der zwanzig Jahre, seitdem ausländische Jäger zu uns zum Jagen kommen, hat sich ein gegenseitiges, außerordentlich gutes Einvernehmen entwickelt. Wir haben uns kennen und schätzen gelernt, wir sind uns näher gekommen. Für Wild und Jägerei brachte dies aber hierzulande auch einen bei weitem nicht zu unterschätzenden ideellen Nutzen. Sie kamen auch in ihrem eigenem Land hoch im Kurs zu stehen, sie erlangten hierdurch wieder den Wert, der ihnen mit Recht zusteht.

Als Junge habe ich meinen Vater oft sagen gehört: „Merke dir: So viele Sprachen – so viele Menschen!“ Dies ist für uns Magyaren besonders wichtig, weil wir mit unserer eigenen, schönen, aber sehr schwierigen Sprache nicht weit in der Welt herumkommen. Und Vater setzte es mit seiner ungemein großzügigen Zielstrebigkeit durch, daß dies nicht nur Worte blieben und wir Jungs einige Sprachen erlernten. Auch dafür, wie für vieles andere, kann ich ihm nur ungemein dankbar sein. Von meinen Sprachkenntnissen habe ich im

Laufe meines Lebens immer großen Nutzen gehabt, obwohl es Zeiten gab, da ich mich mit der Lektüre fremder Sprachen begnügen mußte. Die größten Vorteile brachten sie mir im Umgang mit ausländischen Jägern. In dieser Beziehung war ich ein Sondertier in der ungarischen Jägerei, da ich nicht bloß die Sprache, sondern auch die *Jägersprache* und die jagdliche Mentalität der Gäste kannte. All dies führte naturgemäß dazu, daß ich in ihren Kreisen in Kürze äußerst populär wurde, was mir jedoch damals hierzulande nicht immer zum Vorteil gereichte.

So kam es, daß nach nur eineinhalb Jahren diese meine mit großem Elan und großer Freude ausgeführte Aufgabe ein Ende nahm.

Statt dessen bekam ich eine neue, passende Sonderaufgabe bei den Staatsgütern, in die ich mich wiederum mit ungebrochenem Idealismus stürzte. Im Jahre 1957 lief die Pachtperiode der Jagdreviere ab. Sie wurden generell im ganzen Lande wieder auf weitere zehn Jahre verpachtet. Bevor dies geschah, sollte ich für unsere Staatsgüter weitere, etwa zwanzig Großreviere im Gesamtausmaß von ungefähr einer halben Million Hektar in verschiedenen Gegenden des Landes aussuchen und in eigene Regie nehmen. Unter den damaligen, bei den Jagdgesellschaften noch ziemlich unsicheren Verhältnissen und ebensolcher jagdlichen Moral schien eine durchschlagende Verbesserung der Hege, insbesondere des Niederwildes, sonst nicht gewährleistet. Deswegen war es notwendig, größere, zur Hege des Niederwildes günstige Flächen unter die Obhut staatlicher Landwirtschaftsbetriebe zu stellen. (Hochwildreviere, von Staatsforstämtern verwaltet, gab es von Anfang an genügend.)

Ich vollbrachte die Aufgabe innerhalb eines halben Jahres in aller Stille, doch trug sie wieder nicht gerade dazu bei, meinen Freundeskreis zu erweitern. Um viele der Reviere wurde von denen, die sie bisher bejagten, mit allen Mitteln gekämpft, obwohl wir grundsätzlich nicht die gutbesetzten Reviere einiger gut hegender Jagdgesellschaften übernahmen. Unser Ziel war die Förderung und der Aufbau neuer Wildbestände, die Schaffung von „Hegerevieren“, von wo aus das Wild sich ausbreiten konnte.

Ich hatte wieder eine wunderbare Aufgabe, die mir bestens lag, eine jagdliche Organisationsarbeit, wie man sie sich schöner kaum vorzustellen vermag. Hier konnte wieder Großes geschaffen, neue Wildbestände begründet werden. Jetzt war ich erst recht ständig unterwegs, von einer Ecke des Landes zur anderen. Ich freute mich auch des wenigen Wildes, das da war und malte mir vor meinen seelischen Augen die reichen Wildbestände zukünftiger Jahre aus, die zu begründen jetzt meine Aufgabe war. Doch war es mir nur beschieden, ihre Grundsteine zu legen.

Denn das Rad drehte sich weiter: Ein Stück hinauf, ein Stück hinunter. Erst ein bißchen hinauf, denn ich bekam den höheren Rang eines „Jagdreferenten", doch nur auf kurze Zeit, denn er erwies sich als zu hoch. Titel und Rang haben mir nie etwas bedeutet, und auch diese kleine Beförderung war ein schlechtes Omen für mich. So hatte ich keine andere Wahl, als diesen mir äußerst passenden Arbeitskreis zu verlassen. Als Ersatz jedoch wurde mir eine Jagdleiterstelle in einem der Reviere nach meiner Wahl angeboten.

Mir schien, daß ich wieder einmal an einem Tiefpunkt angelangt war. Doch stellte sich später heraus, daß mir in diesem Fall alle Jagdgötter hold gewesen waren. Ich wählte das Jagdrevier des Staatsgutes in Lábod, unten, fast an der Drau, im Südwesten des Landes, im Komitat Somogy. Meine Familie blieb natürlich in Budapest wohnen, die Tochter ging schon zur Mittelschule. So zog ich mit meinem Rucksack in „Marschausrüstung" nach Lábod.

Im Februar 1959 trat ich dort in Dienst. Es ging besser an, als erwartet: Von meinem Vorgesetzten wurde ich mit Freuden aufgenommen, und er gab mir auch seine Flinte zum Dienst. Später verhalf er mir sogar wieder zu einem Waffenpaß. Ich revanchierte mich mit guter Leistung, was mir überhaupt nicht schwerfiel, denn auch in meiner vorherigen Stellung war schon meine Beschäftigung keine Arbeit gewesen, sondern ein mit Passion betriebener Beruf. Und dies wurde sie jetzt erst recht.

Es wurde mir in Kürze klar, daß ich jetzt, im Alter von vierzig Jahren, tatsächlich genau das erreicht hatte, was von Kind an mein Wunschtraum gewesen war: Die Möglichkeit zur Hege des Hoch- und Niederwildes in einem riesigen, einmalig abwechslungsreichen Jagdbann mit einem Ausmaß von fünfzigtausend Hektar! Daß aber dieses Gebiet damals noch fast wildleer war, erwies sich für mich vorerst von großem Vorteil: Ich hatte freie Hand in meiner Arbeit.

Mit einer Garde von Berufsjägern, die mit der Vergrößerung des Reviers zu insgesamt siebzehn Mann heranwuchs, schafften wir das Hegeziel allmählich. Unter den älteren Berufsjägern fanden sich einige ganz erstklassige Heger, mit denen strenge Disziplin und ein hervorragendes Verhältnis zur gemeinsamen Arbeit geschaffen werden konnten. Bei den jüngeren Jahrgängen gab es auch einige, die zum Jäger geboren waren und Anlage und Passion dazu hatten, so daß sie zu guten Jägern erzogen werden konnten. Ich selber bemühte mich, ein gutes Beispiel zu geben, meinen Kollegen die ungeschriebenen Gesetze der Waidgerechtigkeit beizubringen, an allen Arbeiten teilzunehmen und in Pflichtgefühl und Pünktlichkeit voranzugehen: Es war eine Aufbauarbeit von Grund auf; aus dem Nichts wollten wir Wildbestände schaffen, und ich arbeitete wieder einmal mit viel Freude, Enthusiasmus und sehr viel Idealismus.

Lábod war ein ideales Revier, ein Jagdparadies! Es gab da vom Kapitalhirsch bis zur Schnepfe, vom Baummarder bis zum Fischotter fast jegliches Wild des Flachlandes. Außer Trappen, die dort in der ziemlich dicht bewaldeten Gegend mit vielerlei Deckung nie heimisch gewesen sind. Der Traum eines Jägers! Ich nahm auch die Möglichkeiten wahr, jagte nach Herzenslust, Tag und Nacht, Sommer und Winter. Freilich war für mich ein jeder Reviergang Jagd, gleich, ob ich die Krähen mit dem Uhu zehntete, auf Fuchs oder Otter ansaß, Jagdgäste begleitete oder die Frühjahrsböcke musterte. Oft war ich mehrere Tage in einem fort unterwegs, in den ersten vier Jahren nur per Fahrrad. Das Revier war von Nord nach Süd sechzig Kilometer lang und etwa vierzig breit – auch zum Radfahren groß genug! Damals aber war ich noch kräftig genug dazu. Der Jagdbetrieb hatte zwar auch zwei Pferdegespanne, doch hatten diese Arbeit genug. Auch waren sie für diese großen Entfernungen zu langsam.

Dann wurde mir ein gebrauchtes Auto spendiert, ein Volkswagen, der sich aber als äußerst geländegängig erwies. In den folgenden sechs Jahren fuhr ich ständig meinen eigenen Wagen im Revier. Ich hatte nie einen Dienstwagen und habe mich auch nie darum bemüht. Ich wollte von Fahrern und Fahrtdokumenten unabhängig sein. Mein Dienstwagen hätte zwei Fahrer gebraucht, die sich hätten ablösen müssen, so viel war ich unterwegs.

Mit dem Wagen war ich nun beweglich und konnte vor allem draußen im charmanten Jagdhaus Petesmalom wohnen, das im Jahre 1962 eingerichtet wurde. Ich lebte sechs Jahre lang dort, ohne eine feste Straße zum Haus, ohne Strom und Telephon, und ich war mir damals schon genau bewußt, daß diese Zeit den Höhepunkt meines Lebens bedeutete, das Schönste, was ich mir erträumt hatte.

Mitten im großartigen Jagdbann zwischen Wäldern und Teichen entzückend gelegen, wohnlich und freundlich eingerichtet, war es ein wundervolles Jäger- und Erholungsheim, und in seiner Abgeschiedenheit ein Treffpunkt der Jagdfreunde aus aller Welt. Die allermeisten waren Stammgäste, denn wer einmal kam, der kam immer wieder.

Nun hatte sich das Rad meines Lebens ganz nach oben gedreht, von hier aus mußte es sich zwangsläufig wieder nach unten wenden.

Mein größter Fehler ist immer gewesen, daß ich in vielen Sparten des Lebens ein zu großer Idealist war, und das besonders in jagdlichen Belangen. Ich setzte alles daran, nach Möglichkeit Ordnung zu halten, denn ich hatte es so gelernt und hielt es auch immer so, daß ein guter Wildbestand nur in einem straffen, geordneten Jagdbetrieb gedeihen kann.

Nach den in Lábod verbrachten zehn schönen Jahren nahm ich eine Stellung in einem anderen Staatsrevier in den südlichen Donau-Auen an, im besten, das es überhaupt bei uns gibt. Doch ich konnte mich hier schon nicht mehr eingewöhnen. Ich war inzwischen fünfzig geworden und fühlte, daß ich genug vom Herumbummeln, vom „Junggesellenleben" hatte.

Mit sehr schwerem Herzen nahm ich Abschied vom Jägerleben, denn ich ahnte, daß er endgültig sein würde. Es fehlt mir heute immer noch, ich kann meinen Platz seitdem nie mehr richtig finden!

Damals begannen gerade die Vorbereitungen der Welt-Jagdausstellung. Ich dachte, daß auch dort ein Jäger nützlich sein könnte, der nicht nur von jagdlichen Dingen eine Ahnung hat, sondern auch mit Fremdsprachen zurechtkommt.

Es klappte auf Anhieb. Doch wurde ich naturgemäß in ein Büro hinter einen Schreibtisch gesteckt, zum ersten Mal in meinem Leben, wenn ich von meiner kurzen und unrühmlichen Schreiberstellung damals im Bakonywald absehe. Aus einem Jägersmann, in dessen Leben fast alle Tage Jagdtage waren, wurde kurzerhand ein Büroangestellter, ein Sonntagsjäger.

Doch hatte ich schon bei den Vorbereitungsarbeiten viel Schönes in diesem völlig neuen Arbeitskreis gefunden. Es gelang mir, eine Betätigung zu finden, die mich am meisten interessierte, mir am besten lag: den Aufbau des Pavillons der ungarischen Wildwirtschaft und den der ungarischen Trophäen. Wie schon immer, warf ich mich mit großer Begeisterung in diese Aufgabe. Doch ich hatte nicht nur eine gewaltige Arbeit, sondern auch viel Freude dabei: Es war eine sehr konstruktive Organisationsarbeit, deren Voranschreiten man ständig klar vor Augen hatte. Schon zu Anfang stellte ich die Drehbücher auf, an denen dann im Lauf der Vorbereitungen immer wieder geschliffen werden mußte. Wir ließen damals den Scherz los, daß in den Werken der Weltliteratur nach der Bibel und Lenins Werken das Drehbuch der Ungarischen Wildwirtschaft an dritter Stelle folgte. Insgesamt wurden davon dreizehn Texte verfaßt.

Auch kam ich mit sehr vielen Jägern aller Sorten in Stadt und Land zusammen; viele neue Freundschaften und Bekanntschaften wurden geschlossen. Ein neues Hobby entstand (vielleicht kann es treffend so genannt werden, weil es keine richtige große Passion mehr ist), das Umsatteln des alternden Jägers vom Jagen auf die Wildphotographie. Auf Hochwild zu jagen habe ich sowieso wenig Möglichkeiten mehr. Doch hie und da reicht es noch zum Photographieren.

Endlich kam die Zeit der Ausstellung heran. Was ich in den vorhergehenden Monaten leistete, war mehr, als ich vertragen konnte. Doch ich dachte, ich hätte eine eiserne Gesundheit und nie ermüdende Arbeitskraft.

Die vier Wochen der Ausstellung, obwohl sie ausgerechnet in die Hirschbrunft fiel, und ich nicht einmal in den Wald gehen konnte, brachten einen neuen Höhepunkt in meinem bewegten, ruhelosen Leben. Uns allen, die daran beteiligt waren, war es eine gewaltige Freude, denn sie war ein großer Erfolg für Ungarn und die ungarische Jägerei. Ich meine natürlich nicht die Knochen, sondern das Ideelle. Sie bedeutete für mich außerdem eine sehr anstrengende Zeit, denn sie war eine nicht enden wollende Reihe des Wiedersehens lieber Freunde und Bekannten. Sie kamen aus allen Ecken des Landes und aus allen Teilen der Welt, alles Jäger, mit denen man gleichen Glaubens war.

Als am Morgen des 1. Oktober 1971 das erste Geweih von der Wand des ungarischen Trophäenpavillons abmontiert wurde, war ich den Tränen nahe: Ein Abschnitt meines Lebens hatte ein Ende gefunden, für den es wert war zu leben und zu arbeiten.

Was hierauf folgte, ist leider wenig interessant, deswegen will ich mich kurz fassen.

Ich hörte auf, „Aussteller“ zu sein, denn meine Frist war mit der Ausstellung abgelaufen. Statt dessen wurde mir ein anderer schöner Arbeitskreis, eine interessante Betätigung im schönen, neugebauten und neuorganisierten Institut für Wildbiologie angeboten, die mir einigermaßen zusagte.

Meine hauptsächliche Aufgabe war die Lösung der „Hasenfrage“. Wir sprachen jahrelang von ihr, weil in den vorhergegangenen fünf oder sechs Jahren die Hasenbestände weit und breit dahinschwanden. Hinter dieser Tatsache wähnten die meisten irgendeine Hexerei: Gift in der Landwirtschaft, verseuchte Bestände und ähnliches. Nur daran dachte kaum jemand, daß die Bestände seit vielen Jahren fast überall überbejagt und „übergefangen“ waren. In Wort und Schrift brach ich dafür die Lanze, daß in den Revieren mehr Satzhasen belassen werden sollten. Die Jagd- und Fangzeiten wurden daraufhin sehr stark verkürzt, dazu kamen zwei Jahre mit günstigen Lenzen und eine drastische Kampagne gegen Reineke, den Verbreiter der Tollwut, sowie eine alljährliche, vom Jagdverband organisierte Gifteieraktion gegen das gefiederte Raubzeug. All dies zusammen brachte dann innerhalb von zwei Jahren viel schneller die Lösung, als es jemals hätte erhofft werden können. Denn die Hasenfrage ist nunmehr vergessen. Es gibt Hasen genug, auch in den von der modernen Großraumwirtschaft beherrschten Lebensräumen.

Doch erwies sich meine neue Arbeit als Wildbiologe wieder leider als eine Episode. Schon gleich nach Ende der Ausstellung kam

Das Jagdhaus Petesmalom in Lábod inmitten von Wäldern und Fischteichen

Mein Vater auf seiner letzten Fasanenjagd in seinem 91. Lebensjahr

die bisherige eiserne Gesundheit ins Wanken, die „Innereien" begannen zu streiken.

Dann, kaum ein Jahr später, konnte ich plötzlich keine zehn Schritte weit gehen.

Jetzt hatte sich das Rad gewaltig nach unten gedreht!

Ich war ein Jahr lang krank. Danach wurde ich aufgrund dessen frühzeitig pensioniert. Viele schöne jagdliche und berufliche Pläne für die noch verbleibenden Jahre gingen in Rauch auf.

Doch der Wagen läuft weiter, das Rad dreht sich noch, wenn auch schon langsamer. Es scheint sogar, als ob es sich sehr, sehr bedächtig wieder nach oben wenden würde!

Langsam, sehr langsam bessert sich die Gesundheit, die fast schon verlorenen Kräfte kommen allmählich wieder. Auf einer Kesseljagd auf Fasanen kann ich auf Saatflächen oder Stoppelfeldern ganz gut weiterkommen; auf schweren Äckern aber überhaupt nicht mehr. Doch dies kommt auch sonst meist mit dem Alter.

Ich habe auch eine Rentnerstellung, allerdings gottlob ohne fixe Arbeitsstunden. Es scheint, daß ich dort ende, wo ich angefangen habe: bei der MAVAD. On revient toujours ... Außerdem bin ich auch noch Redakteur der ungarischen Jagdzeitschrift „Nimród".

Doch diese Arbeiten nehmen von der Jagd keine Zeit mehr weg: Die kann ich auch dann vollbringen, wenn es gerade nichts zum Jagen gibt.

Ich will es auch nicht leugnen, daß dem Rentnerleben gewisse Vorteile und Schönheiten anhaften. In allererster Linie der größte Schatz des Lebens, die Unabhängigkeit. Es ist aber sehr schade, wenn sie der Mensch erst dann erreicht, wenn er nicht mehr die vollen Kräfte hat, sie zu nützen.

Ich versuche es trotzdem!

Es ist schon dreißig Jahre her, daß ich kein Schußbuch mehr führe, denn das angefangene ging in den Kriegswirren verloren. Doch in der vergangenen Jagdzeit schrieb ich auf, wann und wo ich gejagt habe. Es gab ja so viel Fasanen wie noch nie, und ich war interessiert zu wissen, wo und was ich geschossen hatte.

Unlängst fragte mich ein Freund:

„Sag mal, wo pflegst du zu jagen?"

„Wo ich eingeladen werde!" war meine lakonische Antwort.

Ich kann mich wirklich nicht beklagen, ich werde fast überall gerne gesehen, nicht nur bei meiner eigenen Jagdgesellschaft. Waidmannsdank dafür!

Und hier sind die erfreulichen Ziffern: In der Jagdzeit 1973/74 jagte ich insgesamt 52 Tage, erlegte eine Sau, einige Stück Kahlwild und Ricken, jedoch 694 Fasanenhähne. Ich sage dies nicht aus Protzerei, denn man kann nicht stolz darauf sein, doch ist es eine ganz gute Leistung von einem Rentner. Besonders gut ist, daß die alte, glühende Passion noch lebt, die das Aufstehen mitten in der Nacht, nächtliche Autofahrten in Dunst und Nebel und ähnliche Fährnisse in Kauf nimmt.

Und solange man den vom Wind getriebenen Fasanenhahn doch noch ab und zu trifft, kann das Altern noch nicht allzu schlimm sein!

Jajtanya

Jajtanya? Schwierig, fast unübersetzbar. Wie die würzig-bündige, die unverfälschte Sprache der Magyaren selbst. „Jaj“ ist vielleicht mit „o weh“ zu übersetzen. Und „tanya“ heißt Gehöft, auch Behausung.

Jajtanya ist weder im Ortsverzeichnis noch auf der Landkarte zu finden. Sogar auf den „Spezialkarten“ der K. u. K-Zeit – damals noch allgemein gebräuchlich – waren nur die zwei Buchstaben J. H. zu finden, darüber ein Hirschgeweih, die Bezeichnung für ein Forts- oder Jägerhaus. Das war Jajtanya, und dazu gehörten ringsherum die großen Auenwälder an der Donau in einem der rühmlichen „Hirschkomitate“: Tolna.

Weshalb dieser eigenartige Name? Ich konnte es nie ergründen. Sicher ist nur, daß ihn schon die Großväter der heutigen Jäger kannten. Wer weiß, ob es Hochwasser war, das seine damaligen Bewohner bedrohte, oder ein Blitz, der das schilfbedeckte Haus entflammte? Offensichtlich aber ist da ein großes Unglück passiert.

Mein Lebtag lang hielt ich es streng mit dem Jäger-Aberglauben. Ich gehe niemals zurück, wenn ich einen Jagdgang schon angetreten habe. Und gute Wünsche sind um so besser, je schlimmer sie klingen. So hielt ich es schon damals, in jenem längst vergangenen September, als mein guter Stern mich an diesen verwunschenen Ort führte. Noch dazu zur Hirschbrunft! Das mußte mir unbedingt Waidmannsheil bringen!

Damals war ich in der hohen Schule der Hirschjägerei nicht mehr unbewandert. Ich hatte mehrere Hirsche erlegt, aber alle in den heimatlichen Jagdgefilden, in den Brüchen und Erlenwäldern östlich des Neusiedlersees, deren Rotwild zur damaligen Zeit seiner schwachen Geweihe wegen allbekannt war. Auch war es bei uns eher Wechselwild, ein Brunftschrei war höchst selten zu hören, und beim Anblick eines Kronenhirsches bekam man das Zittern.

Jetzt durfte ich, noch dazu in der Zeit der Brunft, hier in der Heimat der starken Hirsche jagen! Denn als diese galten die Auwälder schon damals, obwohl die Hirsche seinerzeit bei weitem nicht so stark waren wie heutzutage. Die Einladung galt nicht auf einen bestimmten Hirsch, sondern ich durfte mir einen auswählen. Aber nur einen! Von meinem Können, meiner Geschicklichkeit und meinem Waidmannsheil sollte es abhängen, wie stark er sein würde. Das Revier war klein, kaum dreihundert Hektar groß, ein einziger starker Hirsch durfte nur erlegt werden. Und ich sollte ohne Begleiter jagen, selber meinen Mann stehen – das paßte mir am meisten! Noch dazu konnte ich draußen im Wald eine volle Woche lang allein hausen, in dem damals schon unbewohnten Jägerhaus, inmitten der Hirsche – dies war noch viel mehr nach meinem Geschmack!

Es war ein schwülheißer Nachmittag Anfang September, als ich im Wald ankam. Die Sonne stand noch hoch, aber ringsherum röhrten schon die Hirsche. Der zuständige Förster kam mit, um mich einzuquartieren und mir die Reviergrenzen zu zeigen.

Ein unbewohntes Haus mit Lehmwänden, schilfbedeckt, der Zaun aus Weidenruten geflochten: dies war das Jägerhaus Jajtanya. In Wirklichkeit hing kein Hirschgeweih am Giebel; dies zeigte bloß die Karte, dafür gab es ringsherum genügend Hirsche! Für mich viel wichtiger als eine feine Unterkunft. Ein rechtes Quartier mit gestampftem Lehmboden, da machten wir ein Lager aus duftigem Heu. Nägel kamen in die Wände zum Aufhängen der Siebensachen, Lebensmittel auf Bretter an der Wand und auf den Balken, damit die Mäuse nicht drankamen. Denn von diesen gab es auch genügend, aber wir störten uns gegenseitig nicht. Es fehlte auch nicht an Gelsen, aber das machte mir wenig aus. Ich hatte mich schon längst an die Stiche ihrer Brüder daheim in den Sümpfen gewöhnt.

Beim Erkundungsgang am ersten Abend sah ich – außer der „Jugend“ – drei Hirsche. Alle drei Kronenhirsche mit Geweihen, derengleichen ich noch nie zuvor in Anblick bekommen hatte. Auch nicht annähernd so starke. Zwei von ihnen zogen röhrend, ohne

Kahlwild, hintereinander durch den Hochwald, der dritte, ein Vierzehnender mit fast schwarzen Stangen, suhlte sich in einer Senke eines großen Kahlschlages, der im Herzen des Reviers lag. Es wallte schon der Bodennebel der Dämmerung über der großen Lichtung. Der Hirsch schüttelte sich, als er aus der Suhle stieg, und dann schwamm nur noch sein Geweih über den weißen Wogen des Nebels.

Es wurde spät, bis ich mich zur Ruhe legte. Ich machte ein Feuer vor dem Haus, schaute in die Glut, auf die Funken, die zum Himmel stiegen, lauschte dem Knacken des Feuers, den Rufen der in der Höhe ziehenden Reiher und dem Stöhnen der Wälder, dem Schrei der Hirsche rings um mich. Ich war allein mit mir selbst.

Die Morgensonne blickte durch das offene kleine Fenster, als ich aufwachte. Bis ich mich aufgerafft hatte und zur Ecke des großen Schlages eilte, war dort der nächtliche Rummel bereits zu Ende. Die Recken waren mit ihren Rudeln schon in ihre Einstände gezogen. Aber sie röhrten noch hier und dort in dem Hochwald rings um den Schlag.

Eine Stimme schlug mich besonders in ihren Bann. Der Hirsch meldete selten, nur kurze Trenser – eher ein tiefes Röcheln –, als stöhnte er aus einer großen Tonne. Die Einbildung des Jägers malt sich ein riesiges Geweih auf dem Haupt eines Hirsches mit solcher Stimme aus!

Ich machte den Versuch, ihn anzupirschen, schlich mich mit gutem Wind in seinen Einstand. Nur so, ohne Ruf, denn diesen beherrschte ich damals noch nicht. Doch ohne ihn ist ein derartiges Unternehmen äußerst schwierig! Ich kam in die Nähe des Hirsches – sah auch ein Stück seines Rudels, aber das Kahlwild und auch der Hirsch standen in übermannshohem Unterwuchs. Ich hörte sie drinnen herumtreten, das Anstreichen der Stangen, der Hirsch brummte hier und da vor sich hin, sprengte seine Tiere – jenes, das ich erblickt hatte, war auch vor dem Hirsch geflüchtet –, doch der Hirsch verließ die Deckung nicht. Ich hätte mehr Chancen gehabt, wenn ich ihn mit dem Ruf hätte reizen können, doch so war es viel wahrscheinlicher, daß ich das Rudel vergrämte und mir der Hirsch über alle Berge ging, wenn ich mich noch lange in seiner Nähe herumdrückte. Im Hochwald küselt der Wind sehr oft, ein Luftzug verrät den Jäger, und das Leittier nimmt eine solche Störung im Einstand besonders übel! Ich zog mich also aus der Nähe des Wildes zurück, ohne etwas erreicht zu haben. Doch hatte ich mein Augenmerk auf diesen Hirsch gerichtet. Ihn mußte ich unbedingt sehen, bevor ich den Finger auf einen anderen Hirsch krümmte!

Am Nachmittag hatte ich ein äußerst lehrreiches Erlebnis. Ich saß zeitig, auf das Melden des Hirsches vom Morgen wartend, neben der Schneise am Rande seines Einstandes, als aus der entgegengesetzten Richtung, aus der Gegend einer langgezogenen, schmalen Waldwiese, eine hohe, dünne, knarrende Stimme kam. Sie wirkte geradezu lächerlich.

Diesen Hirsch wollte ich mir ansehen. Was für ein schmachtender Jüngling der wohl sein mochte! Schon war ich unterwegs zur Wiese. Als ich an die Ecke kam, zog gerade ein Tier durch, hinter ihm das Kalb, der Hirsch meldete noch weiter hinten im Holz. Dieselbe miserable Stimme, kein Zweifel. Dann eine Bewegung am Lichtungsrand, hinter seinem Kahlwild zog der Hirsch hinüber, ein starkes Geweih, lange Stangen, breite Kronen! Sechzehnender! Die hell geschliffenen Spitzen des dunklen, ebenmäßigen Geweihes blitzten in den Strahlen der Nachmittagssonne.

Ich kam in große Versuchung! Doch ich blieb standhaft. Erst wollte ich unbedingt den Hirsch mit der abgrundtiefen Stimme sehen. Er meldete später auch, doch verließ er seinen Einstand erst in der Dämmerung und wechselte durch einen schmalen Wasserlauf auf den großen jenseitigen Kahlschlag aus, wo auch in der vorhergegangenen Nacht der starke Brunftbetrieb gewesen war.

Dies war der Hauptbrunftplatz des Reviers. Hierher kam allnächtlich das Wild aus den angrenzenden Einständen zusammen.

Zu Beginn der Dämmerung war ich am nächsten Morgen schon an der hölzernen Brücke über dem Wasserlauf, von wo aus ich den Großteil des Kahlschlages übersehen konnte. Der Brunftbetrieb war noch stark im Gange, es war ein gewaltiger Rummel auf der weiten Fläche, wo mehrere Rudel mit ihren Platz- und Beihirschen standen, die wild durcheinander schrien. Doch noch vor Büchsenlicht wechselte das meiste Wild in seinem gestrigen Einstand – auch mein Hirsch mit der tiefen Stimme. Nur ein alter Zwölfer mit kurzen Stangen und kerzengerade nach vorn stehenden Augsprossen sprengte sein starkes Rudel noch draußen herum.

Freilich gefiel mir der Hirsch – schon allein, weil er alt und reif war und sein Geweih etwas Besonderes darstellte –, doch hatte ich ja nur einen Hirsch frei. Der sollte aber möglichst der Starke sein! Meine Phantasie malte ein immer gewaltigeres Geweih auf sein Haupt.

Aber wie konnte ich an den Hirsch herankommen?

Wenn der Jäger einem bestimmten Hirsch nachstellt, gibt es ein bewährtes Rezept: er muß an dem Hirsch dranbleiben! Er soll möglichst ständig in der Nähe des Hirsches sein, auf Hörentfernung – freilich muß er äußerst darauf bedacht sein, das Rudel ja nicht zu stören, zu vergrämen und zum Wechseln seines Einstandes zu veranlassen. Er muß feststellen, wann es seinen Tageseinstand verläßt und wohin es zur Äsung oder zum Brunftplatz zieht (beide fallen oft zusammen!), welchen Wechsel es benützt, wann und auf welchem Wechsel und wohin es morgens wieder zum Tageseinstand einzieht.

Wenn der Jäger dies durch Beobachten, Verhören, Abfährten festgestellt hat, so ist der Hirsch schon halbwegs auf dem Wagen – wie einmal ein alter Jägersmann sagte. Dann hat er schon Anhaltspunkte und kann sich den Kopf über den Schlachtplan zerbrechen. Wenn er diesen dann ausgeheckt hat, kann er einen Schirm bauen, einen Pirschpfad anlegen, kann in aller Stille tagsüber einen Sitz in einem Baum einrichten – den Hirsch „präparieren".

Freilich ist oft auch all seine Mühe umsonst, weil das Wild – und besonders das Leittier – sich anders verhält als erwartet, etwas von den Vorbereitungen gemerkt hat oder mit anderem Wind einen anderen Wechsel annimmt.

Mit einem Wort, oft klappt dieser Plan nicht, aber das ist doch gerade das Schönste an der Jagd auf den Brunfthirsch, das Spekulieren, Kombinieren. Was der Hirschjäger zu allererst lernen muß, ist, mit dem Verstand des Wildes – sprich: Leittieres – zu denken. Denn daß es einen Verstand hat und von diesem auch Gebrauch macht, davon habe ich mich oftmals überzeugen können.

Am Rande des großen Kahlschlages, des nächtlichen Brunftplatzes, in der Nähe des Wasserlaufes war in einer einzelstehenden

Eiche in vergangenen Jahren ein Sitz angebracht worden. Ich fand ihn zufällig, als ich nach der Morgenpirsch das Ufer des Wasserlaufes abfährtete, um den Wechsel des Rudels festzustellen.

Die Leiter war schon vermorscht, aber ich konnte von Ast zu Ast hinaufsteigen. Westlich vom Sitz führte auf gute Büchsenschußentfernung der Wechsel hinüber. Wenn das Rudel wie gestern vor völliger Dunkelheit herauswechselte, könnte ich von hier den Hirsch ansprechen.

Doch war schon längst kein Pirschweg mehr zum Hochsitz angelegt worden, und so war er lautlos nicht zu erreichen. Wenn ich schon früh am Nachmittag hinging, störte ich mit dem Krach noch nicht, doch wenn das Wild schon draußen auf dem Kahlschlag stand, konnte ich nicht mehr geräuschlos fortkommen, vergrämte es und verspielte auch meine Chancen für den nächsten Morgen. In solchen Fällen bleibt nichts anderes übrig, als die Nacht oben auf dem Sitz zu verbringen! Dann ist der Jäger beim ersten Büchsenlicht am Einwechsel des Rudels.

Dies war mein Plan; er schien mir sehr vielversprechend.

Ich saß mit Decke, Mantel und „Marschverpflegung" oben, als die Sonne noch hoch am Himmel stand. Auch solange kein Wild kam, gab es genügend zu schauen. Schwarze Milane zogen ihre Kreise hoch oben, große Flüge von Enten wurden auf der „Alten Donau", wie der Hauptstrom im Volksmund hier unten heißt, hoch, wenn ein Frachtdampfer vorbeizog. Dann wuchtete mit trägem Schwingenschlag ein Seeadler vorbei, dessen Stoßfedern hellweiß leuchteten. (Damals brüteten noch mehrere Paare regelmäßig in den Wäldern entlang der Donau – doch heute ist nur noch die Erinnerung an sie geblieben!)

Graureiher, Seidenreiher und Nachtreiher standen in den Tümpeln der Senken im Schlag. Schwarzstörche lehrten ihren Jungen das Fröschefangen, und Schwärme von Bienenfressern kamen von den Lößwänden, die sich weiter im Süden an den Ufern des Stromes erhoben, wo sie brüteten.

Die Hirsche fingen ringsherum in den schattigen Beständen zu melden an. Dann begannen sie vor Einbruch der Dämmerung auf den Schlag herauszuwechseln. Doch der Alte meldete und brummte nur ab und zu hinter mir in seinem Einstand an derselben Stelle.

Brunftrudel

Die Brücke im Aurevier

Typische Aulandschaft: ausgetrocknetes Flußbett

„ . . . dann brach er mit dumpfem Fall zusammen . . .“ (S. 44)

Die Nacht war schon eingefallen, als das Rudel planschend durch den Wassergraben herüberkam. Ich konnte nichts von dem Hirsch sehen, doch war er vor mir im Schlag, trieb brummend seine Tiere auf und ab und sprengte zornig die Beihirsche, die sich zu nahe heranwagten.

Nach Mitternacht kam der abnehmende Mond und beleuchtete gespenstisch die über der Blöße wallenden Nebelschwaden, das sich schemenhaft bewegende, äsende oder ruhende Wild, die brummenden, grölenden, tobenden Platzhirsche und ihre sie ständig umkreisenden oder abseits herumstehenden Beihirsche.

Es war eine märchenhafte Nacht. Damals schlug mich der Zauber der Hirschbrunft zum ersten Mal richtig in seinen Bann – und er hat mich seitdem nicht wieder losgelassen! Und seitdem habe ich auch ständig versucht, mein Geschick so zu lenken, daß es in meinem Leben gottlob wenig Hirschbrunften gegeben hat, die ich nicht im Walde verbracht habe. Und in jeder gab es zumindest eine Mondscheinnacht unter den Hirschen.

Mein Hirsch war die ganze Nacht lang draußen auf dem Schlag mit seinem Rudel. Ich konnte ihn an seiner tiefen Stimme und dem gewaltigen Wildkörper erkennen, doch war von seinem Geweih im Mondschein kaum etwas zu sehen.

Schon vor Morgengrauen begann das Wild von der freien Fläche einzuziehen. Auch das Rudel meines Hirsches setzte sich in Bewegung. Doch zog das Leittier jetzt in eine andere Richtung. Es nahm nicht den gestrigen Wechsel an, sondern führte das Rudel in den gegenüberliegenden Hochwald. Ich konnte den Hirsch wieder nicht ansprechen. Als das Büchsenlicht kam, meldete er immer noch im hohen Holz. Ich beeilte mich, in seine Nähe zu kommen. Es gelang mir auch schneller und leichter als erwartet, ihn in Anblick zu bekommen. Mehr nicht, was aber nicht am Hirsch, sondern einzig und allein an mir lag.

Ein Holzabfuhrweg führte in den Waldteil, wohin das Rudel eingewechselt war. Der Weg machte einen Bogen und lief in eine schmale, gerade Schneise aus. Als ich ankam und die Schneise entlangschauen konnte, erblickte ich sofort den Hirsch! Er war etwa dreihundert Gänge von mir entfernt auf der Schneise niedergetan, die Keulenpartie durch die Randbäume verdeckt, doch Haupt,

Vorschlag und Blatt frei. Liegend konnte ich unter den herabhängenden Ästen auch das Geweih sehen. Der Hirsch äugte in die andere Richtung; ich sah von hinten in das Geweih. So zeigt ein jedes Geweih mehr als von vorn oder von der Seite. Die Stangen waren zweifellos sehr lang und das Geweih gewaltig ausgelegt. Wenn der Hirsch ab und zu knörte und das Geweih senkte, zeigte es einen Wald von Enden.

Ich hatte guten Wind, und das weitere war Kinderspiel. Auf allen vieren kroch ich auf der Schneise den Hirsch an; ich konnte mich lautlos bewegen und ihn ständig im Auge behalten. Er hatte das Haupt von mir weggedreht und konnte mich nicht eräugen. Er saß ruhig im Bett, knörte nur manchmal vor sich hin und hatte weder Tier noch Beihirsch in seiner Nähe. Ich war auf gut hundertzwanzig Schritt an ihn herangekommen, als neben ihm ein Stück über die Schneise zog. Er drehte das Haupt, machte einen langen Hals und erhob sich mit einem Ruck. Dann stand er breit und füllte fast die ganze Schneise aus. Seine Flanken waren grau vom getrockneten Schlamm der Suhle – daran kann ich mich noch genau erinnern.

Jetzt mußte ich schießen, aber schnell! Im Liegen stützte ich mich auf die Ellbogen – im hohem Gras mußte ich möglichst hoch kommen, damit die Kugel freie Bahn hatte, das Fadenkreuz auf dem Blatt des Hirsches – Rums! Im Schuß machte der Hirsch einen kurzen Satz, es hätte auch ein Zeichnen sein können, und war von der Schneise verschwunden. Dann Stille. Kein Ton mehr, kein Brechen. Der Wald hatte ihn verschlungen. Ich hab' doch nicht vorbeigeschossen, war doch so gut drauf! Er hat ja gezeichnet, mit diesem eigenartigen kurzen Satz, wenn auch nicht so regelrecht, wie es im Buch steht. Aber den Kugelschlag hatte ich nicht vernommen, obwohl ich ihn aus solcher Entfernung doch immer höre.

Ich habe den Hirsch bis zum Abend gesucht. Auf allen vieren untersuchte ich den Anschuß und seine Umgebung. Ich fand gar nichts. Dann schlug ich immer größere Kreise, fand aber weder Schußzeichen noch Schweiß. Planmäßig durchsuchte ich Stück für Stück den ganzen Waldteil, ob ich nicht etwa auf den verendeten Hirsch stieß, auch in der entgegengesetzten Richtung, er konnte ja im Bogen gezogen sein. Doch vergebens!

Der Kapitale war gefehlt. Ich hatte ihn unterschossen. Wahrscheinlich streifte ihn die Kugel und darum zeichnete er. Es kann aber auch sein, daß er bloß vor Schreck den Satz machte, als die Kugel unter ihm durchzischte. Dies war mir mit Rotwild schon vorher einige Male passiert; aber daß ich gerade diesen Hirsch vorbeigeschossen hatte! Und dazu hatte ich mit dem Suchen seinen Einstand gestört und das Rudel sicherlich auf lange Zeit vergrämt.

Weder bei der Morgen- und Abendpirsch des nächsten Tages noch in der darauffolgenden Nacht war die tiefe Stimme zu hören.

Doch am übernächsten Morgen bei vollem Büchsenlicht erhob sich ein gewaltiges Röhren im gleichen Waldteil, wo ich den Hirsch vorbeigeschossen hatte. Mehrere Hirsche schrien aus vollem Halse durcheinander, und in das wüste Getöse brummte ab und zu auch die abgrundtiefe Stimme; dann verstummte plötzlich alles!

Ich lief, so schnell ich nur konnte. Das ist die große, die seltene Chance für den Jäger – besonders, wenn er den Ruf beherrscht. Die Hirsche sind vollständig aus der Fassung, dann kann er herankommen.

Als ich zu der schmalen Schneise kam, von wo aus ich unlängst den Hirsch erblickt hatte, wechselte gerade ein jüngerer Kronenhirsch schreiend nach links hinüber. Von dieser Seite kam auch das Gewirr der Stimmen aus dem Hochwald in der Umgebung einer mit Salweidenbüschen bestandenen Niederung.

Ich zog die Schuhe aus und pirschte auf Socken behutsam von Baum zu Baum am Rande der Schneise vorwärts. Der Hirsch stand in dem Gebüsch der Senke. Von da aus grölte er die schreienden Beihirsche an. Auf diese mußte ich sehr achten, damit sie mich nur nicht wegbekamen! Es gelang mir, an zwei abseits herumstehenden Jünglingen vorbeizukommen. Ich hatte Glück; sie äugten unentwegt gespannt in den Bestand, und ich konnte auf allen vieren hinter ihnen vorüberkriechen. Dann ging es wieder von Baum zu Baum. Ich war schon ziemlich gut dran, noch einige Schritte, und ich kam an eine Stelle, von wo aus ich die anschließende grasbewachsene Fläche unter den alten Eichenüberhältern beschießen konnte. Doch konnte ich mich jetzt nicht mehr bewegen, denn ein Beihirsch stand in Steinwurfweite, ein mittlerer Eissprossenzehner, und weiter weg unter den Eichen standen noch zwei andere. In die Richtung des

Salweidengestrüpps gewendet, schrien sie aus vollem Halse. Ich lag flach auf dem Boden, eräugen konnten sie mich nicht. Daß mich nur der Wind nicht verriet!

Dann bewegte sich der Zehner. Er zog schreiend in Richtung der beiden anderen – auch diese rückten der kleinen Dickung näher –, in dem Augenblick sprang ich auf und nach vorn und drückte mich schußfertig an einen dicken Stamm. Wütend stieß drinnen der Alte einen gewaltigen Sprengruf aus. Dann erschien er am Rande der Blöße unter den alten Eichen! Mein Herzschlag stockte, so wundervoll, so gewaltig war der Anblick. Die Beihirsche stoben auseinander, als er mit gesenktem Haupt – die Kronen blitzten hoch oben an den langen Stangen – im Troll ihre Verfolgung aufnahm. Als sein gewaltiger Träger zwischen zwei dicken Stämmen in das Fadenkreuz kam, knallte meine Büchse. Ein dumpfer Kugelschlag, er schnellte nach vorn, vier, fünf Fluchten, dann wurde er langsamer. Ich hatte schon repetiert und wollte zum zweiten Mal schießen; er blieb aber stehen, schwankte, ich brauchte nicht mehr zu schießen, er brach mit dumpfem Fall zusammen.

Das Ende eines starken Hirsches geht mir immer zu Herzen. Damals fühlte ich dies zum ersten Mal. Seitdem noch sehr oft. Doch habe ich diese Hirsche dann nicht mehr selber erlegt.

Vor einigen Jahren kam ich in der Hirschbrunft wieder nach Jajtanya. Wieviel Jahre sind inzwischen vergangen? Ich zählte nach: dreißig! Nicht weniger!

Ich habe den Wald nicht wiedererkannt. Die Bäume, Eichen, Pappeln, Weiden, Eschen, Erlen, die Sträucher, Hartriegel, Weißdorn, Spindel, die Brennesseln, Ackerbrombeeren, die Goldrute, alle waren dieselben – und doch anders. Die Brücke über dem Wasserlauf war auch noch die gleiche – und doch eine andere.

Bin ich denn selber der gleiche geblieben?

Legény

Legény war ein lieber, treuer, sehr gutmütiger Jagdhund. Er war mein Hund, und wir lebten rund dreizehn Jahre zusammen. Es ist noch nicht sehr lange her, daß er mich verlassen hat. Sein gewohnter Platz neben mir ist leer, und ich suche ihn immer noch in der Wohnung, wenn ich heimkomme. Er begleitete mich ständig in den zehn schönsten Jagdjahren meines Lebens, und wir hatten in dieser langen Zeit unzählige gemeinsame Jagderlebnisse. Später, in seinen letzten drei Jahren, wurde er zum Familienmitglied. Wir hatten stets Freude an ihm, besonders in Zeiten der Sorge und Trauer.

Ich fühle, ich bin es ihm schuldig, seine Geschichte zu erzählen.

Er kam eines schönen Tages an, drei Monate alt – in einer kleinen Kiste. Ein Deutsch-Kurzhaar, kaum getigert, fast einfarben braun, bloß die Rutenspitze hell. Er führte einen imponierend langen und Achtung einflößenden Stammbuchnamen, doch wie anders hätte ich ihn nennen können als „Legény", in Erinnerung an den „alten Legény", den Lieblingshund meines Vaters in alten Zeiten. Er war ihm sehr ähnlich – ich erwartete viel von ihm.

Ich nahm also alle meine Kunst im Abrichten und Abführen hervor, auch meine Geduld. Von letzterer besitze ich wenig. Das Hündchen wohnte natürlich bei mir, sein Platz war am Ende meines Bettes.

Ich bin ein großer Hundefreund. Diesen aber hatte ich besonders ins Herz geschlossen, es fiel mir schwer, hart mit ihm zu sein, obwohl dies gerade bei ihm allzusehr vonnöten war, denn ich habe nie einen härteren, schwerer zu führenden Hund gesehen.

Er war der hochläufige und langrückige Typ des Deutsch-Kurzhaar, der seinerzeit „Lemgoer" genannt wurde. Ich glaube, daß seine Ahnen einen guten Schuß Pointerblut gehabt haben mußten, mit allen guten und schlechten Eigenschaften dieser Rasse. Er hatte eine messerscharfe Nase, stand hervorragend vor, lernte auch – allerdings nicht leicht – das Apportieren, doch seine Nase und Passion gingen ständig mit ihm durch. Er suchte nur im Galopp mit hoher Nase, und meistens verschwand er vor meinen Augen. Ich arbeitete ihn an der langen Leine mit dem Korallenhalsband. Solange er dies trug und an der Leine war, machte er alles: down auf die Trillerpfeife, suchte rechts und links, kam bei Fuß, doch in dem Moment, wo er fühlte, daß er frei war, wurde er wieder selbständig. Er wußte ganz genau, wenn er Schlimmes getan hatte, obwohl ich ihn sehr selten mit der Hundepeitsche empfing. Ich konnte sie auch kaum gebrauchen, denn in solchen Fällen hielt er sich in angemessener Entfernung. Er umschlug mich dann im großen Bogen. Er war ein sehr kluger Hund! Als bestes Gerät, ihn in der Gewalt zu halten, erwies sich ein kurzes Stück einer Kette. Mit dieser hatte ich ihn einige Male in die Flanke getroffen. Nachher genügte es, mit der Kette zu rasseln, und er kam bei Fuß wie von der Sehne geschnellt. Das funktionierte aber nur, solange er im freien Feld arbeitete.

Ebenfalls als Pointer-Erbgut hatte er ein sehr feines Haarkleid und war deswegen eigentlich auch nicht richtig für dieses Terrain geeignet. Wenn er keine Witterung in die Nase bekam, so konnte ich ihn kaum in Brombeeren, Nesseln oder anderes stechendes Zeug zum Suchen hineindrängen. Sobald er aber Witterung hatte, oder es gab ein angeschossenes Stück zu suchen oder zu apportieren, dann kümmerte er sich weder um scharfe Schilfhalme noch um Brennesseln oder Drahtverhaue aus Brombeeren. Geschossenes Wild ging fast nie verloren, denn Legény fand und brachte alles, gleich, ob es ein rennender Fasan oder eine geflügelte Ente war. Oft blieb er eine halbe Stunde fort, um die Spur des geflügelten Fasans auszuarbeiten, und brachte im Laufe der Jahre viel, viel Wild zur Strecke, das sonst verludert wäre. Dies war seine größte Stärke, und deswegen habe ich ihm vieles verziehen.

Ich wurde auch seinetwegen zur Zielscheibe häufigen Spottes. Später wurde er nämlich schon so sehr „Professor", daß er, wenn ich mit den Treibern die stachlige Dickung durchging, sich herausschlich und sich hinter die draußen stehenden Schützen setzte, um zu sehen, was es für ihn zu apportieren gab. Das Wild brachte er dann nicht zu mir in die Dickung, sondern nur zum draußenstehenden Schützen, der es erlegt hatte!

Ansonsten aber war er ein sehr zäher, ausdauernder Hund. Es ist wahr, daß er von frühester Jugend an gut trainiert wurde, weil ich selber nur ein Fahrrad für die Dienstfahrten im Fünfzigtausend-Hektar-Revier hatte und der Hund immer mit mir lief. Herz und Lunge des kräftigen Hundes wurden dadurch trainiert.

Er war ein Hund von hoher Intelligenz und gebrauchte seinen Verstand auch. Schon deswegen konnte ich nicht verstehen, daß er nie hasenrein wurde, auch nicht in seinen alten Jahren, obwohl er nie einen greifen konnte, auch angebleite nicht, weil wir die Hasen ständig schonten und nie welche vor den Hunden schossen. Er hätte aus Erfahrung wissen sollen, daß er die Hasen sowieso nicht greifen konnte; trotzdem machte er stets einige Fluchten hinter Meister Lampe her. Seine Passion ging mit ihm durch. Böse Zungen, in erster Linie Frauen, behaupteten hierzu, daß Herr und Hund mit der Zeit einander ähnlich werden ...

Schon als ganz jungen Hund arbeitete ich ihn auf der Schweißfährte am langen Riemen, sooft es hierzu Gelegenheit gab. Er begriff sehr schnell, worum es ging, und wurde mit seiner Passion und der feinen Nase hervorragend auf der Rotfährte. Freilich hätte er den Wettkampf mit einem guten Schweißhund nicht aufnehmen können, schon deshalb nicht, weil er der kalten Wundfährte am nächsten Tag, wenn kein Schweiß lag, nicht mehr folgen konnte. Andererseits habe ich wenig Schweißhunde gesehen, die das verläßlich konnten.

In Sommernächten haben wir mit Legény viele Sauen nachgesucht und zur Strecke gebracht. Wenn nämlich die Sau abends oder schon nach Schwinden des Büchsenlichtes die Kugel erhielt, wenn sie angeschweißt weiterzog und wir sie nur am nächsten Morgen nachsuchten, sie also unaufgebrochen eine Nacht lang lag, so war das Wildbret ganz sicher verhitzt. Darum suchte ich mit dem Hund immer noch in derselben Nacht einige Stunden später nach. Hatte die Sau einen Kammerschuß, war unsere Sache leicht, denn Legény führte mich am langen Riemen unverzüglich zum verendeten Stück.

Die Lage wurde jedoch im Falle eines Pansen- oder Waidewundschusses richtig kitzlig. Wenn ein Laufschuß vorkam, suchten wir sowieso erst am nächsten Morgen nach. Wenn die Sau noch lebte und vor uns aus dem Wundbett hoch wurde, so blieb mir nichts anderes übrig, als den Hund zu schnallen.

Er hetzte sie und stellte sie meistens mit seinem tiefen, rhythmischen Standlaut. Wegen des Hundes brauchte man kaum Sorge zu haben; er war sehr flink und schnell auch im Dickicht, die Sau konnte ihn kaum in die Enge treiben. Er hatte einige böse Erfahrungen mit Sauen gemacht, so daß er kaum in ihre Nähe ging, sondern sie aus gehöriger Entfernung verbellte. Doch hielt er sie sicher und verließ sie stundenlang nicht.

Nichtsdestoweniger beeilte ich mich stets, so schnell wie möglich an den Schauplatz zu kommen. In solchen Fällen nahm ich, wenn ich die Wahl hatte, die Flinte mit, die ich mit Flintenlaufgeschossen lud. Das ist die geeignete Waffe für Schnappschüsse in der Dickung. Es ist von Vorteil, wenn man einen zweiten Schuß unmittelbar nach dem ersten hat. Dies war aber niemals nötig, denn nie hat mich eine Sau angenommen. Doch um ganz ehrlich zu sein, nachts in der Dickung mit einer Taschenlampe neben der angeschweißten Sau schlug mein Herz beileibe nicht an seinem normalen Platz, sondern viel tiefer. Obwohl wir oft in solcher Lage waren, ist nie etwas passiert. Legény „hielt" die Sau so fest, besonders, wenn ich schon in seiner Nähe war, daß ich sie im Licht der Lampe suchen und auch den Fangschuß anbringen konnte. In solchen Fällen verdienten Legény und auch ich selbst viel mehr den Bruch als der Schütze, der keine saubere Kugel hatte anbringen können!

Legény hetzte alles mit unbändiger Passion, besonders aber Sauen, und zwar auch gesunde. Als er schon älter wurde, jagten wir viel auf Sauen in Treibjagden und Rieglern, so daß unsere Hunde sehr schnell auch dieses Handwerk lernten. In den Treiben machten Hunde jeglicher Rassen und auch Promenadenmischungen mit. Die Hauptsache war nur, daß sie die Sauen gut hetzten. Einige unserer Vorstehhunde waren auch dabei. Zwei Deutsch-Drahthaar waren zu scharf; sie wurden besonders von angeschweißten Sauen fast immer geschlagen. Doch Legény und der hochläufige Magyar Vizsla namens Ali des alten Hegers Varga waren vorsichtiger, gingen nie an die gesunde Sau heran, hetzten und stellten sie nur aus gebührender Entfernung. Anders war es mit angeschweiß-

Legény

Diesen Hirsch haben wir auch Legény zu verdanken! (S. 51)

Der von Legény gefundene kapitale Vierzehnender
mit der abgebrochenen Augsprosse (S. 53)

ten Sauen, wenn diese von mehreren Hunden gestellt wurden. In solchen Fällen wurden die Hunde immer schärfer, weil sie sich gegenseitig anhetzten, und besonders wenn sie an einem jüngeren Keiler mit noch scharfen Waffen hingen, wurden sie sehr oft geschlagen. Der vorsichtige Legény mußte auch schlechte Erfahrungen sammeln. Er bekam neben mehreren kleineren einmal einen langen, tiefen Schmiß über den Rücken. Zum Glück war das Rückgrat nicht verletzt; so kam er noch einmal glimpflich davon.

Doch Legény arbeitete nicht bloß auf der Schweißfährte von Sauen, sondern auch auf der von Rot- und Rehwild. Er war auch hier ungemein passioniert und zeigte immer große Freude, wenn ich ihn an den langen Riemen nahm. Seine Nase, sein Temperament und seine Passion drängten ihn vorwärts auf der Fährte, und er zog auch mich am anderen Ende des Riemens durch Dick und Dünn. Dornen, Stacheln und Nesseln machten ihm dann überhaupt nichts aus, und ich kam stets aus der Dickung wie aus einer verlorenen Schlacht.

Legény war sehr verläßlich auf der Fährte, besonders wenn sie nicht älter war als zwölf Stunden. Wenn etwas Schweiß lag, hielt er auch die kalte Fährte vom vorigen Tag. Wenn aber das Wild aus dem Wundbett vor uns hoch wurde und es zur Hetze kam, stellte der hochläufige Hund, der viel schneller war als ein Schweißhund, das Wild in Kürze und großer Ausdauer so lange, bis ich hinkam. Freilich nur das Hochwild, denn Rehe und manchmal auch ein schwaches Rotwildkalb wurden einfach niedergezogen.

Er war ein richtiger „Gebrauchshund“, der freilich von dem vielen Hetzen auch zum Stöberhund wurde. Es kam höchst selten vor, daß wir angeschweißtes Wild verloren. Gleich, ob es sich um einen Lauf- oder Waidwundschuß handelte, Legény brachte das Stück zur Strecke. Wenn der Schweiß auf der Fährte aufhörte und der Hund sie nicht mehr halten konnte, so schnallte ich ihn, und er fand das angeschweißte Wild immer, wenn es einen Schuß hatte, mit dem es zur Strecke gebracht werden konnte. Legény brachte im Laufe der Jahre so viele Hirsche, Böcke und Sauen zur Strecke, daß wir von den Abschußprämien getrost überallhin in der Welt hätten zur Jagd fahren können – sogar zu uns zur Hirschbrunft. Auch dazu hätte es gereicht!

Ich will hier die Geschichte zweier Nachsuchen erzählen.

Mit einem Jagdgast waren wir schon fast eine Woche lang auf der Suche nach einem guten Brunfthirsch, doch wollte und wollte es nicht klappen. Endlich gelang es uns, einen bekannten Platzhirsch anzupürschen, der die Dickung mit seinem Rudel sehr spät verlassen hatte und erst bei tiefer Dämmerung draußen auf einem Kartoffelfeld am Waldrand stand. Wir riskierten den Schuß bei schwindendem Büchsenlicht. Doch hatten wir Pech, weil der Hirsch gerade im Schuß eine Bewegung machte. Obwohl er zeichnete und wir auch Kugelschlag hörten, ging er hochflüchtig ohne zu verhoffen bis zur etwa zweihundert Schritt entfernten Dickung ab, wo ihn die Dunkelheit verschluckte. Es schien sicher, daß die Kugel schlecht saß.

Am nächsten Morgen machten wir mit Legény Nachsuche. Draußen im Feld und anfangs in der Dickung lag noch etwas Schweiß in der Fährte. Leider wenig und eher nur Wildbretschweiß. Und der hörte weiter drinnen in der Dickung auf.

Wir brachen ab, fuhren zum Jagdhaus zurück, um Schützen zu holen, denn hier half nichts anderes, als die Dickung zu umzustellen. Als das geschehen war, nahm ich die Fährte wieder auf. Ich rechnete damit, daß der Hirsch einen Keulen- oder Waidwundschuß hatte. Freilich wäre es am besten gewesen, der Fährte folgen zu können. Doch hörte der Schweiß im sandigen Eichenjungwuchs leider sehr schnell auf, und wir verloren sie nach einigen hundert Schritten vollständig. Es blieb nichts anderes übrig, als den Hund an dieser Stelle zu schnallen. Angespanntes Lauschen. Vollständige Stille! Kein Hund, kein Hirsch, nichts! Als wir zusammenkamen, erzählte ein Schütze, daß er den Hund weit vor sich über die Schneise aus der Dickung mit tiefer Nase anscheinend der Fährte folgend in den Hochwald ziehen sah. Doch fanden wir an dieser Stelle weder die Fährte auf dem harten Boden noch Schweiß.

Es waren zwei Stunden vergangen, seit ich den Hund geschnallt hatte, und er war noch immer nicht zurückgekommen. Ganz sicher stellte er irgendwo den Hirsch! Wir versuchten, ihn mit dem Wagen zu finden. Wir stellten den Motor an jeder Schneisenkreuzung ab und verhörten mit angespannten Sinnen. Etwa vier Kilometer weiter hörten wir endlich Standlaut aus der Mitte einer großen Dikkung. „Wuff“ tönte es, einmal in der Minute nur, von der selben Stelle aus. Er verbellte den noch lebenden Hirsch, der sich in der Dickung gestellt hatte.

Unser Plan war schnell fertig. Wir umstellten die Dickung, so gut wir konnten, und ein Berufsjäger ging an den Hirsch heran. Es war aber drinnen so dicht, daß er keinen Fangschuß geben konnte; der Hirsch sprang mit großem Krach und Stangenschlagen ab, der Hund mit vollem Hals hinterher. Dann ein Doppelschuß aus einer schweren Doppelbüchse – der Kugelschlag war gut zu hören –, und nun kam die Nachricht: Der Hirsch liegt! Ich teilte den Bruch in drei Teile: Der Schütze, der den Fangschuß gab, bekam einen, den ersten steckte ich Legény in die Halsung. Es war zwei Uhr nachmittags, und es herrschte eine siedende, schwüle Hitze. Wir lagerten wie ein geschlagenes Heer um den Hirsch, völlig erschöpft, doch sehr glücklich. Die Kugel hatte weit hinten Keulen und Darm vor dem Waidloch durchschlagen. Ohne Hund wäre der Hirsch ohne Zweifel elend verludert!

Eines Jahres Ende August, als die Hirsche schon blitzblank gefegt hatten und begannen, ihre Stimmbänder zu stimmen wie die Zigeunerkapelle ihre Instrumente, hatte ich einen ganz starken, besonderen Kapitalhirsch gesehen. Das Geweih war braun, lang und sehr dick; ein Vierzehnender mit sehr starken, beiderseitig doppelten Stiefelknecht-Kronen. Sein besonderes Erkennungszeichen: die abgebrochene linke Augsprosse.

Es kam der September und mit ihm kamen die ersten Jagdgäste. Am ersten Tage schon hörten wir morgens bei Sonnenaufgang im Revierteil, wo ich den Kapitalhirsch gesehen hatte, in einer Erlenniederung einen kurzen, ärgerlichen Brummer. Die Brunft hatte eben erst angefangen.

Mit dem Gast beeilten wir uns, auf den Hochstand an der Ecke der Erlen zu kommen. Wir saßen gerade, als nahe in der Dickung der Hirsch wieder kurz meldete. Ebenso abgehackt und zornig wie vorhin. Doch kümmerte er sich überhaupt nicht um mein Melden, er antwortete mit keinem Ton.

Wir hatten großes Glück. Nach einigen Minuten hörten wir von rechts ganz leises Stangenanstreichen aus den Akazienbüschen am Rande der Erlen, und vor uns auf das sandige Brachfeld zogen in

Richtung Kiefernschonung zur linken Hand drei Geweihte heraus. Im Rudel kamen sie wie die Feisthirsche! Die Morgensonne schien auf ihre Geweihe, Häupter und Rücken. Sie boten einen herrlichen Anblick, diese gemächlich, doch majestätisch ziehenden Hirsche. Ihre Rücken waren noch knallrot, die vielen Geweihenden blitzten. Vorne zwei jüngere Kronenhirsche, als letzter der alte, starke Vierzehnender mit der abgebrochenen Augsprosse. Ich flüsterte dem Gast zu, er könne den letzten schießen, wenn er verhoffte, nachdem ich ihn angeschrien hatte. Es war nur eigenartig, daß er nicht beim Rudel stand und noch immer mit den zwei jüngeren Hirschen zog. Warum aber hatte er dann geschrien? Oder war nicht er es gewesen? Stand vielleicht noch ein Platzhirsch mit seinem Rudel in der Erlenniederung, und waren diese drei bloß Beihirsche?

Der Hirsch zeichnete auf den Schuß gut und ging dann hochflüchtig in die Kiefernschonung ab. Er erreichte sie auch, bevor der aufgeregte Jäger repetieren und nochmals schießen konnte. Ich hatte am hochflüchtigen Hirsch den Einschuß genau sehen können. Die Kugel saß hinten an der letzten Rippe und sehr tief. Noch dazu Kaliber 7×64, das für unsere Brunfthirsche besonders dann ungenügend ist, wenn das Geschoß nicht am richtigen Fleck sitzt. Meist ergibt es keinen Ausschuß und deswegen eine Schweißfährte, der schwer zu folgen ist.

So war es auch dieses Mal. Solange wir in der Kiefernschonung der Fluchtfährte folgen konnten, lag überhaupt kein Schweiß. Es war aber sicher, daß der Hirsch einen Leberschuß bekommen hatte.

Wir brachen die Nachsuche ab, solchem Hirsch mußte man Zeit zum Krankwerden lassen.

Am späten Vormittag nahmen wir die Nachsuche wieder auf. Wir waren fünf Schützen zum Umstellen und Legény, in den ich alle meine Hoffnung setzte. Sicherheitshalber stellten wir die Kiefernschonung ab, und ich nahm mit dem Hund am langen Riemen die Suche auf. Doch kamen wir nicht weit. Ohne Schweiß konnte der Hund der Fährte in der Dickung auf dem Flugsandboden auch nicht folgen. Wir fanden an der entgegengesetzten Seite, wo der Hirsch eingewechselt war, am sandigen Fahrweg eine hochflüchtig herausführende starke Hirschfährte. Doch es lag überhaupt kein Schweiß. Es war aber wahrscheinlich, daß es sich um die Fährte des kranken Hirsches handelte. Sie führte in den schütteren Kiefern- und Birkenhochwald auf der anderen Seite des Weges und weiter in Richtung großer, zusammenhängender Waldungen.

Zwei Schützen schickte ich weit vor auf eine Querschneise im Hochwald; wir andern drei durchkämmten systematisch den Birkenwald und das dahinterliegende Gelände mit größeren und kleineren Fichtendickungen und Brombeergestrüpp. Legény suchte frei, denn die Fährte konnte er ohne einen Tropfen Schweiß überhaupt nicht halten. Er suchte unter Wind in langen, gestreckten Galoppsprüngen die Gegend ab, der Fährte eine Strecke lang unter Wind folgend. Als er überhaupt keine Witterung mehr von ihr bekam, suchte er nach rechts und links in großen Bögen.

Nach einigen hundert Schritten stürmte der Hund nach vorn und war verschwunden. Eine Viertelstunde lang hörten wir ihn weder im Gebüsch rascheln noch sein Hecheln. Er mußte den verendeten Hirsch gefunden haben.

Und so war es auch. Legény hatte den verendeten Hirsch in etwa zwei Kilometer Entfernung in einem Kiefernhorst gefunden. Eine Zeitlang zerrte er am Verendeten, „seinem Hirsch", dann suchte er mich in der Dickung. Er machte ein paar Schritte, dann blieb er stehen und äugte zurück, ob ich ihm wohl folgte. Er führte mich so zum Hirsch, der tatsächlich einen Leberschuß hatte. Sein Geweih enttäuschte nicht. Doch ohne Legény hätten wir ihn kaum zur Strecke bringen können.

Legény war leider kein Totverbeller. Die sind selten wie weiße Raben. Man kann einen Hund auch kaum dazu erziehen. Doch kam er zurück, wenn er das Wild verendet gefunden hatte, und führte mich zu ihm.

Von allen Eigenschaften des Jagdgebrauchshundes fehlte ihm nur eine: er war nicht scharf genug auf Raubzeug und Raubwild. Freilich brachte er sofort jede Katze zum Aufbaumen, verbellte sie auch, stellte den angeschossenen Fuchs, doch würgte er ihn nicht ab. Schade, denn für den Berufsjäger ist ein scharfer Hund von großem Vorteil, der lautlos und unauffällig die streunenden Katzen ins Jenseits befördert! Doch war dies gleichermaßen auch eine Tugend bei Legény. Obwohl er Rüde war, raufte er sich nie, er war ein stiller und gutmütiger Hund. Doch ließ er Fremde nicht in meine

Nähe, an meine Sachen oder ans Haus. Er bewachte mich, wie es sich für einen Hund gehört und machte allabendlich seine Tour ums Haus herum. Denn wir wohnten sechs Jahre lang im Jagdhaus im Walde; da war jeder Fremde verdächtig.

Nach zehn Jahren verließen wir Lábod. Außer Erinnerungen nahmen wir nicht viel mit uns; alles einschließlich des Hundes hatte Platz im Kleinauto. Wir hofften auf ein neues Jägerleben. Doch wurden wir in ein Büro gezwängt. Das konnte ich Legény nicht mehr antun. Er hatte seine besten Jahre hinter sich, in Wald und Feld hätten wir noch einige Zeit zusammen gejagt.

Als „Vorhut" brachte ich ihn also nach Budapest zu meiner Familie. Meine Frau und meine Tochter empfingen ihn mit großer Freude, da sie ihn immer sehr gern hatten. Es war auch unmöglich, ihn nicht liebzuhaben. Freilich wohnte er mit uns in der kleinen Wohnung, sein Platz war neben dem Tisch, wo ich später meine Schreibarbeiten erledigte. Legény machte überhaupt keine Schwierigkeiten oder Unannehmlichkeiten. Meine Frau hielt ihn sehr liebevoll, aber doch in gutem Drill. Von uns beiden war immer sie die Strengere. *Sie* hätte meine Hunde dressieren sollen.

Auch in seinem „Stadtleben" setzte sich Legény niemals auf Möbel und bettelte nie bei Tisch. Wenn wir aßen, mußte der Hund immer an seinem Platz bleiben. Doch wurde er in der Familie sehr hochgehalten, alles drehte sich um ihn, jeder war lieb zu ihm. Auch ihm gefiel das Stadtleben voller Bequemlichkeit, die er als alter Hund verdient hatte. Er ging gern spazieren, markierte sein Territorium, doch offensichtlich fehlte ihm die Jagd nicht mehr. Er schlief den ganzen Tag, und wenn ein Schlafwettbewerb der Hunde abgehalten worden wäre, so hätte er mit größter Wahrscheinlichkeit gesiegt. In der Stadt bellte er niemals, weder in der Wohnung noch ums Haus herum. Doch wenn wir ab und zu mal in einem Jagdhaus waren, meldete er sich mit seinem tiefen Hals.

Als ich sah, wie herzlich Legény daheim empfangen wurde, wechselte auch ich hinüber in die Stadt. Von Zeit zu Zeit gingen wir auf Enten-, Fasanen- oder Turteltaubenjagd, doch fehlte mir das freie Jägerleben viel mehr als dem Hund.

Dann gingen wir im Herbst auf eine Saujagd. Als er im Kiefernjungwuchs von der Verfolgung der mit Leberschuß noch flüchtigen

Sau abließ, wußte ich schon, daß er gealtert war. Es war das erste Anzeichen.

Einmal gingen wir jenseits der Theiß zur Fasanenjagd. Suchend entfernte er sich von mir, alles Pfeifen und Rufen war umsonst; jetzt stellte er sich nicht mehr taub, sondern er hörte wirklich nichts mehr. Wir jagten in zwei Trupps, und Legény verirrte sich zum anderen. Dort suchte er mich und verschwand dann in der endlosen Pußta. Wir suchten ihn bis zum Abend und fanden ihn nicht. Ich inserierte in den Lokalzeitungen und stellte eine Prämie in Aussicht. Liebe Waidgenossen brachten ihn dann nach einer Woche aus der drittnächsten Ortschaft.

Von da an gingen wir nur mehr zum Schnepfenstrich zusammen. Er wußte ganz genau, worum es ging, hatten wir dies doch in alten Tagen jeden Frühling wochenlang gemeinsam getan. Er saß ganz still neben mir am Abendstrich und beobachtete den Himmel mit großer Spannung, so daß es vorkam, daß er den Vogel mit dem langen Gesicht eher wahrnahm als ich. Und wenn ich dann und wann einen schoß, so apportierte er ihn mit großer Freude. Er suchte auch am Ende des Abendstrichs die Schnepfen der Nachbarn, wenn diese sie mit der Taschenlampe nicht gefunden hatten.

Eines Abends waren wir mit einem jungen Jagdfreund zum Strich im Pilisgebirge nördlich von Budapest. Es kam ihm ein „Zwick“, und er konnte die eine schießen. Sie fiel jedoch in ein tief ausgewaschenes Bachbett. Er fand sie nicht einmal mit der Taschenlampe, obwohl er sehr gewissenhaft suchte, denn es war seine erste Schnepfe. „Der alte Legény wird sie schon bringen“, sagte ich. Mein Freund schaute ungläubig; er setzte scheinbar wenig Vertrauen in Legény. Offensichtlich dachte er, Legény sei nur dazu da, um verwöhnt zu werden und im Auto schlechte Luft zu machen. Der Hund fand sie auch und brachte sie im Handumdrehen. Zu guter Letzt zeigte er, was ein alter Hund immer noch konnte.

Zu Ostern zogen wir mit der Familie in ein Jagdhaus; natürlich war auch der Hund mit von der Partie. Es war nur noch der Form nach ein Schnepfenstrich, denn Schnepfen gab es kaum mehr, nur die Nachhut war noch da. Zwei konnte ich dennoch an einem Morgenstrich schießen, aber Legény hatte kaum Lust, sie zu apportieren. Nach dreizehn Jahren Jägerei war auch er müde geworden, genauso wie vor vielen Jahren sein Vorgänger, der alte Legény! Daheim sammelte er dann wieder seine Kräfte, aber er war nicht mehr richtig lebhaft. Er lag und schlief meistens; man konnte ihm ansehen, daß er schwach war. Dann mußte ich für eine Woche verreisen. Als ich heimkam, fragte ich sofort besorgt nach dem Hund. „Es geht ihm gut“, sagte meine Frau. Er begrüßte mich auch nach seiner Art, kam mir entgegen, umkreiste und beroch mich von allen Seiten, wedelte mit der Rute und ging auf seinen Platz zurück.

Am nächsten Morgen rief ich ihn zu mir, tätschelte ihn liebevoll, doch gefiel mir der Hund nicht. Die Flanken waren eingefallen, die Decke ohne Glanz. Er machte dennoch einen kleinen Spaziergang mit meiner Tochter. Danach legte er sich auf sein Lager, und einige Augenblicke später waren seine Seher gebrochen.

Wir brachten ihn hinaus in den Wald. Der alte Jagdkamerad bekam noch einen letzten Bruch.

Diese paar Zeilen sollen sein Andenken bewahren.

Rebhühner im Wandel der Zeiten

Das Haus, in dem ich meine Kindheit verbrachte, stand am Rande des Dorfes. Vor ihm nach Süden zu war nur eine Reihe alter Roßkastanienbäume, hinter denen sich die Weite der flachen Felder ausbreitete. Im Spätsommer schimmerte das geschnittene Getreide in Garben gebunden und in „Kreuze“ zusammengetragen in sattem Gold, die schon Kolben schiebenden Maisfelder aber in einem tiefen Dunkelgrün.

Schräg aufs Haus zu kam der breite Feldweg, der aus der unteren Feldgemarkung, den „Wiesenfeldern“, ins Dorf führte und auf dem an schwülen Sommerabenden Ochsen- und Pferdewagen in langen Reihen das Getreide ins Dorf auf die Speicher einfuhren. In ihrer Spur zogen sie den Staub des glutheißen Sommers in langen Fahnen hinter sich her.

Wenn gegen Sonnenuntergang das monotone Dröhnen der Dreschmaschinen auf den Speichern verstummte und von den Feldern alle Gespanne heimgekommen waren, machte ich mich auf den Weg ins Revier, in die Feldmark, zu Fuß oder mit dem Pferdegespann, meistens aber mit dem Fahrrad.

Zu dieser Zeit begann das Wild sich nach der Hitze des Tages zu zeigen: Dies war die Zeit, da sich der Jäger und Heger am besten über seinen diesjährigen Wildbestand orientieren konnte. Auf den Stoppeln der schmalen Feldstreifen tummelten sich Hasen, die soeben aus den Maisstreifen herausgehoppelt waren, Völker von Hühnern – hie und da, jedoch damals viel seltener –, auch von Fasanen waren auf den Stoppeln auf Nahrungssuche oder huderten sich mit sichtlichem Wohlbehagen im Staube der Feldwege. Vor Dunkelheit strichen sie dann mit lautem Schwingenburren und Lokken in die taunassen Wiesen oder von dort wieder zurück zu ihren Übernachtungsplätzen.

An Sommerabenden, noch vor den Hühnerjagden, war es die Aufgabe der Revierjäger und Heger, die heurige „Ernte" vorzubereiten, zu zählen, was da ist, um einen Voranschlag auf die zu erreichende Strecke und den möglichen Abschuß machen zu können. (Außerdem hatte man bei solchen Gelegenheiten auf Raubzeug, insbesondere streunende Katzen gute Aussichten.) Ich selber machte diese Reviergänge mit den Hegern schon mit, als ich noch keine Flinte in die Hand nehmen durfte.

Denn dazumal waren die Rebhühner sehr hochgeschätzt – vielleicht waren sie sogar unsere Hauptwildart –, zumindest was die jagdlichen Freuden anbelangt!

Sie haben meine Jugend und meine Kindheit ständig begleitet, sie sind die Hauptwildart der ersten, mit Jagdpassion überhitzten Zeit meines Jägerlebens gewesen. Bis zu meinem zwanzigsten Lebensjahr rechnete ich das Jahr nicht von Weihnachten bis Weihnachten, auch nicht von Neujahr bis Silvester, sondern von August bis August.

In den zwanziger und besonders in den dreißiger Jahren gab es massenhaft Hühner in meiner Heimat Westungarn am Rande der „Hanság". Auf dem leichten, fruchtbaren, wasserdurchlässigen, humosen Torfboden waren die Hühner eben da; sie gediehen sozusagen von selber. Die Reviere wurden scharf bewacht, und es wurde viel für die Hege getan, Nebelkrähen und Elstern kamen nur hie und da als große Seltenheit vor, und wenn irgendwo ein Fuchs gespürt wurde, so belauerten ihn die Heger wochenlang. Im Winter, wenn manchmal tiefer Schnee lag, wurden die Hühner gefüttert, so gut es ging; ansonsten aber bejagten wir sie von August bis Dezember und schossen sie nach Herzenslust!

Im nächsten Jahr gab es genausoviel – wenn nicht mehr! „Die Hühner müssen beschossen werden, damit sie sich vermehren!" Dieses Paradoxon lernte ich von alten Jägern als erstes über die Hege des Rebhuhns. Darunter verstanden sie, daß man die Hühnervölker stören, mischen muß, damit sie mit Fremdlingen zusammenkommen, die einzelnen Ketten nicht unter sich bleiben, um Inzucht zu vermeiden. Wir wissen heute, weil es von Wissenschaftlern zweifelsohne bewiesen wurde, daß dies nicht stimmt, daß das Huhn sich immer mit einem aus einer fremden Kette paart, daß sich auch ohne Bejagen und Mischen keine Inzucht einstellt, weil die Natur selber eine solche vermeidet.

Dennoch gibt es nicht mehr Hühner, seit wir sie weniger intensiv bejagen. Freilich hat dies viele andere Gründe, und wir würden heute sagen, dies sei ein „komplexes Problem".

Damals gab es zahllose „vollständige" Ketten mit achtzehn, zwanzig, zweiundzwanzig Hühnern. Und heute? Wenn man eine Kette von fünfzehn sieht, so zieht man schon den Hut. Auch damals gab es unfruchtbare Paare, besser gesagt solche, die im betreffenden Jahr keinen Nachwuchs hatten. Diese standen in kleinen Ketten beisammen oder schlossen sich Völkern an. Wahrscheinlich waren sie in Wirklichkeit überhaupt nicht unfruchtbar; sie hatten bloß ihre Gelege oder ihre Küken verloren. Doch daß man damals viel weniger Paarhühner zur Brutzeit im Revier antraf als heute, das kann ich bestätigen!

Die Jagdzeit der Hühner begann damals am 1. August, doch eigentlich nur auf dem Papier, denn es war keine Freude, die halbausgewachsenen Junghühner, die man Gabler nannte, zu schießen. Anfang August schossen wir höchstens einige Junghühner für die Küche.

Die Zeit der Hühnerjagden begann bei uns nach dem 20. August, einem Nationalfeiertag der Ungarn, und wir bejagten sie, solange Deckung in den Feldmarken war und die Hühner noch hielten. Meistens nur bis Ende September, denn der Mais wurde bis dahin gebrochen und geschnitten, und in den kahlen Feldern hielten die Hühner nicht mehr. Auf der Suche oder im Treiben mit kleinerem Aufwand waren sie schon nicht mehr zu bejagen. Doch wurde im Spätherbst bei den Hasenjagden noch eine große Anzahl erlegt.

Das erste „Hochwild" meiner Kinderjahre war ein Rebhuhn. Ich schoß es Ende August 1928 in meinem elften Lebensjahr mit der doppelrohrigen „Kronenflinte" Kal. 28, mit welcher ich das Jagen anfing und von der in diesem Buch des öfteren die Rede ist. Ich kann mich noch genau daran erinnern, daß das Rebhuhn geur vor mir über ein Kartoffelfeld strich, auf meinen etwas nach hinten gerutschten Schuß, beide Ständer hängend, noch einige Schritte weiterflog und dann mausetot in das Kartoffelkraut fiel.

Mittags wurde ich dann als Hühnerjäger photographiert, ein

Junge mit rundem Gesicht, einem riesigen Strohhut, die kleine Flinte auf der Schulter, in der Hand einen Galgen voller Hühner. Kálmán Kittenberger, der berühmte Afrikajäger und Sammler, der die altehrwürdige ungarische Jagdzeitschrift „Nimród“ mehrere Jahrzehnte lang redigierte, brachte dieses Photo in seiner Zeitschrift. Ich war darauf mächtig stolz, noch stolzer als auf mein erstes Huhn, am stolzesten jedoch darauf, daß mich der große Afrikajäger gnädig aufgenommen hatte. In Kürze begann ich dann auch für den „Nimród“ zu schreiben, erst nur Kurznachrichten, später schon Jagderzählungen und Artikel über Hege und Pflege des Wildes und über ornithologische Themen.

Damals durfte ich nur mit der Jagdgesellschaft unter sehr strenger Aufsicht jagen. Mit einem Auge wurde ständig beobachtet, was wohl der Junge machte, wie er mit dem Gewehr umging. Ich habe die Jagdregeln frühzeitig und rechtzeitig gelernt.

In diesen Jahren gingen wir Woche für Woche jeden Tag zur Hühnerjagd, vom Trocknen des Morgentaues bis zum Sonnenuntergang. Meist waren es nur fünf, sechs Flinten, fünfzehn bis zwanzig Treiberjungen, die selbst so passioniert waren, daß ihnen die Sache großen Spaß machte, und ein paar gute, kurz suchende Hunde. Ihre Aufgabe bestand in erster Linie im Finden der rennenden, geflügelten Hühner oder solcher, die in hohe Deckung gefallen waren.

Vater liebte die Hühnerjagd über alles; die Hühner waren sein Lieblingswild. Er fuhr niemals auf Urlaub, zur Kur oder in die Sommerfrische. In jener Zeit taten dies Leute, die auf dem Lande wohnten, kaum, lebten sie doch nirgends so gut wie daheim. Doch nach dem 20. August schoß er einen Monat lang Hühner. Tag für Tag, wenn er sich die Zeit dazu nehmen konnte, unermüdlich. Die „alten Herren“, so nannten wir seine Freunde und Jagdkumpane, waren stets verärgert, daß der Jagdherr in der Streife vorn ging. Sie konnten kaum mit ihm Schritt halten. Er war ein sehr flinker Schütze, nicht nur gut auf den Beinen. Sogar sein Hund, der „alte Legény“, war stets Feuer und Flamme. Doch hatte er einen wunderbaren Appell.

In unserem großen Jagdbann war ein Teil der Böden, die in der Nähe der Donau lagen, angeschwemmter Lößboden, der westliche Teil jedoch, den das Flüßchen Rábca durchfließt, war leichter, schwarzer Torfboden. Hier, wo die Felder neben dem sich sanft dahinschlängelnden Flüßchen überall noch mit Wiesenstücken abwechselten, gab es massenhaft Hühner, viel mehr als auf den schwereren Lößböden.

Die Suchjagd eines oder zweier Jäger mit ihren Hunden wurde bei uns kaum ausgeübt. Die Hühner lagen ja tagsüber auch meist in den hohen Maisfeldern, die nicht zur Suche geeignet sind. Meistens trieben wir mit den Treibern in einer Linie gehend die Felder ab. Wenn sie längsseits getrieben wurden, so gingen die Schützen rechts und links der Maisstreifen, an deren Enden Treiberjungen auf dem Boden sitzend in die Hände klatschten, damit die Hühner uns dort nicht etwa rennend oder flach streichend entkommen konnten. Dies hatte jedoch den Nachteil, daß oft ziemlich lange Strecken getrieben werden mußten, ohne zu Schuß zu kommen, da die Hühner nur allzu gerne nach vorne liefen und oft nur am Ende des Feldes abstrichen.

Schöner war es jedoch, quer über die Felder zu streifen, weil das Jagen abwechslungsreicher war, man des öfteren zu Schuß kam. In solchen Fällen gingen auf den Feldwegen an den Flanken der Streife einige Treiberjungen mit auf langen Stöcken wehenden weißen Tüchern, damit die hochgehenden Ketten nach vorn und nicht seitwärts aus dem Treiben herausstrichen. Besonders bei windigem Wetter – und in dieser Gegend im Flachlandtor zwischen Alpen und Karpaten wehte fast ständig ein steifer Wind – war diese Jagdmethode eine große Lust, wenn die gegen den Wind getriebenen Hühner in pfeilschneller Wendung über die Linie nach hinten strichen. Kein Wunder, daß wir in dieser Zeit der unerhörten Wildmengen zu passionierten Schrotschützen wurden, doch jagten wir beileibe nie, um möglichst große Strecken zu machen, sondern hatten eher sportliche Freude am Schrotschießen: je höher, schneller und wendiger das Flugwild strich, um so mehr Spaß machte die Jagd.

Wenn in der Nähe Wiesen waren, so trieben wir in den Nachmittagsstunden die angrenzenden Maisfelder auf sie zu. Die beschossenen Hühner fielen dann einzeln ins Gras ein, und die Völker hatten nicht mehr genügend Zeit, sich zu sammeln. Der Jagdtag wurde dann vor Sonnenuntergang damit abgeschlossen, daß wir unsere Hunde die Hühner einzeln suchen ließen. Der Schuß war leicht, doch bescherte uns die schöne Arbeit der Hunde dann um so mehr Freude.

Es ist nicht übertrieben und bei weitem kein Jägerlatein, wenn ich erzähle, daß in den dreißiger Jahren die Durchschnitts-Tagesstrecke eines Schützen bei uns zwischen sechzig und hundert Hühnern lag. In einer Hühnerjagdzeit, ich glaube, es war das Jahr 1935, schoß Vater selber nicht weniger als zweitausendsechshundert Hühner. Als ich endlich meine Schulzeit beendet hatte und nicht mehr blutenden Herzens Anfang September in die Stadt ziehen mußte, habe ich dann auch in jedem Jahr so um die zweitausend Hühner geschossen. Damals war in dieser Gegend das Rebhuhn unsere Hauptniederwildart. Auf dieses jagten wir am meisten und liebsten und erreichten auch die größten Strecken. Wenn ich mich richtig an die in mein altes Schußbuch eingetragenen Zahlen erinnern kann, so habe ich bis zum Jahr 1940, das Jahr des großen Hühnersterbens, etwa so viele Hühner geschossen wie Hasen und Fasanen zusammen.

Seitdem habe ich eigentlich kein einziges Mal nach Herzenslust auf Rebhühner gejagt. Heute gibt es auch bei uns keine solchen Hühnerjagden mehr; die Zeiten haben sich grundlegend geändert und mit ihnen die Möglichkeiten der Hühnerjagd. Die Zahl der Hühner hat ebenfalls bedeutend abgenommen. Heute hat der Fasan den Platz des Rebhuhnes übernommen. Ich selber habe auch schon mehr Übung im Schießen auf ihn, treffe ihn schon besser, es gelingt nicht mehr oft, eine Dublette aus dem im Bogen über die Schützenlinie streichenden Hühnervolk herauszuschießen ...

Wir haben damals gelernt, was ich auch meinen jüngeren Jagdkameraden nicht vorenthalten will: Es war verpönt, in die hochgehenden oder auf uns zustreichenden Hühner blindlings hineinzuschießen, dorthin, wo sie „am dicksten flogen"! Aber nicht nur, daß es sich nicht gehörte, es lohnte sich auch nicht, denn in neun von zehn Fällen fiel nichts aus der Kette! Wenn sie auch in noch so dichtem Pulk strichen, trafen sie nur höchst selten mit den Schroten zusammen. Es schickte sich, wenn man von den „Randhühnern" zwei aufs Korn nahm. Man lernte dann schnell, diese beiden mit einer sauberen Dublette zu schießen!

Die Rebhühner waren die richtigen Leckerbissen der spätherbstlichen und winterlichen Hasenjagden! Doch nicht die bei weichem Boden in den Kesseln oder Streifen öfters hochgemachten Hühner, die von der feuchten Erde, die an ihren Zehen hängenblieb – wir nannten solche „Pantoffelhühner" –, nur sehr schwer streichen konnten und einen leichten Schuß boten, sondern wenn auf trockenem oder gefrorenem Boden gejagt wurde – die Hasen zu schießen machte auch nur dann Spaß –, und die Hühner hoch und pfeilschnell über die Schützen- und Treiberkette schwenkten.

Der hohe und schnelle, richtige „Turmfasan" bietet vielleicht mehr Möglichkeit zu den wirklichen „Paradeschüssen", wenn er voll in die Brust getroffen wie eine kleine Bombe zu Boden saust, doch glaube ich, daß eine flinke und elegante Dublette aus einer Kette von Winterhühnern, die in blitzschnellem Schwung bei der Hasenjagd über die Linie streichen, was die Schießkunst anbelangt, nur wenig hinter ihr zurückbleibt. Die Dublette auf solche Winterhühner ist eine Höchstleistung im Flintenschießen. Béla Gáspárdy, ein Freund und ständiger Jagdgast bei uns, war der sicherste Flintenschütze, den ich jemals erlebt habe, Zsigmond Széchenyi, Autor mehrerer Jagdbücher, die auch in deutscher Sprache erschienen sind, schoß am elegantesten, und Professor Sándor Lumniczer, ehemals Weltmeister im Tontaubenschießen, war der schnellste Schütze, den ich überhaupt sah. Béla Gáspárdy schoß fast ausnahmslos Dubletten aus den Hühnerketten, die ihn bei winterlicher Hasenstreife anstrichen! Obwohl er stets mit Schwesterflinten schoß, machte er nie den Versuch der Spitzenleistung im Schrotschießen, des „coup double" auf spitz von vorn anstreichende Hühner – also eine Dublette nach vorn –, dann ganz schnell Flintenwechsel und eine Dublette nach hinten.

Ich habe aber öfters beobachten dürfen, wie man dies macht. Es waren Engländer, die Meister im jagdlichen Schrotschießen, die dies fertigbrachten. Der theoretische Dreh dieser schießtechnischen Wunderleistung ist, daß man die erste Dublette sehr weit nach vorne schießen muß, so daß beide Hühner weit *vor* den Schützen fallen, um zum Flintenwechsel und für die zweite Dublette auf die schon wegstreichenden Hühner noch genügend Zeit zu haben.

Ich bekam natürlich durch die Engländer Lust zur Sache und

versuchte es selber auch, sooft ich dazu Gelegenheit hatte, doch es gelang niemals! Drei öfters, vier jedoch nie. Ich habe den Versuch auch schon seit langer Zeit aufgegeben, nicht nur aus Mangel an Hühnern, sondern auch an Schwesterflinten!

Im Jägerleben meiner Generation bedeutete der Winter 1939/40 einen Wendepunkt: Das Ende der berühmten Niederwildmengen der dreißiger Jahre und insbesonders den fast völligen Ruin unserer damals weltweit bekannten Rebhuhnbestände.

Ich erinnere mich noch ganz genau: Mitte Januar 1940 kam der strenge Winter mit einer Schneedecke von einem halben Meter in unser Land und dauerte mehrere Wochen lang. In der großen Not kamen vor allem die Rebhühner in den Schutz von Ortschaften und Gehöften, denn die Feldmark war nichts als eine Schneewüste, wo sie nicht überleben konnten. Wo es nur irgendwie möglich war, wurden sie ständig gefüttert. Es gab weder Mangel an Hinterweizen und Mais für die Hühner noch an Gespannen, die das Futter an Ort und Stelle bringen konnten. Wochenlang konnten wir sie fast ohne Verluste durchbringen. Wie ich schon erzählte, wohnten wir am Rande des Dorfes, und aus den Fenstern konnten wir auf die Felder hinausblicken. Im Schutze des Hauses legten wir fast unter den Fenstern eine große Fütterung an, die von mehreren hundert Hühnern ständig besucht wurde. Sie scharrten von morgens bis abends und übernachteten in der Nähe im Schnee.

Doch am 13. Februar 1940, ich kann mich ganz genau an den Tag erinnern, kam ein solcher Schneesturm, wie ich ihn seitdem nie wieder erlebt habe. Er dauerte zwei volle Tage und Nächte. Als sich das Gestöber endlich legte, blieb nicht ein Stück von unseren Hühnern an der Fütterung übrig. Die schon seit Wochen geschwächten Vöglein wurden allesamt vom Schnee begraben. Nicht bloß bei uns, sondern auch im ganzen Lande! Es blieb nur hie und da ein Stück als Urahne kommender Hühnergenerationen übrig!

Im Jahre 1946 arbeitete ich im selben Revier, wo ich vormals „daheim" gewesen war, als Berufsjäger. Bis dahin hatten sich in den letzten Kriegsjahren die Hühnerbestände ohne irgendwelche Hege wieder gut erholt. 1946 überwinterten sie gut, und 1947 hatten wir einen so zahlreichen Bestand, daß wir probeweise an einem strahlenden Septembertag sogar eine kleine Hühnerjagd machten.

Hühnerpaar

Landschaft der ungarischen Tiefebene, der Heimat des Rebhuhns

Ich weiß noch, daß mir beim Vorstehen am Ende des Maisfeldes eine gute Dublette gelang. Viel habe ich seitdem nicht von den Freuden der Hühnerjagd genossen, doch dies konnte ich damals nicht ahnen ...

Ende der vierziger und Anfang der fünfziger Jahre waren diese Reviere zwischen Donau und Raab ausgesprochene Niederwildreviere. Es gab wohl einige wenige Überreste der Rotwildbestände der „Hanság" und der Donau-Auen der Schüttinsel, doch hätten wir diese damals um alle Welt nicht bejagt. Sauen waren uns dort nur von Abbildungen her bekannt. Von dem alten, hervorragenden Rehwildbestand waren nur spärliche Reste übriggeblieben, und auf die wenigen Stücke, die noch in den Wäldern lebten, paßten wir auf wie auf unseren Augapfel. Am Hoch- und Rehwild konnten wir also noch keine Freude haben, so hegten und pflegten wir eben das Niederwild mit den uns zur Verfügung stehenden spärlichen Mitteln. In diesen Jahren gab es aber in unseren Revieren so viele Hasen wie nie zuvor. Es ist wahr, daß wir sie nicht bejagten, sondern nur lebend fingen und stets überaus viel Stammbesatz beließen.

Die Rebhühner aber hegten wir mit ganz besonderer Liebe und Sorgfalt, weil sich die Bestände wieder zu erholen begannen.

In diesen Jahren habe ich mich sehr eingehend mit dem Rebhuhn, seinen Lebensgewohnheiten, seiner Fortpflanzungsbiologie und den damit zusammenhängenden hegerischen Maßnahmen beschäftigt, um zu sehen, wie wir mit der möglichst eingehenden Kenntnis seiner Biologie unser Möglichstes zur Wiedervermehrung dieses am stiefmütterlichsten behandelten Wildes tun könnten.

Die leider nur extensiv betriebene Hege und Verwaltung dieses Niederwildrevieres – und wenn es auch ein Ausmaß von etwa fünfzehntausend Hektar hatte – hätte allein meine damals gewaltige Aktivität, Arbeitsfreude und meinen Idealismus nicht befriedigen können. Mit besonderem Eifer befaßte ich mich mit dem Studium des Rebhuhnes und seiner intensiven Hege.

Damals, als ich es richtig kennenlernte, habe ich es wirklich liebgewonnen, doch nicht mehr mit den Augen des Jägers, sondern mit denen des Hegers und Forschers.

Vielleicht ist es nicht uninteressant, wenn ich hier einige meiner diesbezüglichen Erfahrungen erzähle. Hoffentlich gelingt es mir,

Die Eier aus den gefährdeten Gelegen an Wegrändern werden gesammelt und kommen unter die Glucke die Sympathie für dieses Wild auch in den Lesern, meinen Waidgenossen, zu erwecken!

Vornweg müssen wir wissen, daß das Rebhuhn streng monogam ist und bis zum Frühling des nächsten Jahres im Familienverband lebt. Auch darin weicht seine Biologie und Lebensweise von unserem anderen wichtigsten Flugwild, dem Fasan, ab.

Es ist ganz sicher, daß das Hühnerpaar, das sich im zeitigen Frühjahr zusammengefunden hat, zur Zeit des Eierlegens, der Bebrütung des Geleges und der Aufzucht der Jungen eine Lebensgemeinschaft aufrechterhält, die Jungvögel im Familienverband durch den ersten Winter bringt, bis zur Zeit der nächsten Paarung.

Für den seltenen Fall, daß beide Altvögel durch den Winter kamen, wurde bewiesen, daß sie auch weiterhin fürs nächste Jahr als Paar zusammenbleiben und nur die Jungvögel sich zerstreuen. Die Wahl des Gatten beschränkt sich also nicht nur auf eine Brut- und Aufzuchtsperiode, sondern auf ein – wenn auch durch allzu viele Gefahren bedrohtes – ganzes Rebhühnerleben!

Wo finden wir denn Ähnliches im Tierreich?

Bei unserem kontinentalen Klima in Ungarn – und dies gilt eigentlich für ganz Mitteleuropa – ist die größte Gefahr für die Rebhühnerbestände ein grimmiger Winter mit andauernder hoher Schneelage, wie es sie in verschiedenen Abständen immer wieder von Zeit zu Zeit gibt. Solch strenger Winter schlägt dann so große Lücken in den Hühnerbesatz, daß sie wieder auf Jahre hinaus zugrundegerichtet sind. Doch auch in Ländern mit milden Wintern, wie zum Beispiel in Südengland rechnet man ohne Schneelage und Notzeit mit einem Winterverlust von durchschnittlich dreißig Prozent des Stammbesatzes!

Die hohe Schneelage allein wirkt sich noch nicht schlimm aus. Dieser kleine, schwache Rebhuhnvogel ist unglaublich hart und zäh und kann auch schneereiche Wochen gut überleben.

Wir müssen nämlich wissen, daß die Winternahrung der Hühner nur in kleinem Maße aus Körneräsung besteht, meistens aus Unkrautsamen, die die Hühner von den wenigen Unkrautstengeln abpicken, die aus dem Schnee herausragen. Sie überwintern hauptsächlich mit Hilfe von Grünzeug, das sie auf Saaten und dem Gras der Grabenränder und öden Stellen finden. Wenn der Schnee weich ist, droht keine Not. Die Hühner graben lange Gänge und Röhren in ihm, um zu ihrer Nahrung am Boden zu gelangen. Der nasse, weiche Schnee bedeutet noch keine Gefahr für die Hühner.

Schlimm wird es für sie, wenn die oberste Schneeschicht schmilzt und wieder gefriert. Eine harte Kruste von Harschschnee bedeckt dann das Land wie ein Eispanzer. Jetzt können die Hühner nicht mehr Gänge in den Schnee scharren und sind auf die wenigen Unkrautkörner angewiesen, die noch zu finden sind. Die halten das Huhn aber nicht lange am Leben!

Und wenn der Schnee von einem solchen Eispanzer bedeckt ist, finden sie auch keine passenden Übernachtungsplätze, denn in den harten Schnee können sie sich keine Vertiefungen scharren. Sie werden geschwächt, magern ab, und wenn ein Schneesturm kommt, begräbt sie der weiße Tod.

Sie müssen also in Notzeiten sorgfältig gefüttert werden, und dies wird vielerorts vernachlässigt. Fasanen werden noch gefüttert, doch die Hühner kaum.

Noch dazu sind Hühner schwierig zu füttern, schwieriger als Fasanen. Letztere kommen nämlich bei grimmigem Winter von selbst in Gehölzen, Remisen, kurz, in irgendeiner erreichbaren Deckung zusammen.

Das Rebhuhn hingegen ist ein an die Scholle gebundenes Wild, das seinen Geburtsort nicht verläßt. Allerhöchstens zieht es sich im schneereichen Winter unter nahe gelegenen Knicks oder Baumreihen zusammen, sofern es solche in unseren Feldmarken überhaupt noch gibt. Wir müssen die Hühner also überall dort füttern, wo sie sich zu dieser Zeit aufhalten, und dürfen nicht darauf warten, daß sie von selber zu den weiter entfernt gelegenen Fütterungen kommen.

Dies ist übrigens heutzutage in unserem mechanisierten Zeitalter, in der Welt der Traktoren und Motorschlitten, ein Kinderspiel, nicht so wie vor etwa dreißig Jahren, als wir das Futter im Rucksack hinaustrugen oder günstigenfalls mit dem von Pferden gezogenen Schlitten hinausfuhren. Der Trecker hat noch den großen Vorteil, daß er die Eiskruste bricht und in seiner Spur die Hühner bis zum Boden scharren können.

Hühner sollten nicht unter Bäumen oder in geschlossenem Bestand gefüttert werden. Wohl aber unter einzelnen größeren Sträuchern, die von *oben* genügend Deckung bieten – wenn es solche günstige Stellen gibt. Denn Rebhühner fühlen sich auf freien, offenen Flächen wohl und in Sicherheit. Sie brauchen freie Rundsicht, um den nahenden Feind rechtzeitig zu eräugen und notfalls geschwind in die nahe Deckung streichen zu können.

Deswegen ist es zu empfehlen, die Hühnerfütterungen nicht gedeckt unter Bäumen zu bauen, sondern sie sechzig bis hundert Meter von der Deckung entfernt im freien Felde anzulegen, und zwar so, daß das mit Kaff oder Häcksel gemischte Körnerfutter an eine vom Schnee freigeschaufelte Stelle von zwei bis drei Meter Durchmesser geschüttet wird. Achten muß man ferner darauf, daß der ausgehobene Schnee nicht wie ein Wall hoch um den Futterplatz zu liegen kommt, damit er den Hühnern nicht die Sicht nimmt.

Wichtig ist nicht, möglichst viele feste Fütterungen zu bauen, sondern unsere Hühner in jedem Teil des Reviers an möglichst vielen Stellen mit Futter zu versorgen.

Das Hühnervolk verbringt die Winternacht im Felde auf einer freien Stelle, doch möglichst in einer windgeschützten Senke, und nicht, wie viele glauben, in der Deckung von Bäumen oder Strauchwerk. Und sie schlafen auch beileibe nicht im Haufen dicht zusammengedrängt, sondern auf einer Fläche von einigen Quadratmetern verstreut, mit den Köpfen in verschiedenen Richtungen, damit irgendeines von ihnen die nahende Gefahr bestimmt wahrnimmt. Ich habe selber sehr oft im Schnee Übernachtungsplätze von Hühnern gefunden, die ausnahmslos diese Formation zeigten. Wenn sie sich zusammendrängen würden, wäre ein überraschender Überfall leichter möglich, und das Volk wäre Verlusten viel mehr ausgesetzt. Denn im Leben der Hühnerfamilie ist der Schutz der Gemeinschaft, des Volkes das Wichtige – nicht der des Einzeltieres!

Anfang der fünfziger Jahre hatte ich wintersüber auch alljährlich eine Anzahl von Hühnern eingekammert. Zu diesem Zweck eignet sich ein jedes Gebäude, es muß nur ein Netz über die Hühner gespannt werden, damit dieses die gegebenenfalls erschreckt auffliegenden Hühner auffängt und sie sich nicht die Köpfe an den Wänden oder Fenstern wundschlagen. Jeden Herbst fingen wir einen Teil unserer Hühner ein und brachten sie in einem geschlossenen

Raum durch den Winter, um den Stammbesatz für das kommende Jahr zu sichern, auch wenn es einen außerordentlich harten Winter geben sollte.

Das Rebhuhn ist ein intelligenter Vogel, der – obwohl er sich nie so „zähmen“ läßt wie der Fasan – sich in Gefangenschaft gut hält. Wenn unsere Hühner genügend Grünfutter, in erster Linie Markstammkohl, erhielten, hatte man auch wegen des Federpickens keine Sorge.

In ihrem Gemeinschaftsleben richten sich die Hühner sehr nach der Witterung. Im grimmigen Winter tun sich oft mehrere Völker zu „Großvölkern“ zusammen. So fühlen sie sich mehr in Sicherheit, können sich gegen Feinde leichter schützen. Dieser „Rudelinstinkt“ ist bei auf offenen Flächen lebenden Säugetieren, aber auch bei Vögeln oft zu finden und dient zu gleicher Zeit auch der Paarung mit Tieren aus anderen Familien.

Ende des Winters paaren sich nämlich die Hühner. Meistens im Februar, in außerordentlich milden Wintern jedoch manchmal schon im Januar, in ganz strengen aber oft erst im März nach der Schneeschmelze, am ersten sonnigen, wärmeren Tage, wenn „die Erde nach Frühling riecht“.

Dies geschieht im Handumdrehen an einem einzigen Abend oder Morgen. Es beginnt ein von lauten Rufen begleitetes Hin- und Herlaufen, ein sich gegenseitiges Verfolgen, denn mehrere Völker der Umgebung kommen zu diesem Treffen zusammen. Für eine kurze Zeitspanne ist es eine Art Balzplatz wie beim Birkwild oder bei den Großtrappen.

Doch im Falle der Rebhühner findet hier nur die Partnerwahl statt, nicht aber der Tretakt selbst.

Dieser „Reigen“ erfolgt immer an einer Stelle mit glatter Bodenbeschaffenheit, auf Weideflächen, Luzernenfeldern, Saaten oder Stoppelfeldern und nie auf Sturzäckern. Die Hühner wollen ohne Hindernis umherlaufen können. Denn das ist sehr wichtig beim „Hühnerreigen“, genauso wie das laute Rufen.

Es ist eine fast unglaubliche, doch mit vielen Beweisen wissenschaftlich belegte Tatsache, daß, während das Elternpaar auch weiterhin beisammenbleibt, sich die anderen Mitglieder des Volkes immer nur mit fremden Hühnern paaren, also niemals unter Geschwistern. Die Natur sorgt selber für Blutauffrischung und vermeidet die Inzucht.

Die Engländer waren es, die Klarheit in diese grundlegende Frage der Rebhuhnhege brachten: Ob wohl eine Inzucht entsteht, wenn die Völker nicht „gemischt" werden und unbeschossen blieben? Vor mehr als fünfundzwanzig Jahren begann die heutige „Game Conservancy" diesbezüglich eine Versuchsreihe in ihrem Revier bei Fordingbridge in Hampshire, Südengland. Das Revier war für Hühner sehr geeignet und beherbergte damals einen guten Hühnerbestand. Eine aus Wissenschaftlern und ihrem Hilfspersonal bestehende Gruppe beschäftigte sich Jahre hindurch nicht nur mit diesem Problem, sondern auch mit der Bestandsaufnahme, den verschiedenen Gründen der Verluste und ihrer durchschnittlichen Höhe und der Höchststrecke, die von einem Bestand ohne Gefährdung des Stammbesatzes „geerntet" werden darf. Der Schwerpunkt lag jedoch bei Untersuchungen über die Vorgänge im Laufe der Paarung.

Es wurde beobachtet, wo die einzelnen Völker übernachteten. Dann wurde spät nachts ein großes viereckiges Netz über sie gezogen. So wurden einzelne ganze Völker eingefangen und die Hühner aus verschiedenen Völkern mit Plastikkarten versehen. Jedes Volk bekam einen anderen Buchstaben und jedes Huhn des Volkes eine laufende Nummer. Diese Karten wurden am Rücken der Hühner angebracht und waren groß genug, um deren Farbe und Aufschrift mit dem Glas auch auf weitere Entfernung feststellen zu können. In jedem Jahre wurde eine andere Farbe angewandt, so daß die einzelnen Hühnerjahrgänge auf diese Weise auseinandergehalten werden konnten. Die Angaben wurden in Stammbücher eingetragen. Diese wurden mit genauen, viele Jahre lang geführten ständigen Beobachtungen gefüllt, und so war festzustellen, welches Huhn sich mit welchem gepaart hatte. Dadurch wurde es mehr oder weniger möglich, das Leben und Wandern der einzelnen Hühner zu verfolgen und zu wertvollen Erkenntnissen zu gelangen.

Das Endergebnis bestätigte, daß das Huhn eng an seinem Standort lebt. Die meisten verbrachten ihre Jahre in einem Gebiet von ein bis zwei Kilometer Durchmesser. Es sind nur sehr wenige, die weiter „auswandern". Doch war der Beweis völlig neu, daß die

Jungvögel ihre Gatten immer nur aus einem anderen Volk auswählen und daß die Paare auch mehrere Jahre hindurch beisammenbleiben können.

Aus der Sicht der Inzucht ist also die These der Altjäger nicht bestätigt worden, daß die Hühner beschossen werden müssen, um sich zu vermehren.

Im Falle, daß nach der Gattenwahl die Witterung sich wieder dem Winterlichen zuwenden sollte, vereinigen sich die Paare noch einmal schnellstens zu meist kleineren Völkern, um so besseren Schutz zu finden. Dies sind jetzt nicht mehr die originalen „Familienvölker", denn die Paare lösen sich nun nicht wieder auf, und nachdem dann der Lenz endgültig eingezogen ist, verteilen sie sich wieder einzeln auf ihre Territorien.

Das Territorium eines Rebhuhnpaares wird von den anderen respektiert. Nicht nur von gepaarten Hähnen, diese haben ja schon ihr eigenes Territorium, sondern von überzähligen, ungepaarten. Diese versuchen höchstens noch einige Tage lang nach der Gattenwahl irgendeine Henne zu erobern. Sehr wahrscheinlich ohne Erfolg, denn die Henne hält sich auch jetzt schon zu dem auserwählten Hahn, und dieser schlägt den Eindringling in die Flucht. Anfangs nach der Gattenwahl sieht man noch hie und da drei Hühner zusammen in losem Verband, eine Henne mit zwei Hähnen. Später aber nie!

Überzählige Hähne gibt es immer. Ich zumindest habe solche überall in jedem Bestand angetroffen; dies scheint eine weise Vorsehung der Natur zu sein. Denn der Hahn, der die Eier selber nicht bebrütet, nur den Wachdienst neben der brütenden Henne versieht, dann später mit großer Selbstaufopferung bei der Aufzucht der Küken mithilft, ist noch mehr drohenden Gefahren ausgesetzt als die Henne.

Diese gattenlosen Hähne meiden später die Nähe der Paarhühner und stören die Henne in ihrem Brutgeschäft nicht. Sie ziehen sich bescheiden zurück und schließen sich meist zu dritt oder viert für die Frühjahrszeit zusammen. In der Zeit der Kükenaufzucht jedoch schließen sie sich entweder großen Ketten an oder bilden zusammen mit Paaren, die keinen Nachwuchs haben, schwache Ketten von Althühnern.

Das Hühnerpaar sucht dann einen passenden Nistplatz in seinem Territorium. Es hat dazu zumindest sechs Wochen Zeit, denn die Henne beginnt mit dem Eierlegen kaum vor Mitte April, wenn der Pflanzenwuchs so weit ist, daß er dem Nest genügend Deckung bietet.

Etwa zwei Wochen vor Beginn des Eierlegens fängt die Henne an, Nestmulden zu scharren. Wie es bei vielen anderen Vogelarten der Fall ist, werden mehrere angefertigt. Diese nennen die Ornithologen „Probenester". Die Henne beobachtet nun, welche von diesen von Mensch oder Tier entdeckt werden können und welche sicher sind. Die am geeignetsten erscheinende Mulde wird dann mit dürrem vorjährigem Gras, Blättern, Pflanzenresten, jedoch niemals mit frischen grünen Pflanzenteilen ausgelegt.

Dann wird das erste Ei gelegt – das „Probeei" – und dieses ein bis zwei Tage lang nicht bedeckt, es bleibt als Lockmittel für Raubzeug offen liegen, um sicher zu gehen, daß das Nest auch wirklich geschützt und in Sicherheit sei. Wenn nichts Schlimmes passiert ist, so legt sie dann ihre weiteren Eier, doch schon vom zweiten an werden die Eier immer mit Dürrgras bedeckt, wenn die Henne nicht am Eierlegen ist und das Nest verläßt. Dies gibt den Eiern einen hervorragenden Schutz gegen menschliche und tierische Feinde. Nest und Eier können kaum aufgefunden werden, denn es ist überhaupt nichts anderes zu sehen als verdörrtes Gras auf einer handgroßen Stelle. Wer würde denn ahnen, daß darunter Dutzende von Rebhuhneiern verborgen sind?

Es dauert im allgemeinen zweiundzwanzig bis fünfundzwanzig Tage, bis die Henne ihr volles Gelege, also achtzehn bis zwanzig Eier, gelegt hat, bevor sie das Brutgeschäft beginnt. Wenn die Eier für so lange Zeit verlassen und frei sichtbar blieben, wie viele würden wohl den scharfen Sehern der Eierdiebe entgehen? So aber entfernt die Henne die bedeckende Grasschicht von den Eiern nur so lange, wie sie sich zum Legen ihres nächsten Eies auf dem Nest befindet. Dann verläßt sie es wieder für mindestens vierundzwanzig Stunden, bis das nächste Ei zum Legen reif ist. So gelingt es ihr in den meisten Fällen, ihr Gelege ohne Schaden bis zum Anfang des Brutgeschäftes durchzubringen. Größeren Gefahren sowohl seitens gefiederter und behaarter Feinde als auch Zweibeiniger sind die

Eier dann später während der vierundzwanzig Tage des Bebrütens ausgesetzt!

Während der vierundzwanzig Stunden zwischen dem Legen des letzten Eies und dem Beginn des Brutgeschäftes werden die Eier aber wieder nicht bedeckt! Dies ist die letzte Probe, ob nicht doch noch irgendeine Gefahr das Gelege bedroht. Wenn ja, so kann es jetzt noch leichter durch ein Zweitgelege ersetzt werden. Wenn aber das Gelege während des Brutgeschäftes zerstört wird, so ist es hierfür meistens zu spät!

Vielleicht ist dies mit ein Grund dafür, daß die Henne die Eier immer emsiger bebrütet, mit wachsender Selbstaufopferung sich auf ihnen duckt und um so seltener das Nest aufgibt und opfert, je länger das Gelege schon bebrütet ist!

Bei Rebhühnern ist es so, daß das Gelege von der Henne allein bebrütet wird, der Hahn sich aber ständig in der Nähe aufhält und seine Gattin und das Nest bewacht. Noch dazu bis zur Selbstaufopferung! Wenn eine Gefahr droht, so gibt er der Henne den Warnruf, die sich dann, noch mehr auf die Eier schmiegend, unsichtbar macht, während der Hahn den Feind aus der Nähe des Nestes lockt. Es ist weiterhin seine Aufgabe, in der Nähe des Nestes die Henne mit seinem Lockruf von den bebrüteten Eiern zu rufen, und zwar hauptsächlich morgens und abends für je eine halbe Stunde, oft auch mittags. Dann verläßt die Henne das Nest. Doch sie streicht niemals ab, sondern läuft nur ständig von und zum Nest, bedeckt die Eier aber nicht mehr, weil sie an der frischen Luft eine Zeitlang „atmen“ müssen.

In diesen kurzen Zeitspannen ist das Hühnerpaar beisammen. Es geht gemeinsam auf Nahrungssuche oder hudert sich im Sand oder Staub, vor allem die brütende Henne, bei der es wichtig ist, daß sie sich selber und auch ihr Gelege von Parasiten freihält.

Obwohl die Eier alltäglich nur für kurze Zeit unbedeckt bleiben, so sind sie doch in dieser Zeit den größten Gefahren ausgesetzt. Nicht bloß seitens der Nesträuber wie Elster, Krähe und Häher, die aus der Luft das unbedeckte Gelege leicht erspähen können, sondern auch seitens der „Nestparasiten“ – Fasanenhennen, die nur allzu gern Eier in das Hühnernest legen.

Die Fasanenhenne ist nämlich eine viel schlechtere Mutter als die Rebhenne. Oft legt sie Eier außerhalb des Nestes, was die Rebhenne nie tut! Sie läßt sie oft an Wegen und Pfaden einfach fallen oder legt sie häufig in Rebhuhnnester. Das große Fasanenei nimmt dann den viel kleineren Hühnereiern die Brutwärme weg, was bewirkt, daß das Gelege entweder überhaupt nicht oder nur sehr unregelmäßig in langen Zeitabständen ausfällt. Dies ist mit ein Grund, weshalb viele Heger glauben, daß mit zunehmendem Fasanenbesatz der Hühnerbestand zurückgeht. Vielleicht kann bei dem allgemeinen Rückgang der Hühnerbestände in vielen Revieren auch dieser Umstand mit eine Rolle spielen, dessen Klärung auf wissenschaftlicher Grundlage wohl auch angebracht wäre.

Die Henne ist sehr darauf bedacht, Nest und Eier sauber und in größter Ordnung zu halten. Die Eier sind stets sorgfältig in der Nestmulde geordnet, damit sie die Wärme des Brutvogels gleichmäßig erhalten. Sie werden oft, mindestens einmal täglich, von der Henne gewendet. Die gleichmäßige Bebrütung hat zur Folge, daß das ganze Gelege meistens wie auf einen Schlag zu gleicher Zeit ausfällt und die Küken innerhalb von ein bis zwei Stunden vollzählig ausgeschlüpft sind.

Die brütende Rebhenne selber wird naturgemäß auch von vielen Gefahren bedroht. Vor ihren menschlichen und tierischen Feinden schützt sich die brütende Rebhenne im Vertrauen auf ihre hervorragende Schutzfärbung durch unbewegliches Ducken auf dem Nest. Von oben bietet der Pflanzenwuchs ringsum guten Schutz, um so mehr, als die Henne Blätter und Gräser noch über sich zusammenzieht, bevor sie sich auf den Eiern niederläßt. Gegen das Haarraubwild schützt sie sich außerdem dadurch, daß sie sich mit vollständig an den Körper geschmiegtem Gefieder flach auf das Nest duckt und so kaum Witterung verströmt. Deswegen ist es selten, daß auch der feinnasigste Vorstehhund die brütende Henne wittert.

In den letzten Tagen der Brutperiode sitzt die Henne so fest auf dem Gelege, daß sie sich beim Herannahen des Menschen immer mehr daran schmiegt, bis zum letzten Augenblick des Entdecktwerdens. Einige Hennen nehmen es auch hin, von Menschen berührt zu werden, doch nur von jemand, der ihnen ungefährlich erscheint.

Dies ist kein Spaß und kein Jägerlatein! Ich habe es selber erlebt! Wir kannten ein Rebhuhnnest neben einem häufig begangenen Fußweg. Die Henne verließ ihr Gelege nicht, wenn einen Meter entfernt Fußgänger oder Radfahrer vorbeikamen. Der zuständige Revierjäger hielt das Nest unter ständiger Beobachtung. Er kam täglich öfter vorbei, um es, wenn irgend möglich, durchbringen zu können. Er beobachtete das Nest auch deswegen, weil wir vom Elternpaar nach Ausfallen der Küken noch weitere adoptieren lassen wollten. Die Henne kannte ihn bald; sie wußte, daß er nichts Böses im Schilde führte, sondern sie im Gegenteil beschützte. Sie duldete es auch, daß er ihren Rücken sanft streichelte. Doch nur er, kein anderer!

Die Küken fielen dann endlich zu unserer großen Freude und Erleichterung aus!

Kaum sind die geschlüpften Küken im Nest unter dem Mutterleib etwas getrocknet, so ruft sie schon ihren Gatten zu Hilfe, denn der Hahn bedeckt und wärmt die Küken genauso wie die Henne. Ein vollständiges Gesperre – achtzehn bis zwanzig Küken – hat ja unter der Mutter nicht genügend Platz. Von nun an hilft der Hahn in allem mit. Er wärmt die Küken, kümmert sich um sie und paßt auf sie auf. Denn in ihren ersten Lebenswochen brauchen die Küken sehr viel Wärme. Nur diese Wärme, welche sie unter den Schwingen und Brustfedern ihrer Eltern erhalten, kann sie bei regnerischer und kalter Witterung vor Erkältung und sicherem Tod retten.

Unter allen Tieren gibt es wenige Eltern, die so opferwillig sind wie die Rebhühner! Besonders solange die Küken noch schwach und kaum flügge sind. (Im Alter von drei Wochen können sie schon fliegen!) Die jungen Küken werden von der Mutter geführt, wohingegen der Hahn hinter ihnen ihre Sicherheit bewacht. Wenn sich ein Feind nähert, so drücken sich die Küken auf den Alarmruf der Eltern. Diese aber streichen nicht ab, sondern stellen sich flügellahm und locken mit lautem Gezeter, indem sie sich immer wieder in die Luft werfen, den Feind möglichst weit weg. Sie lenken seine Aufmerksamkeit auf sich selber und weg von den Küken. Diese Elternliebe ist wirklich erhebend – ist sie denn nicht mehr als purer Instinkt?

Wir wissen, daß das Rebhuhn, wie die Hühnervögel im allgemeinen, ein Nestflüchter ist. Das bedeutet, daß die Küken nicht im

Nest bleiben – höchstens so lange, bis sie getrocknet sind –, dann verlassen sie es endgültig. In den ersten Tagen hält sich das Volk noch in der Nähe des Nestes auf. Auch deswegen ist es wichtig, daß das Nest nahe am Schlagrand liegt, wo Insektennahrung und Huderplatz nahebei zu finden sind. Denn jetzt wissen wir bereits, daß die Küken in ihren ersten drei Lebenswochen vor allem animalisches Futter, Insekten, nackte Schnecken, Larven usw. brauchen und nur stufenweise auf pflanzliche Nahrung wie weiche Körner und grüne Pflanzenteile übergehen. Ohne genügend Insektenfutter wachsen die Küken überhaupt nicht auf. Sie können nicht am Leben bleiben, doch finden sie dieses in der heutigen insektenvertilgenden Welt immer schwieriger.

Denn das Gift ist nicht wählerisch, es vertilgt alles, sogar die Nahrung der Rebhuhnküken. Vielleicht ist dies mit ein Grund dafür, daß in den von der modernen Landwirtschaft bestimmten Lebensräumen die Hühnerbestände nicht im gewünschten Maße zunehmen, sondern eher weltweit zurückgehen.

In der damaligen Zeit wurde bei uns das Gras noch mit der Sense geschnitten. Die Jägerei war im Mai/Juni ständig bei den Schnittern unterwegs. Wir bezahlten Prämien für gefundene Nester, die verdoppelt wurden, wenn das Gelege ausfiel. Wenn das Nest so lag, daß man auf ein Durchkommen hoffen konnte und die Henne es weiter bebrütete, so ließen wir natürlich die Eier darin. Die Eier aus den anderen Nestern brachten wir sofort unter Glucken, von denen bei jedem Berufsjäger eine Anzahl „in Reserve“ auf Probeeiern saßen.

Man hatte das Gefühl, eine gute Tat zu vollbringen, wenn man die Eier, die einzeln in Papier oder Gras eingewickelt in Korb oder Tragtasche transportiert wurden, unter die Glucke legte und so vor dem Verderben rettete! Und welche Freude es war, wenn es nach einigen Tagen von den vielen niedlichen gestreiften Küken unter der Glucke wimmelte!

Je mehr ich mich mit den Hühnern beschäftigte, um so mehr wuchsen sie mir ans Herz. Wir haben kein lieberes, sympathischeres Flugwild als unsere Hühner!

Reminiszere...

Meine erste Schnepfe habe ich leider nicht an einem lauen Frühlingsabend im Bruch geschossen, sondern im Treiben. Noch dazu im Fasanentreiben im Januar, in wadentiefem, weichem Schnee.

In einem guten Treiben, in dem auch feuchte Erlenniederungen waren, stand ich als Junge vorn in der Schützenlinie. Wir mußten sicherlich allzu wenig Flinten an diesem Tage gehabt haben, daß ich so einen guten Stand bekam. Hoch strichen die Fasanen uns an, die Flinten knallten, die in die Brust geschossenen Hähne fielen einer nach dem anderen, als unerwartet – denn wer hätte in solchem Schnee mit ihr gerechnet – eine richtige, langschnäblige Waldschnepfe über den hohen Wipfeln auf mich zuschaukelte!

Ob ich einmal auf sie schoß oder gedoppelt habe, daran kann ich mich heute nicht mehr erinnern. Sie fiel aber; doch weiß ich ganz genau, daß mein rechts von mir stehender alter Herr und vielleicht auch mein linker Nachbar bei der Schnepfe „mithalfen". Freilich sagten sie dann, daß ich die Schnepfe geschossen hätte, daß sie schon auf meinen Schuß gefallen wäre. Ich glaubte es auch, weil ja Kinder leicht dazu neigen, das zu glauben, was sie gern hören. Und in dieser Sache sind ihnen die Erwachsenen nicht ganz unähnlich.

In späteren Jahren, in der Studienzeit, als wir mehr Freizeit und andere Möglichkeiten hatten, jagten wir viel in fremden Revieren auf Schnepfen. Auch bin ich seitdem zur Schnepfenzeit oft anderwärts herumgekommen.

Wenn es zeitlich paßte, gingen wir möglichst in nördliche Mittelgebirgsreviere, wo der Schnepfenstrich auf einen späteren Zeitpunkt fiel und meistens ergiebiger war als anderswo. Freilich gelang es uns selten, die richtig guten Tage zu treffen. Soweit ich mich erinnern kann, eigentlich nur zweimal, anno 1943 im Börzsöny- und dann 1973 im Bükkgebirge.

Ich habe die Erfahrung gemacht, daß die Jagd auf Schnepfen immer die erfolgreichste war, wenn man während der ganzen Durchzugszeit in demselben Revier regelmäßig auf den Anstand ging, weil man dann auch mal die besten Tage erlebte. Wenn wir allzu viel spekulierten, wann und wo wir wohl die besten Tage erwischen würden, ging die Sache meistens schief, und wir waren entweder zu früh oder zu spät da.

Den typischsten „Schnepfen-Fehlgriff" machten wir erst vor kurzer Zeit, im Jahre 1974. Mein Brunder und ich bekamen eine liebe Einladung in die Őrség, ein Gebiet unweit der Dreiländerecke Österreich–Jugoslawien–Ungarn. Ein Jagdfreund, der unlängst dorthin in seine ursprüngliche Heimat wieder versetzt worden war, hatte Wunderdinge von der Lieblichkeit der Landschaft und ihrem Schnepfenreichtum berichtet. Für uns war dies eine noch völlig unbekannte Ecke unseres Landes. Natürlich fuhren wir mit dem größten Vergnügen.

Wir hatten vereinbart, daß uns unser Freund telegraphisch von der Ankunft der Schnepfen verständigen sollte. In diesem Jahr brach ein besonders früher und warmer Lenz an. Um den 15. März herum gab es eine solche Hitzewelle, wie sie Meteorologen in hundert Jahren nicht gemessen hatten.

Trotz der Wärme hatten wir aber bis Mitte März nichts von Schnepfen gehört, obwohl es draußen nach Erde roch und der Frühling schon da war.

Am 18. aber erschien unser Freund unerwartet in Budapest. Er erzählte, da unten würden die Schnepfen schon streichen wie die Mücken, es habe Abende gegeben, an denen drei Jäger einunddreißig gesehen hätten, er selber habe schon vier geschossen und es sei also angebracht, unsere Gewehre zu putzen.

Freilich konnte man hier nicht alles stehen und liegen lassen und schnurstracks den Schnepfen nachfahren. Wir einigten uns, daß wir am 23. kommen wollten.

Doch fand ich schon am nächsten Tag keine Ruhe mehr! Ich organisierte eine Autoladung von Schnepfenjägern, und wir fuhren in das nahe gelegene Pilisgebirge zum Strich. Am Abend sahen wir auch eine Anzahl von Schnepfen, ich selbst nicht weniger als sechs, und es kam mir auch ein sich gegenseitig verfolgendes Dreierzwick. In der Verfolgung flogen die Schnepfen so unberechenbar durcheinander, daß kaum Ziel zu fassen war. Dennoch gelang es mir mehr zufällig eine zu treffen, das heißt, ein Schrotkorn verirrte sich in den Schwingenmuskel. Nicht einmal die Schwinge war gebrochen. Ich hatte solches Glück, daß sie hinter mir auf den Waldweg fiel, und ich sah, daß sie zum Wegrand lief. Die geflügelte Schnepfe läuft nicht so weit wie der Fasan oder das Rebhuhn. Auch diese blieb am Wegrand sitzen, bis ihre Seher im Schein der Taschenlampe aufblinkten.

Ich hatte schlechte Vorahnungen. Wenn es viel weiter nördlich im Pilis so viele Schnepfen gab, ob sie wohl das südliche Revier in der Őrség nicht verlassen hatten, wenn wir in vier Tagen ankommen würden? Uns könnte bloß eine Kältewelle, ein „Fronteinbruch" helfen. Es bestand die Gefahr, uns zu verspäten. Wenn wir auf unseren gesunden Verstand gehört hätten, wären wir schnurstracks in ein Revier der nördlichen Gebirge gefahren. Möglichkeiten hätten wir schon dazu gehabt, doch hatten wir kein Herz, das besprochene Programm umzuwerfen und unseren Freund sitzenzulassen.

Am 23. pilgerten wir zu der kleinen Jagdhütte in den großen Wäldern der Őrség. Wir waren dort Selbstversorger und hatten so viele Klamotten, daß der kleine Wagen bis zum Rand vollgestopft war. Schnepfen gab es auch noch nur mehr sehr wenige. In den paar Tagen unseres Aufenthalts schoß jeder von uns doch drei oder vier, mein Bruder sogar die erste Dublette seines Lebens. Wir waren in aller Herrgottsfrühe schon in der Nähe der Hütte am Morgenstrich und selbstverständlich auch allabendlich. Es war schön wie immer, im Walde zu hausen.

Wir hatten diese „Expedition" wieder einmal nicht bereut, doch kam es des öfteren vor, daß keiner von uns am Strich eine Schnepfe sah noch hörte. So aber wird die Schnepfenjagd langweilig. Das Vogelkonzert allein genügt doch nicht ... Wenn man was hört oder sieht, ist man schon zufrieden, denn bei dieser Jagd ist es wirklich eher die Stimmung und die Spannung, die den Reiz ausmachen, mehr als die Strecke!

Als wir aus diesem südlichen Revier zurückkehrten, war es erst Ende März, in anderen Jahren die beste Schnepfenzeit – und doch waren auch schon aus dem Pilis- und Börzsönygebirge die Schnepfen weitergezogen.

Nicht nur für die Meteorologen, sondern auch für die Schnepfenjäger war das Frühjahr 1974 aus der Reihe geraten.

Ist es also ein Wunder, daß wir beim Planen unserer Schnepfenjagd einen Fehlgriff machten?

Ob wir aber auf diesen Ausflügen viele Schnepfen fanden oder wenige, es war stets interessant, lehrreich und schön, neue Reviere kennenzulernen. Solange wir richtige Jäger vom Lande waren, waren wir auch Hundeführer und zogen mit meinem Bruder stets mit zwei Hunden los. Sofern es nur irgendeine Möglichkeit dazu gab, wohnten wir im Wald, im Jagdhaus oder in irgendeiner primitiven Hütte. Das Wichtige war, daß wir nach Möglichkeit mitten im Walde hausen und zum Strich, wenn nötig, in der Hüttentür stehen konnten. Das ist besonders beim Morgenstrich eine feine Sache!

Ich habe schon von unseren Vorstehhunden gesprochen. Ja, ich habe nie im Leben ohne Hund auf Schnepfen gejagt, bis mich dann mein letzter Hund, Legény, verließ. Bis dahin bestand meine Aufgabe nur darin, den Vogel zu treffen. Weiter hatte ich keine Sorge mehr mit ihm, mein Hund suchte und brachte ihn. Aber jetzt ohne Hund? Wenn mich dieser unsichtbare kleine Motor nicht antreiben würde, so ginge ich vielleicht überhaupt nicht mehr auf den Schnepfenstrich. Ohne Hund ist er nur eine halbe Freude! Seitdem habe ich einmal auf einem Ausflug ins Bükkgebirge sechs Schnepfen geschossen, doch bloß drei gefunden. Solange ich Hunde hatte, verlor ich niemals eine gutgetroffene Schnepfe.

Ein Jäger ohne Hund ist nur ein halber Jäger. Ein Schnepfenjäger mit Taschenlampe ist einfach zu bedauern!

Auch in der Vorkriegszeit, als es mehr Schnepfen gab als jetzt, habe ich es im Durchschnitt jährlich auf nicht mehr als fünf bis acht Schnepfen beim Frühjahrsstrich gebracht. Allerdings ist ja nicht die Zahl der erlegten Schnepfen wichtig.

Ich bin immer passionierter Schnepfenjäger gewesen und bin es heute noch. In den vielen Revieren, die ich kennenlernte, habe ich einen Sinn dafür entwickelt, den Schnepfen zusagende Waldbestände zu erkennen und da geeignete Stellen zum Anstand auszusuchen.

Mit vollem Schwung prallt das Hühnervolk gegen das Hochgarn

Dann kommen die eingefangenen Hühner in die Transportkörbe

Das Frühjahr brachte die Langschnäbel auch nach Lábod

Ich gehe auch heute noch immer auf den Schnepfenstrich, sooft ich irgend kann. Das ist wegen der günstigen „Schnepfenlage" Budapests auch nicht besonders schwierig. In das Jagdrevier der Forstverwaltung des nördlich von Budapest gelegenen Pilisgebirges erhalten wir, einige passionierte Schnepfenjäger der Großstadt, alljährlich Erlaubnis, zum Schnepfenstrich zu gehen. Viele sind wir allerdings nicht, wohl kaum mehr als drei Dutzend. Irgendein Auto ist jedesmal zu finden, mit dem einige von ihnen abends in den Wald fahren können. Zum Abendessen ist man schon wieder daheim. Kann man sich denn eine bequemere Jagd wünschen? Man braucht nur nach Büroschluß hinauszufahren.

Für mich ist es aber die richtige Schnepfenjagd, wenn ich draußen im Wald hause und morgens und abends auf den Strich gehe, mich am Frühlingswald erfreuen und mich im Frühjahrssonnenschein strecken und recken kann. Ich habe es nie versäumt, zur Schnepfenzeit auf einige Tage in den Wald zu gehen. Ohne diese wäre das Jagdjahr unvollständig, genauso wie ohne die Hirschbrunft. Zu der gehe ich auch immer. Doch schon längst nicht mehr, um selber zu schießen, sondern um einen guten Freund zu begleiten oder zum Photographieren.

Es verliert auch immer mehr und mehr an Bedeutung, wie viele Schnepfen ich allfrühjährlich erlege.

Ich will nicht lyrisch werden: Der gelungene schwierige Schuß auf die schnell und lautlos streichenden oder sich in ganz unerwarteten Wendungen verfolgenden Schnepfen macht immer noch große Freude, um so mehr, als sie ein seltenes Wild sind und der Jäger so oft leer auf sie ausgeht. Wenn aber an einem stimmungsvollen Frühlingsabend der quorrende Schnepf in gaukelndem Balzflug heranstreicht und der allzu leichte Schuß die Stimmung zerreißt, kann ich mich schon manchmal selber nicht verstehen ...

Eine Besonderheit und Hauptanziehungskraft des Schnepfenstriches ist die Spannung, mit welcher der Jäger das Auftauchen der Schnepfe erwartet, mit dem Gehör das Quorren oder Puitzen aufzufangen trachtet, und der freudige Herzschlag, wenn sich der Vogel nähert. Für mich besteht ja sonst auch das Wichtigste an der Jagd in dem aufregenden Augenblick, wenn das Wild erscheint, und in der Spannung vor dem Schuß.

In der kurzen Zeitspanne des Schnepfenstrichen erwartet der Jäger mit der ganzen Anspannung seiner Sinne den Vogel und muß ständig bereit sein, damit er, wenn nötig, in jede Richtung einen blitzschnellen Schnappschuß abgeben kann. Freilich erleichtert der laut quorrend und puitzend herannahende Schnepferich seine Sache beträchtlich, denn er kann sich auf die Richtung einstellen. Ich finde, daß insbesondere das Quorren ein weit hörbarer, durchdringender Ton ist. Das hohe, scharfe Puitzen hört mein Jägerohr, das von der vielen Schießerei längst „träge" geworden ist, schon seit langer Zeit nicht mehr. Am Stärkerwerden oder Abflauen des quorrenden Lautes kann man leicht feststellen, ob sich die Schnepfe nähert oder entfernt. Höher schlägt mein Jägerherz noch immer, wenn ich den quorrenden Balzlaut vernehme, und es sind immer Sekunden äußerster Spannung, wenn dieser naht.

Der Schuß selbst auf die quorrende, langsam herangaukelnde Schnepfe ist nur allzu leicht. Doch oft schießt man sie, da ihr Flug viel langsamer ist als der des anderen Flugwildes, durch instinktives, normales Vorhalten vorne vorbei. Es ist mir des öfteren vorgekommen, daß ich langsame Schnepfen doppelrohrig glatt vorbeigeschossen habe. So habe ich gelernt, daß man solchen Schnepfen auf normale Schrottschußentfernung kaum vorhalten darf.

Ihr Flug ist unter allen Flugwildarten am verschiedensten, unberechenbarsten. Manchmal kommt sie quorrend, gaukelnd, langsam, fast mit einem schmetterlingähnlichen Flug an, um auf einen pfeilschnellen Stoß unerwartet umzuschlagen, wenn ein anderer Schnepferich ihr in den Weg kommen sollte. Diese „Zwicks" verfolgen sich gegenseitig in solcher Fahrt und mit derartiger Behendigkeit, daß der Jäger mitunter überhaupt nicht weiß, wohin er schießen, wo Ziel fassen soll. Ein andermal streicht sie stumm ganz niedrig über die Büsche, man hat sie eigentlich noch gar nicht erfaßt, da ist sie schon außer Schußweite, ist vor dem dunklen Hintergrund des Hochwaldes oder des gegenüberliegenden Berges verschwunden. Sie ist oft so blitzschnell und kommt so unerwartet, daß nur ein sehr schneller und geübter Schütze einen Schuß überhaupt hinwerfen kann und meist dann auch ohne Erfolg. Der Schuß wird auch dadurch noch besonders erschwert, daß man in der Dämmerung praktisch nur gegen den hellen Himmel schießen kann. Deswegen ist es wichtig, den Stand so auszusuchen, daß man möglichst viel freien Himmel um sich hat, vornehmlich aber, daß man die streichende Schnepfe in der Richtung des helleren Morgen- oder Abendhimmels erwartet.

Schnepfen sind am Strich während des Durchzuges meistens nicht leicht zu schießen, und viel größer ist wohl die Zahl derer, die des Jägers Schießkunst auf die Probe stellen, als die, welche ein leichtes Ziel bieten. Schon deswegen ist die Schnepfe eine begehrte Beute!

Vor einigen Jahren habe ich unter interessanten Umständen eine Schnepfe erbeuten können. Am Abendstrich stand ich in hügeligem Gelände zwischen Fichtenjungwuchs auf einer Lichtung neben einem Holzabfuhrweg. Es dunkelte schon stark, als ich links über der Lichtung ein Quorren hörte, und dann war urplötzlich ein sich gegenseitig verfolgendes „Zwick“ schon über meinem Kopf. Den ersten Schuß im Stich schoß ich vorbei. Die Schnepfen waren allzu nahe; ich tat einen schnellen Schnappschuß, und der Vogel hatte sich auch gerade im Schuß seitwärts fallen lassen. Mit dem linken Lauf mußte ich ebenfalls sehr nahe schießen. Es war nicht möglich, die Schnepfen weiter streichen zu lassen, denn dann wären sie vor dunklen Hintergrund gekommen und verschwunden. Die Schnepfe zog breit vorbei zu leichtem Schuß, jedoch war sie sehr schnell, und ich blieb mit dem Schuß dahinter. Worauf beide nun im Bogen um mich herumstrichen und sich hinter meinem Rücken über dem Weg verfolgten, als ob überhaupt kein Jäger auf der Welt wäre. Ich, um zu retten, was noch zu retten war, öffnete blitzschnell die Flinte, und der Ejektor warf die beiden abgeschossenen Hülsen in großem Bogen hinaus. Nur schnell, schnell, es ginge noch, eine einzige Patrone in den rechten Lauf, und dann warf ich den Schuß auf eine der Schnepfen hin, die sich hell von dem dunklen Hintergrund der Fichten abhob. Worauf ein dunkler Klumpen mit dumpfem Plumps in den hellen Staub der Straße fiel. Es war wirklich ein Glückstreffer ersten Rangers. Die anderen Jäger glaubten, es hätten zwei Jäger auf einmal geschossen, so schnell war der dritte dem Doppelschuß gefolgt.

Doch hatte ich die zweite Schnepfe nicht weiterstreichen gesehen. Oft fällt sie neben der geschossenen ein. Schon deswegen ist es schwierig, ein Zwick mit Dublette zu erlegen. Ich lud die Flinte wieder und ging schnell hin, um zu sehen, wo die andere Schnepfe wäre und um die erlegte aufzunehmen. Mit dem typischen Schwingenklatschen der aufstehenden Schnepfe wurde jene auch vom Grabenrand hoch. Erst konnte ich nicht auf sie schießen, weil ich vorerst vor dem dunklen Hintergrund überhaupt nichts sah. Als sie aber über den Wipfeln in schnellem Flug gegen den Abendhimmel zum Vorschein kam, wendete sie sofort vor einer Fichtenspitze, so daß sie schon im „Zack“ war, als ich noch in den „Zick“ schoß. Einen zweiten Schuß konnte ich überhaupt nicht los werden, weil sie schon von den Wipfeln verdeckt war.

Mit gröberem Schrot als drei Millimeter schieße ich nie – außer in letzter Zeit auf die Turmfasanen in den Kesseln der Ebene mit dreieinhalb. Den Schnepfen gebührt jedoch Schrot von zweieinhalb Millimeter. Der genügt für den weichen Vogel vollständig und ergibt ein dichteres Trefferbild. Höchstens, wenn ich weites Schußfeld habe, lade ich Dreimillimeterschrot in den linken Lauf.

Einen besonderen Seltenheitswert besitzen Dubletten auf streichende Schnepfen. Es besteht hierzu verhältnismäßig oft die Möglichkeit, da Schnepfen nicht selten paarweise oder auch zu mehreren – manchmal bis zu fünf – zusammen streichen. Ich selber aber habe nie mehr als vier solche Schnepfen gesehen.

Damals kamen mir auf einer kleinen Lichtung in einer Erlenniederung, um die schon schütter hochgewachsene jüngere Bäume standen, vier Schnepfen von rechts vorn. Ich war so verblüfft und sie wirbelten so blitzartig durcheinander, daß auf meinen übereilten Doppelschuß keine fiel. Es war fast unmöglich, richtig Ziel zu fassen. Die Schnepfen machten unbekümmert einen Bogen um mich. Ich konnte laden und nach links vorn nochmals zwei Schüsse loswerden, von denen der eine wahrscheinlich nur zufällig traf. Übrigens hatte ich an demselben Abend noch das seltene Waidmannsheil, drei weitere Schnepfen zu erlegen, also vier an einem Strich, was mir nur noch ein einziges Mal glückte. Dieses Mal hätte ich aber die einmalige Chance gehabt, meine Höchststrecke zu übertreffen, wenn meine Schrote „gerader“ gewesen wären.

Nicht daß ich zur Schnepfenjagd ginge, um „einen Rekord aufzustellen“. Dies ist bei uns schon deswegen nicht möglich, weil in den letzten Jahren laut Verordnung ein Jäger an einem Abend- oder Morgenstrich bloß zwei Schnepfen schießen darf. Während fast fünfzig Jahren Schnepfenjägerei ist es aber weder mir noch meinem Bruder jemals geglückt, richtig „das Dicke“ zu erwischen. Er hat noch nicht einmal drei an einem Strich erlegt. Ich habe hingegen Jagdfreunde, denen es gelungen ist, das „Große Los“ zu ziehen. Der eine erlebte in Siebenbürgen ein besonderes Schnepfenrevier im Mittelgebirge, allerdings vor vierzig Jahren, und es kam öfters vor, daß er sechs oder sieben an einem Abend heimbrachte. Der andere, ein Forstingenieur, der in Somogyszob-Kaszópuszta im Nachbarrevier von Lábod Dienst tat, schoß an einem Abendstrich dort nicht weniger als neun Schnepfen. Dabei verschoß er aber siebenundzwanzig Patronen, also hätte er auch nach seinem Eingeständnis viel mehr schießen können, wenn er nicht so schlimm gepatzt hätte!

Einmal habe ich selber im Bükkgebirge elf Patronen an einem Abendstrich verschossen und traf bloß drei Schnepfen. Doch stand ich in einer tiefen Schlucht und schoß natürlich ohne Ergebnis auf mehrere Vögel, die über das Tal hinweg von einem Rücken zum anderen in fast unerreichbarer Höhe strichen.

Ich war immer besonders scharf darauf, eine Dublette zu schießen, was mir viele Jahre lang nicht gelingen wollte. Oft habe ich den Fehler begangen, daß ich mich, wenn die Chance kam, übereilte und mit dem einen Lauf vorbeischoß. Manchmal auch mit beiden. Nicht selten fehlte ich einen leichten Schuß, und oft natürlich solche Langschnäbel, die sich mit so blitzschnellen Wendungen verfolgten, daß sie kaum zu treffen waren. Das Übereilen kam aber nicht nur von der Aufregung, sondern war größtenteils dadurch motiviert, daß, wenn die eine Schnepfe fällt, die andere sehr oft, sie verfolgend, einen Sturzflug macht und ihre Flugrichtung so plötzlich ändert, daß man dann glatt vorbeischießt – oder aber sie verschwindet nach dem Zack im Fluge sofort vor dem dunklen Hintergrund.

Zweimal gelang mir vorerst die Dublette, indem beide Schnepfen herunterkamen. Doch flatterte beide Male die eine mit einem Streifkorn am Kopf vor dem Hund wieder hoch. Und zwar beide Male so unglücklich, daß sie vor dem dunklen Hintergrund verschwunden war, ehe ich nochmals schießen konnte. Dann gelang sie endlich, aber es war wieder keine richtige, wahre Dublette, sondern beide Schnepfen eines „Zwicks“ fielen auf denselben Schuß.

An einem Morgen stand ich auf einer Schneise im Erlenwald inmitten einer Schonung, als ich zwei Schnepfen niedrig über den Büschen in schnellem, wendigem Flug auf mich zukommen sah. Als sie auf beste Schußdistanz, auf so vierzig Schritt, über die Schneise kamen, schoß ich. Sie waren im Augenblick des Schusses ganz eng beieinander und fielen beide steintot auf die Schneise.

Über diesen unbeabsichtigten Zufallstreffer habe ich mich aber bei weitem nicht so gefreut, als wenn ich sie mit einer schnellen, eleganten Dublette erlegt hätte.

Schließlich kam ich auf einen Trick, der sich bewährte: Man versuche, zuerst die hintere Schnepfe zu schießen, dann hat man eine günstigere Chance, daß die erste gerade weiterstreicht. Wenn man aber erst die vordere schießt, so wird die hintere todsicher blitzschnell hinter der geschossenen wegtauchen, und meistens ist sie dann vor dem finsteren Hintergrund verschwunden.

So gelang mir dann meine erste saubere Dublette an einem besonders schönen, erinnerungswürdigen Aprilabend, als mir zwei sich in kurzem Abstand verfolgende Schnepfen über einem Jungwuchs von Birken und Erlen auf gute Schußdistanz quer kamen. Sie strichen vor dem hellen Abendhimmel und fielen auf den schnellen Doppelschuß beide steintot hernieder. Mein alter Legény brachte sie stolz.

Noch einmal konnte ich später ein „Zwick“ herunterholen. Ich kenne eine ganze Zahl passionierter Schnepfenjäger und guter Schützen, die eine solche Dublette nie fertigbringen konnten. Es müssen außer der nötigen Schießfertigkeit auch noch eine ganze Anzahl günstiger Umstände zum Gelingen beitragen. Ich glaube nicht, daß allzu viele Jäger ihren Anspruch an die Mitgliedschaft von „Bols Schnepfen-Klub“ beweisen könnten.

Freilich zählen beim „Schnepfenklub“ nicht nur die Frühjahrs-, sondern natürlich auch die Herbstschnepfen. Doch sind auch dann die Schnepfendubletten nicht alltäglich. Im Gegenteil. Mir gelang es ein einziges Mal beim Buschieren, jedoch im Frühling, damals,

als es noch erlaubt war, eine Dublette zu schießen, die erste nach vorn, die zweite nach hinten.

Ich habe jahrelang das Geschlecht der am Strich erlegten Schnepfen durch Aufschneiden der Bauchhöhle und Freilegen der unter dem Rückgrat liegenden Geschlechtsorgane festgestellt. (Bekanntlich konnte man bisher keine verläßlichen äußeren Geschlechtsmerkmale bei der Waldschnepfe finden.) Dabei habe ich feststellen können, was nach vielen gleichen Beobachtungen heute schon als wissenschaftlich bewiesene Tatsache gilt, daß mit quorrendem Balzlaut streichende Schnepfen ausnahmslos männlich waren, wie überhaupt die Mehrzahl der am Strich erlegten Vögel. Da aber vereinzelt auch streichende Weibchen erlegt worden sind, glaube ich, daß auch Weibchen im Frühjahr genauso wie im Herbst abends und morgens streichen, das heißt, meistens niedrig und schnell kurze Flüge tun, dabei auch puitzende Laute geben, niemals aber wie die Männchen schaukelnden Fluges einzeln dahinstreichen, geschweige denn quorren.

Es kommt des öfteren vor, daß ein streichendes Weibchen von einem Männchen eräugt oder ihr Puitzlaut vernommen und es dann von ihm verfolgt wird. So ist es auch zu erklären, daß quorrend streichende Männchen auf den Puitzlaut manchmal zustehen. Ich habe es öfters mit der Schnepfenlocke versucht, lange Zeit auch mit einer pfeifenden, kleinen Gummispielzeugpuppe, deren Laut, wenn man sie mit schnellem Druck kräftig zusammenpreßt, dem Puitzlaut der Schnepfe täuschend ähnlich ist. Manchmal konnte ich beobachten, daß die streichende Einzelschnepfe auf den Lockruf eine ausgesprochene Wendung machte und direkt zustand. In den meisten Fällen aber nahmen sie überhaupt keine Notiz davon.

Paarweise streichende Schnepfen sind also manchmal richtige „Paare“. In der Mehrzahl handelt es sich um einander verfolgende Männchen.

Bevor die Treibjagd auf Frühjahrsschnepfen Ende der dreißiger Jahre bei uns verboten wurde, wurden besonders in Südwestungarn in feuchten Niederungen nördlich der Drau vielerorts „Klopfjagden“ abgehalten.

Diese Jagden waren oft sehr ergiebig und die Gegend wegen ihres Schnepfenreichtums berühmt. Man jagte aber damals so nicht nur an der Drau auf Schnepfen, sondern überall dort, wo die wandernden Schnepfen in größerer Zahl einzufallen pflegten. So vor allem in Revieren, die an den Südhängen der im Nordosten Ungarns befindlichen Gebirgszüge lagen. Hier ist nämlich die Große Tiefebene vorgelagert, in deren waldlosen Flächen die Zugschnepfen nicht einfallen können. Sie machen in den ersten Wäldern nach langem, ermüdendem Flug manchmal massenhaft Station.

Unsere heutige jagdethische Auffassung ist mit vollem Recht gegen die Frühlingstreibjagd der Waldschnepfen, die sich im Zuge befinden, da ja dann Männchen und Weibchen ohne Wahl geschossen werden, denn man kann sie nicht voneinander unterscheiden. Die Bejagung auf dem Strich ist aber etwas ganz anderes, denn da werden in überwiegender Mehrzahl Männchen beim Balzflug geschossen. Dazu noch in kleiner Zahl, wohingegen im Treiben viele eiertragende Weibchen erlegt werden.

Ob es richtig ist, in der Balz im Frühjahr Auer- oder Birkhähne oder auch männliche Schnepfen zu schießen, ist Sache der jagdethischen Auffassung. Weicht doch in dieser Frage unsere mitteleuropäische Einstellung auch von der der angelsächsischen und skandinavischen vollständig ab. Diese Jäger schießen auch die Hirscharten nicht in der Paarungszeit. Über all dies läßt sich natürlich streiten. Doch eines ist sicher: Die Waldschnepfe ist ein polygamer Vogel. Zumindest nimmt der Hahn nicht aktiv am Brutgeschäft teil, und es gibt sicherlich viel mehr Hähne als Hennen. So verursacht die Balzjagd auf die Schnepfe und die dabei erlegten wenigen Männchen bestimmt keinen Schaden im Bestand.

Ich hoffe, daß wir auch in Zukunft nicht um die besonderen Jägerfreuden des Schnepfenstriches gebracht werden. Damit können die Schnepfen sicherlich nicht wieder vermehrt werden, ebensowenig, wie durch die in den letzteren Jahren in Ungarn eingeführte vollständige Schonung zur Zeit des herbstlichen Durchzugs.

Mit gutem Gewissen kann kaum festgestellt werden, daß seit der Erfindung der modernen Schrotgewehre nie so wenig Schnepfen in Ungarn geschossen wurden wie heutzutage. Und dies gilt auch für unsere Nachbarländer. Dennoch gehen die Schnepfenbestände zurück. Auch in meinem fünfzigjährigen Jägerleben haben sie nach meinen Erfahrungen beträchtlich abgenommen, das glaube ich mit

Bestimmtheit behaupten zu können. Doch sicherlich nicht, weil schon seit Jahrzehnten in Osteuropa kaum mehr Schnepfen geschossen werden, sondern weil die im Herbst gen Süden ziehenden Schnepfen, wenn sie die Gestade des Mittelmeeres und der Adria erreichen, nicht nur massenhaft geschossen, sondern zu Tausenden in Netzen gefangen werden, denn die Vögel sind von der langen Reise müde und abgekommen.

Ich höre auch, daß als technische Errungenschaft die Fangnetze modernisiert wurden, damit die Zugvögel auch mit neuzeitlichen Methoden vernichtet werden können.

Zuallererst müßte man dies mit internationaler Aktion eindämmen! Und das Vernichten von Hunderttausenden von Drosseln und anderen Singvögeln!

Doch ich möchte nochmals kurz auf meine Erinnerungen mit der „Schnepfen-Klopfjagd" zurückkommen. Wie gesagt, nahm in den dreißiger Jahren noch niemand Anstoß an dieser Jagdart. Sie wurde vielerorts ausgeübt, und dennoch gab es damals noch mehr Schnepfen als heutzutage. Obwohl die Generationen meines Vaters und Großvaters auch der Meinung waren, daß die Schnepfen zu ihrer Zeit ebenfalls abgenommen hatten. Wenn ich mich richtig erinnere, so wurde die Treib- und Suchjagd auf Schnepfen bei uns im Jahre 1940 abgeschafft.

An einigen solchen Jagden habe ich selber noch teilgenommen und möchte nicht leugnen, daß ich ihren besonderen Zauber sehr genossen habe. In den Wäldern der Ebene standen die Schützen auf den Schneisen und die mit Klopfgeräten ausgestatteten Treiber gingen mit eintönigem, großem Lärm Dickungen und Schonungen durch. Im Gebirge aber, wie in den Südhängen der Mátra, standen die Schützen auf Holzabfuhrwegen oder die Talsohle entlang, und ich kann mich an Schnepfen erinnern, die so hoch über das Tal strichen, daß die Schrote ihnen kaum etwas anhaben konnten. Doch wurden die „Klopfer" nicht bloß deswegen angewandt, um die oft sehr fest liegenden Schnepfen mit dem großen Krach hochzubringen, sondern auch, um sie besser in die Richtung der vorgestellten Schützen treiben zu können.

Auf keinerlei Wild schieße ich gern im Halbdunkel, in tiefer Dämmerung. Weder auf Sauen und noch viel weniger auf Rotwild, aber auch mit wenig Eifer auf Enten und Gänse. Ich liebe es, das Wild, auf das ich schieße, klar zu sehen.

So geht es mir auch mit den Schnepfen!

Ich finde, der größte Nachteil der Jagd auf dem Strich ist, daß sie stets in der Dämmerung, oft fast in der Dunkelheit stattfindet. Der Jäger hört die Schnepfe quorren oder puitzen, wendet sich schnell in die Richtung, und wenn sie über Kopf ist, sieht er einen dunklen Fleck vor dem grauen Hintergrund des Himmels. Ein schneller Schnappschuß, bei dem ihn das Mündungsfeuer blendet, und wenn sie getroffen ist, hat er bloß das Gefühl, sie herunterkommen zu sehen, bis endlich ein weicher Fall ihm die Sicherheit gibt, daß der Vogel die Schrote bekommen hat.

Freilich freut man sich doch, daß es geglückt ist!

Welch wundervoller Anblick ist aber der über den palmkätzchengeschmückten Salweidenbüschen in der Frühlingssonne goldfarben aufblitzende Langschnabel. Und wie das Blut in Wallung kommt, wenn der Ruf aus der Treiberwehr ertönt:

„Schnepf nach vorne!"

Das riesige Jagdrevier um Lábod, dessen Jagdleiter ich während meiner zehn schönsten Lebensjahre gewesen bin, fiel mit seinen Waldungen, Gehölzen und feuchten Niederungen in der Nähe der Drau in eine gesegnete Schnepfengegend. Die an der Drau gelegenen südwestlichen Komitate Ungarns, Baranya, Somogy und Zala, waren wegen ihres Schnepfenreichtums immer berühmt. Vielleicht, weil in diesen Landesteilen die an den Gestaden der Adria überwinternden und von dort nach Norden ziehenden Schnepfen oft noch in geschlosseneren, größeren Trupps einfallen, wogegen sie sich weiter im Norden in den größeren Waldungen der Berge viel mehr verstreuen.

In den jagdlich stillen Wochen konnte ich meine Zeit nach Belieben einteilen, Treibjagden und Kahlwildabschuß waren vorbei, Jagdgäste hatten wir keine mehr. Ich konnte mich also fast gänzlich den Schnepfen widmen und meine Kontrollfahrten im Revier so einteilen, daß ich während der ganzen Zeit des Zuges regelmäßig morgens und abends auf den Anstand ging.

Dabei konnte ich die Erfahrung machen, daß in dieser südlich gelegenen Gegend, wo nur ausnahmsweise Schnepfen brüteten und die einzelnen Durchzugsperioden regelmäßig eine Woche bis zehn Tage früher stattfanden als in Nordungarn, der Schnepfenstrich meist schlecht war. Auch wenn es viele Schnepfen gab, war der Balzbetrieb schwach. Sie strichen schlecht und stumm; quorrend streichende Schnepfen waren eine Ausnahme.

Ich habe öfters erlebt, daß beim Anmarsch zum Stand vor mir oder meinem Hund mehrere Schnepfen hoch wurden, was anzeigte, daß der Wald voller Schnepfen war. Am Strich sah ich dann aber oft nur eine oder zwei, manchmal auch überhaupt keine.

Ich kann mir dies nur so erklären, daß zur Zeit, in der das Gros der Schnepfen durch diese südlich gelegene Gegend zieht, die Balz noch nicht richtig im Gange und der Strich deshalb viel weniger lebhaft und ergiebig ist.

Nichtsdestoweniger habe ich es im Frühjahr 1961, als der Durchzug lange dauerte und der Strich lebhaft war, an regelmäßigen Morgen- und Abendanständen im Laufe fast eines Monats zu dreiunddreißig Schnepfen gebracht. Die sechsundsechzig Malerfedern ließ ich als Rosette zwischen zwei Glasplatten als Erinnerung an den reichen „Schnepfenfrühling“ in einen originellen „Schnepfenteller“ fassen.

Der Durchzug der Schnepfen war dort oft ausgesprochen schlecht, und es gab Jahre, in denen ich nur drei bis fünf, einmal sogar bloß zwei Schnepfen schoß.

Es ist eigenartig, daß ich im Laufe der Jahrzehnte die zeitigste Frühjahrsschnepfe nicht im Süden, sondern in Westungarn in der Hanság am 6. März 1939, an einem besonders warmen Frühlingsanfang erlegte.

In den Mittelgebirgen entlang der Nordgrenze Ungarns brüten Schnepfen schon hie und da regelmäßig (wohl aber überall weiter nördlich in den Bergen der Slowakei und nördlich der Karpaten in Polen), und obwohl sie hier auch meistens nur durchziehen, so fällt der Zug später, mehr in die Balzzeit, und der Strich ist auch lebhafter.

Mit einem Bekannten fuhren wir einmal vor vielen Jahren – es war der 13. April (in Ungarn dauerte die Jagdzeit damals bis zum 15. April) in ein mir unbekanntes Revier in der Mátra 700 bis 1000

Meter hoch, etwa 100 Kilometer nordöstlich von Budapest gelegen. Er wollte es auf einen Keiler versuchen, ich auf Schnepfen. Ich hoffte auch zu diesem späten Zeitpunkt auf einen Schnepfenstrich, um so mehr, als das Jagdhaus nicht nur in einer Höhe von 800 Metern, sondern auch im nördlichen Hang gelegen war. Ein junger Jäger führte mich an einen nahe liegenden, bekannt guten Stand, einen Sattel, rings umgeben von übermannshoher Buchendickung mit einzelnen jungen Fichten. Ein idealer Platz. Das Wetter war auch günstig, ein lauer, windstiller Frühlingsabend. Als der „Schnepfenstern" eben sichtbar und es noch ziemlich hell war, kam laut quorrend hoch am westlichen Himmel mit gaukelndem Flug eine Schnepfe direkt auf mich zugeflogen, die ich, wie den Kopffasan, im Stich schoß. Sie fiel unmittelbar hinter uns, und der Jäger fand sie schnell.

Hernach kamen in regelmäßigen Abständen, ich konnte immer bequem nachladen, drei weitere Schnepfen genauso auf demselben „Luftwechsel", und ich traf auch jede ebenso mit dem ersten Schuß. Ich sah keine andere mehr an diesem Abend. So hatte ich zum ersten Mal meine Höchststrecke an einem Strich erreicht. Man ist geneigt, hinterher zu fragen: Wozu? Ja, aber wenn man ein Jägerleben lang unzählige Male kein Frühaufstehen und keine Mühe des Anmarsches gescheut hat und dann mal die Chance bekommt? „Man soll die Feste feiern, wie sie fallen!" – dies gilt auch bei der Jagd – und da ganz besonders!

Den lebhaftesten Schnepfenstrich habe ich Mitte April in den dreißiger Jahren in Schottland in der Gegend um Loch Lomond in Perthshire erlebt. Natürlich nicht jagend, da in diesem Lande die Balzjagd bekanntlich nicht ausgeübt wird.

Es gab dort zur damaligen Zeit sehr wenig Wald und Pflanzungen, meist nur an den Ufern der Seen, der „Lochs", in denen sich die brütenden Schnepfen „massierten". Fast noch bei Tageslicht begann der Schnepfenstrich, überall strichen quorrend einzelne Männchen herum. Sie verfolgten sich aber gegenseitig nicht mehr. Augenscheinlich war dies nicht mehr der Paarungsflug wie im zeitigeren Frühjahr, sondern der Balzflug über den brütenden Weibchen. An diesem Abend kamen mir bestimmt zehn Schnepfen schußgerecht, und ich konnte von der ersten, die ganz nahe kam, mit Normalobjektiv sogar ein Foto machen, auf dem die charakteristiche Schnepfensilhouette und ihr langer Schnabel gut zu sehen waren.

In einem wundervollen Revier in den Ostkarpaten, das ich seinerzeit leider nur zwei Jahre bejagen konnte, habe ich eine Schnepfe erlegt, die mir in der Erinnerung genau haftenblieb. An einem Abend, an dem es schon zu spät war, um zum Balzplatz der großen Hähne aufsteigen zu können, nahm ich einen rumänischen Bauernjäger mit zum Schnepfenstrich. Es war die zweite Aprilhälfte, und ich hoffte dort, wo es soviel Schnepfen gab, auf einen guten Abendstrich.

Mein Begleiter wollte es nicht glauben, daß man einen Vogel – noch dazu einen so kleinen – im Fluge schießen kann. Diese mit Urinstinkten ganz hervorragend begabten Naturjäger waren Spürer und Fährtensucher par excellence. Sonst schossen sie aus ihren vorsintflutlichen Hahnflinten nur groben Posten, gehacktes Blei oder höchstens die Rundkugel.

Es kam uns eine einzige Schnepfe quorrend hoch über dem Bergrücken, auf dem wir standen. Sie fiel getroffen die steile Lehne in unserem Rücken hinunter. Dieser Schuß versetzte meinen Begleiter in hellste Aufregung. Er brachte es dann fertig, in der Dämmerung, in diesem Wirrwarr von Buschwerk, gestürzten und modernden Baumriesen und Ästen die Schnepfe sofort zu finden. Jetzt war ich an der Reihe mit dem Staunen!

Ich selber habe ziehende Schnepfen nie gesehen, wohl aber mein Bruder in demselben Revier in den Ostkarpaten. In einer hellen Vollmondnacht am 12. April Anfang der vierziger Jahre saß er in einem riesigen Schlag auf einer Berglehne in etwa 1200 Meter Höhe am Luder auf den Bären an. Er war schon zeitig an seinem Stand, sah aber in der Zeit des Striches keine einzige Schnepfe. Schon in völliger Dunkelheit, gegen neun Uhr, zogen von West nach Ost das Tal entlang „in losem Verband" fünfzig bis sechzig Schnepfen im Zeitraum von etwa fünf Minuten. Er konnte sie nicht nur gegen den Mond sicher als Schnepfen ansprechen, sondern auch an ihrem Puitzen eindeutig erkennen.

Der Zug der Schnepfen – ob im Frühjahr oder Herbst – geht nur nachts vor sich. Sowohl gemäß der Jagdliteratur als auch nach Aussagen einiger Jäger sollen am Tage ziehende Schnepfen beobachtet worden sein. Ich glaube, daß diese Beobachtungen entweder auf einem Irrtum beruhen oder es sich um ganz seltene Ausnahmen handelt. Eine am Tage durch irgendwelche Störung hochgemachte und weitstreichende Schnepfe ist noch lange nicht im Zuge begriffen.

Während der Frühjahrs-Zugzeit streichen bei der Abenddämmerung die Schnepfen bis zum Einfall der Dunkelheit. Dies ist teils ein Balzflug, teils ein „Bewegungsflug“, dient aber auch zum Aufsuchen von Nahrungsplätzen. Ich glaube, daß die Schnepfen hauptsächlich nach dem abendlichen Strich „wurmen“. Wenn sie weiter gen Norden ziehen, geschieht dies später im Laufe der Nacht. Ich neige auch zu der Ansicht, daß sie, besonders im Frühjahr, meistens einzeln oder paarweise und nicht in Trupps ziehen, sonst würde man doch öfter auf kleinem Raum größere Ansammlungen von Schnepfen finden. Ich selber habe aber solche nur im Herbst feststellen können – und dies auch nur insgesamt zweimal. Ich werde noch davon erzählen.

Bei der Morgendämmerung streichen die Schnepfen, wahrscheinlich auch diejenigen, welche nachts angekommen sind, genauso wie abends.

Sooft ich Gelegenheit hatte, bin ich ständig auch auf den Morgenstrich gegangen – vielleicht lieber als am Abend. Der erwachende Frühlingsmorgen ist immer ein besonderes Erlebnis, das das Frühaufstehen wohl lohnt.

Außerdem behaupte ich, daß der Strich morgens nicht weniger lebhaft ist als abends. Jedenfalls habe ich ungefähr die gleiche Anzahl Schnepfen am Morgen- wie am Abendstrich erlegt. Wahr ist aber, daß jener bei *Schußlicht* kürzer ist als abends. Sehr oft konnte ich nämlich quorrend ziehende Schnepfen morgens bei noch völliger Dunkelheit beim Anmarsch zum Stand hören, hingegen abends nach Einbruch der Nacht nie – eine Beobachtung, deren Erklärung ich nicht finden kann.

Noch ein paar Zeilen über die Herbstschnepfen. Mein Schußbuch – wenn es seinerzeit nicht verlorengegangen wäre, so hätte ich es freilich auch später geführt – könnte in vielen Beziehungen sicherlich äußerst interessante Aufschlüsse geben. Zum Beispiel darüber, wie viele Frühjahrsschnepfen ich im Laufe von fast fünf Jahrzehnten geschossen habe und in welchem Verhältnis sie zu der Zahl der Herbstschnepfen stehen. So kann ich beide Zahlen nur über den Daumen peilen und glaube, daß ich viel mehr als zweihundert Frühlingsschnepfen, aber bestimmt auch gut über hundert Herbstschnepfen habe erlegen können!

Die Herbstschnepfe verursacht dem Jäger nicht weniger Spannung und Aufregung als die des Frühlings, höchstens, daß ihr weniger Poesie anhaftet. Denn das Jägerherz schlägt bestimmt auch dann schneller, wenn sie vor dem suchenden Hund mit klatschendem Flügelschlag hochgeht oder zwischen den gleichmäßig streichenden, getriebenen Fasanen uns elegant entgegengaukelt. Sie ist im Herbst sogar auch nicht leichter zu schießen. Höchstens insofern, daß man sie bei Tageslicht und nicht in der Dämmerung erlegt.

In vielen Revieren Ungarns habe ich Herbstschnepfen erlegt, die meisten bei Fasanentreibjagden und beim Buschieren, überwinternde Lagerschnepfen jedoch bloß eine, die allererste. Ich habe aber auch viele vorbeigeschossen, nicht nur, weil die Schnepfe ein ersehntes Wild ist, der Jäger in Aufregung gerät, wenn er sie erblickt und sich deswegen oft übereilt, sondern auch, weil beim Buschieren, in mit Bäumen und Sträuchern bedecktem Gelände, wo sie auch im Herbst meistens liegen, die vor dem Jäger unerwartet hochgehende Schnepfe meist sehr schwierig zu treffen ist. Ich glaube, einer der allerschwersten Schrotschüsse ist der auf die beim Buschieren hochgehende Schnepfe. Der Jäger ist überrascht, und sie gaukelt mit einem Schwingenschlag nach links, schaukelt mit dem nächsten nach rechts – noch dazu blitzschnell – und ist im Nu aus der Streuung der Schrotgarbe. Und dann nützt sie die sich bietende Deckung, Baumstämme, buschige Kronen von Bäumen so überaus geschickt aus, daß sie sofort vor dem Rohr des Jägers verschwunden ist, oft bevor er hätte schießen können.

In dem wundervollen Láboder Jagdparadies habe ich regelmäßig die meisten Herbstschnepfen gefunden. Es gab keine Fasanenjagd von Oktober bis zu den ersten Frosttagen, bei der wir nicht mindestens eine oder zwei Schnepfen geschossen hätten. Sie lagen meistens in Remisen, kleinen Gehölzen und Knicks. Sehr oft aber auch in Maisfeldern, und sie machten unsere Fasanenjagden besonders bunt, um so mehr, als es dort auch damals nicht so viele Fasanen gab wie heute in der Tiefebene Ostungarns. Neben den Schnepfen zierten an solchen Tagen ein oder zwei Rotröcke fast immer unsere Strecke.

Im Laufe von zehn Jahren kann ich mich an zwei Herbstjagdtage erinnern, wo wir Schnepfen in so großer Zahl antrafen, daß es sich einzig und allein nur um in einem Flug ziehende Schnepfen handeln konnte.

Einer dieser Tage war Anfang November der sechziger Jahre, an dem wir am Nachmittag, nachdem am Tage nicht auffallend viele Schnepfen vorgekommen waren, eine mit Brombeeren stark verfilzte feuchte Erlenniederung trieben. Es war das letzte Treiben des Tages. Ich konnte nicht auf allzu viele Fasanen hoffen, weswegen ich meine Jackentasche nicht mehr mit Patronen anfüllte. Mit meinem Kurzhaar ging ich in der Mitte des Treibens selbst auch durch. Ich weiß heute nicht mehr, wieviel Schnepfen ich in dem Treiben schoß. Vielleicht vier oder sechs; doch eins weiß ich, daß die Langschnäbel einer nach dem anderen vor den Treibern hoch wurden, und wir noch weit vom Ende des Treibens waren, als mir die Patronen schon ausgegangen waren!

Im nächsten Jahr jagten wir ebenfalls im November in einem Revierteil, der hauptsächlich aus Feldern bestand, in die aber einige Gehölze eingesprengt waren. Wir waren insgesamt sechs Schützen und einige Treiber. Was ich selber geschossen habe, weiß ich nicht mehr. Ich kann mich aber genau daran erinnern, daß unsere Tagesgesamtstrecke zweiundzwanzig Fasanenhähne und zwei Füchse, aber auch achtundzwanzig Schnepfen betrug.

Das sind überaus seltene Feiertage eines Jägerlebens.

Es kann sein, daß viele Jäger nicht wissen, daß die Waldschnepfe auch im Herbst morgens und abends streicht.

Dies ist freilich kein Balzflug. Sie quorrt auch nicht zu dieser Zeit, sie puitzt bloß manchmal, aber auch dies selten. Aus welchem

Am meisten verrät sie ihr glänzendes Auge

Nach dem Morgenstrich an der Jagdhütte

Grunde sie streicht? Ich glaube, daß sie der Bewegung halber einen Spazierflug macht, denn tagsüber streicht sie nie freiwillig, nur wenn sie aufgescheucht wird, und auch des Nachts nicht, außer sie wandert weiter. Sie braucht also unbedingt diese paar Minuten Bewegung, deren Zweck sicherlich auch das Aufsuchen von Äsungsstellen ist, weil sie unseres Wissens tagsüber nicht wurmt, sondern nur geduckt in Deckung sitzt und nicht nach Nahrung sucht. Nicht umsonst ist sie ein rätselhafter Vogel, über den wir noch wenig wissen.

Das einzige Revier, in dem ich sowohl abends als auch morgens Herbstschnepfen regelmäßig streichen sah, war wieder Lábod. Die meisten Schnepfen sah ich stets morgens oder abends im Oktober über die Dickungen streichen, wenn wir auf Hirsch, Sau oder Damschaufler paßten. Manchmal sah ich sogar fünf oder sechs an einem Strich – mehr als in den meisten Fällen im Frühjahr.

Freilich schüttelte mich das Jagdfieber, als ich sie sah.

Doch zu dieser Jahreszeit waren ständig Gäste da, mit denen wir jagten, oder aber wir waren dabei, irgendein starkes Stück zu bestätigen. So war es unmöglich, abends oder morgens den Wald mit Schüssen zu stören. So schaute ich ihnen immer nur sehnsüchtig nach.

Ich kann mich eines einzigen Falles erinnern, als ich an einem Herbstabend zum Ufer des vor dem Jagdhaus Petesmalom liegenden Fischteiches zum Schnepfenstrich ging. Ich hoffte, daß Schnepfen zum Wurmen an den morastigen Teichrand kämen, da ich dort Geläufe und Spuren ihres Stechers gefunden hatte.

Bei Dämmerung kam auch eine Schnepfe im blitzschnellen Flug über das Bett des Teiches. Meine beiden Schüsse waren auch sauber hinter ihr. Mein Hund Legény schaute mich fragend an, nur eben, daß er den Kopf nicht wiegte.

Kurze Zeit darauf kam aber noch eine aus der entgegengesetzten Richtung, und es gelang mir, sie zu treffen.

Diese fast vor der Terrasse des Jagdhauses Petesmalom geschossene war die einzige am Strich erlegte Herbstschnepfe meines Lebens.

Jetzt müßte man auf dem Hochsitz sein!

Unsere Sauen

In den ersten zwei Dritteln meines Jägerlebens hatte ich leider sehr wenig mit Sauen zu tun. Im letzten Drittel um so mehr. Sie machten mir viel Freude, aber auch nicht wenig Ärger und Verdruß. Denn der Streit um die Schätzung des Wildschadens, den eine nicht immer unvoreingenommene Kommission zu schlichten die Aufgabe hatte, ist ein bitterer Kelch, dessen Inhalt wir zu schlucken haben als Ersatz für die vielen Jägerfreuden, die uns das Schwarzwild bietet. Denn auch in Ungarn muß der Jagdberechtigte dem Landwirt den Wildschaden im Feld ersetzen. Den Schaden im Forst noch nicht, aber dessen Gros geht auch nicht aufs Konto der Sauen.

In alten Zeiten vor dem Kriege gab es bedeutend weniger Sauen in unserem schönen Lande als heutzutage. Sie kamen damals hauptsächlich in den Gebirgszügen, den großen geschlossenen Waldungen und in den Eigenjagden des Großgrundbesitzes vor. Denn hier wurden sie nicht mit Feuer und Schwert getilgt und boten hochgeschätzte Jagdfreuden als Entgelt für angerichtete Schäden. Und diese waren damals meist nicht allzu groß, denn die Felder waren weit entfernt vom Sauenrevier, oder es war der Wald zur Verhütung des Wildschadens eingezäunt.

Und heutzutage? Allmählich wird das Schwarzwild auch schon „Jenseits der Theiß" in der Großen Tiefebene beheimatet, obwohl es dort wenig Wald gibt. Es ist dort schon Standwild in den Schilfdickungen der Fischteiche in der Hortobágy und in den Auwäldern der Theiß, in mehreren Revieren zwischen Donau und Theiß und fast überall im Landesteil westlich der Donau, den die Ungarn „Transdanubien" nennen. Es ist aber nicht nur Standwild geworden, sondern hat sich auch fast überall bedeutend vermehrt, so daß seine Verbreitung und Vermehrung den zuständigen Jagdbehörden schon allzuviel Kopfzerbrechen verursacht.

Wie konnte das geschehen? Dazu müssen wir als erstes wissen, daß die Sauen, genauso wie ihre domestizierten Vettern, sehr vermehrungsfreudig sind. Obwohl sie im allgemeinen jährlich nur einmal frischen, so frischen die zeitigen Frischlinge selbst schon im nächsten Jahr. Und obwohl die Natur sich damit weise gegen die Übervermehrung wehrt, daß nicht jede Bache in jedem Jahre frischt (dies sind keine „Geltbachen", wie sie die meisten Jäger bezeichnen), so müssen wir doch mit einem jährlichen Zuwachs von etwa drei bis vier Frischlingen pro Bache rechnen. Denn die Überläuferbachen frischen nur wenige, sehr oft bloß ein oder zwei, wohingegen ältere Bachen oft sechs bis acht Frischlinge zur Welt bringen.

Unter den Frischlingen sind die Verluste gering; höchstens, daß starker Frost oder hoher Schnee von den allerersten, den im Januar, Februar zur Welt gekommenen, ihren Zoll nehmen. Ab und zu wird in ihren ersten Tagen vom Fuchs ein Stück gewürgt. Die anderen wachsen heran und brechen im dritten, vierten Monat schon ganz vergnügt die Reihen des frisch gesäten Maises, der Kartoffeln oder Eicheln.

Es ist auch so, daß wir in unseren „Kulturforsten" schon alle Feinde der Sauen ausgerottet haben. Ganz in unserer Nachbarschaft, in den Waldungen des Karpatenkranzes braucht man noch keine Sorge wegen der Übervermehrung der Sauen zu haben: Dort werden sie vom Wolf im Schach gehalten. Die Natur selber sorgt am besten für das Gleichgewicht! Doch wenn der Mensch dieses stört, so muß er selber die Rolle des „Regulators" übernehmen.

Doch was taten wir in den vergangenen Jahrzehnten?

Erstens forsteten wir gewaltige Flächen auf, die in wenigen Jahren zu zusammenhängenden Dickungen und allerbesten Saueneinständen wurden, um so mehr, als in ihrer Nähe überall landwirtschaftlich bebaute Großflächen gebildet wurden, die nicht nur beste Nahrung, sondern auch Sommereinstände bieten. Es gibt überall Mais, Kartoffeln, im Sommer Weizen und Hafer.

Wir wehrten uns bei unseren Hausschweinen gegen Schweinepest und Rotlauf, und es gelang uns, diese Seuchen sowohl bei Haus- als auch Wildschweinen praktisch auszuschalten. In alten Zeiten wurden tote Schweine sehr oft einfach in den Wald gefahren und so auch die Sauen angesteckt. Von Zeit zu Zeit, doch ständig wiederkehrend, wurden so Sauen aus ganzen Gebirgsstöcken ausgerottet. Neben Bracken und Waffen hielt dies ihre Vermehrung am meisten im Zaum, tat ihnen am meisten Abbruch.

Und heute? Nichts zehntet sie mehr bei uns, nur das Gewehr. Doch dies nur in ungenügendem Maße. Die Sauen werden stark bejagt, immer und überall, doch anscheinend mit zu wenig Erfolg. Dies ist auch daraus ersichtlich, daß – obwohl den Statistiken gemäß ihr Bestand in den letzten Jahren abnimmt – sie doch ständig neue Lebensräume erobern.

Das letzte Drittel meines Jägerlebens fiel in die Zeitspanne, als die Sauen schon übermäßig zugenommen hatten. Dann hatte ich sehr, sehr viel mit ihnen zu tun. Doch bis dahin? Bis zu meinem einundzwanzigsten Lebensjahr kannte ich das Schwarzwild nur von Abbildungen. Ich konnte mich bloß nach ihm sehnen, obwohl ich bis zu dieser Zeit auch die Hohe Schule des Waidwerks auf den Hirsch absolviert hatte. Auch danach kam ich nur selten mit ihm zusammen. Es blieb bis zur Mitte der fünfziger Jahre immer ein besonderes Ereignis – bis zum Anfang der „Saueninvasion“. Denn die große Zunahme und Ausbreitung fand hier nicht unmittelbar nach dem Kriege statt, sondern ging Hand in Hand mit dem Erreichen des Dickungsalters der großen Aufforstungen und mit der störungsarmen großflächigen Landwirtschaft.

In den zwanziger, dreißiger Jahren, als ich in Westungarn aufwuchs, gab es im Wiesengelände der Hanság und in den wundervollen Donau-Auen der Kleinen Schütt-Insel seit Menschengedenken überhaupt keine Sauen. Heute sind sie in den größeren Waldungen überall Standwild.

Damals schmachteten wir nach Sauen: Welcher Anblick für Götter mußte es sein, wenn der zottige, schwarze Basse durch den Schnee pflügte. Wahrlich bietet er einen Anblick für Götter!

Endlich kam die heiß erwartete erste Gelegenheit. Wie gesagt, ich war in meinem einundzwanzigsten Lebensjahr. Ich erhielt eine Einladung von einem Freund meines Vaters in ein Hochwildrevier in den Bergen in der Nähe von Esztergom. Da gab es natürlich auch Sauen.

Auf diesem Jagdausflug sammelte ich viel Erfahrungen mit Sauen, obwohl die Einladung eher dem Kahlwildabschuß galt. Auf Sauen galt sie nur nebenbei. Dem Jagdherrn lag die Hege der Sauen sehr am Herzen. Es wurde damals gemunkelt, daß er halbwilde Bachen aus dem Gehege des Bischofs von Veszprém aus dem Bakonywald kommen ließ und sie im Revier aussetzte. Mit dem Aussetzen einiger solcher Überläuferbachen im Revier soll der Jagdherr erreicht haben, daß es in seinem Revier zu jeder Jahreszeit rauschende Bachen gegeben haben soll, die dann die starken Keiler der ganzen Umgebung ins Revier lockten. Denn es gab dort weit und breit gutgehegte Reviere, wo die Sauen vornehmlich bei Drückjagden bejagt wurden und die Keiler getrost alt werden konnten.

Ob es sich so verhielt, weiß ich selber nicht genau und kann es heute auch nicht mehr überprüfen. Ich kann aber bezeugen, daß jeden Nachmittag zwei mit Kolbenmais prall gefüllte Säcke auf dem Rücken eines Gauls zur Schütte hinaufgeschafft wurden, die auf einer schmalen Schneise in einer großen Dickung mitten im Revier lag. Es gab drei oder vier solcher Schütten im Revier, doch ich selber habe nur diese eine gesehen. Sobald der Heger mit einem Stock auf einen leeren Eimer schlug – es wurde immer am zeitigen Nachmittag geschüttet –, strömten die Sauen aus allen Richtungen heran.

An dieser Schütte, an der natürlich jedes Schießen streng untersagt und völlig verpönt war, sah ich die ersten Sauen meines Lebens. Und dazu noch so viele! Es wimmelte nur so auf der Schneise von Bachen mit ihren Frischlingen, Überläufern – aber keine Keiler. Auf Steinwurfentfernung von ihnen standen wir mit dem Revierjäger hinter dicken Bäumen am Schneisenrand. Ich genoß den Anblick über alle Maßen, aber – ehrlich – ich hätte auch damals keine Lust zum Schießen gehabt.

Doch am dritten oder vierten Tag meines Aufenthaltes kam eines Morgens der Jagdherr mit zwei Gästen ins Revier, und wir riegelten an dem Tag mit einigen Treibern und scharfen Sauhunden einige kleinere Dickungen durch.

Es schoß auch einer der Gäste gleich im ersten Treiben einen guten Keiler mit hervorragenden Waffen, die meiner Erinnerung nach bestimmt nicht viel weniger als fünfundzwanzig Zentimeter

Länge hatten. Als ich nach dem Treiben hinkam, waren auch die anderen Schützen gerade an ihn herangetreten. Er wetzte noch die imponierenden Waffen und erhielt gleich danach den Fangschuß. Ich war im Treiben an der Flanke gestanden, und auch mir kam auf etwa achtzig Schritte eine Rotte Überläufer. Besser gesagt, sie sprangen im Gänsemarsch einer nach dem anderen mit einem Satz über einen schmalen Weg, und ich vergaß in meiner Aufregung zu schießen. Der Jagdherr und die anderen Gäste waren jedoch einhellig der Meinung: „Ein Glück, daß nicht der Junge diesen guten Keiler geschossen hat!“ Ich selber dachte genauso!

Doch gelang es mir dann im nächsten Treiben, aus einer Rotte von Frischlingen, die mich in einem Altholz mit wenig Unterwuchs auf gute Schrotschußentfernung anliefen, immerhin zwei Stück herauszurepetieren, allerdings mit vier Schuß. Kurz nachher hatte ich aber einen einmaligen Anblick, an den ich mich besser erinnere als an meine beiden ersten Sauen.

Das Treiben war schon zu Ende, als in der Dickung die Hunde immer noch eine Sau scharfstellten. Mit Genehmigung des Jagdherrn gingen mein Nachbar und ich in die Dickung zum Spektakel. Nur um zu schauen, denn die Jäger hatten schon gemeldet, daß eine Bache von den Hunden gestellt wurde, die zu schießen natürlich streng untersagt war.

Nach einigen Schritten sahen wir auch, daß auf einer kleinen Lichtung die Hunde in höchster Erregung eine starke Sau verbellten, die, die Hinterhand von einem Dornenbusch gedeckt, sie mit weiß spritzendem Schaum im Gebrech abwehrte. Am schärfsten war der „Leithund“, eine Mischung mit deutschem Schäferhundblut.

Die vier Hunde stellten die Sau wie festgenagelt vor dem Busch, doch konnte es auch sein, daß sie eine „Bache des Bischofs“ war, denn sie versuchte nicht einmal zu flüchten. Sie drehte sich nur hin und her und schlug mal nach diesem, mal nach jenem Hund, der ihr allzu nahe kam. Und wir ergötzten uns an diesem einmaligen Bild und wurden immer tapferer. Der alte Herr hatte sich ihr sogar auf einige Schritte genähert, als die Bache ihn unversehens angriff. Darauf sprang er zurück, stolperte, lag auf dem Rücken und streckte die Beine gen Himmel. „Jetzt beißt sie ihn kaputt“, dachte ich, konnte aber im Gewimmel nicht schießen –

und dachte auch wahrscheinlich nicht daran –, geschieht ihm recht! Aber dann verbissen sich die Hunde in ihren Keulen und drehten die Sau ab.

Dies war die einzige angreifende Sau, die ich in meinem Leben gesehen habe.

Jetzt möchte ich noch eine meiner Erinnerungen an eine annehmende Sau zum besten geben, die auch nicht jedweder Komik entbehrt.

Zwei Jahre, nachdem ich meine ersten Sauen erlegt hatte, kamen wir zu einem Hochwildrevier im Bakonywald, in dem es aber wenig Sauen gab. Sie waren eher nur Wechselwild.

Zur Zeit der Hirschbrunft pirschend hörte ich eines Morgens aus einer Lehne, die in einem Schlag von der Größe eines Hektars mit mannshohem Brombeergestrüpp bestanden war, den arg röchelnden Atemzug einer Sau im Wundbett. Offensichtlich war sie angeschweißt, hatte wahrscheinlich einen Luftröhrenschuß und war von irgendwoher eingewechselt und in dieser undurchdringlichen, stachligen Dickung ins Wundbett gegangen.

Nach der Pirsch gingen wir mit meinem Bruder und dem Förster K., der jedoch kein großer Jäger war, zur Brombeerdickung. Mein Bruder und ich postierten uns in den beiden Talsohlen links und rechts des Rückens und schickten K. in die Dickung, um die Sau rege zu machen. Wir schickten ihn, doch er ging nicht, obwohl er natürlich auch ein Gewehr hatte. Er trat nur vom einen Bein aufs andere, hüstelte auch, traute sich aber nicht hinein, obwohl die Sau auf gute Schußentfernung von ihm röchelte. Meinem Bruder, dessen Stand dem Schauplatz näher war, wurde die Sache zu langweilig, und er ging die Sau dem Laut nach an. Doch konnte er nach einigen Schritten in den verfilzten Brombeeren nicht mehr aufrecht gehen. So kroch er auf allen vieren den tunnelartigen Wechsel der Sauen entlang. Die Sau röchelte kurz vor ihm; er kroch mit seinem entsicherten Repetierer immer näher. Er war schon ganz nahe heran, als die Öffnung des Tunnels vor ihm sich plötzlich verdunkelte, und die Sau Richtung auf ihn nahm. Sie grunzte angsteinflößend aus nächster Nähe. Mein Bruder – so erzählte er die Geschichte nachher – wollte sich erheben, um schießen zu können, doch rutschte er aus und kam auf den Rücken zu liegen. Inzwischen griff er natürlich auch in den Abzug, die Büchse ging los und schoß in die Luft. Da fiel ihm blitzartig ein, daß Zrínyi, der Dichter, der Überlieferung nach auch durch einen angreifenden Keiler ums Leben gekommen war – doch die Sau ergriff die Flucht durch einen Seitentunnel unmittelbar vor ihm. Offensichtlich hatte sie keinen anderen Fluchtweg, sie mußte ihm erst entgegenrennen. Vielleicht ist sie heute noch flüchtig; wir jedenfalls hörten nie wieder etwas von ihr.

In diesem Revier im Bakonywald schoß ich meinen ersten Keiler, einen dreijährigen, angehenden, an der Schütte. Ich habe so nie wieder einen Keiler geschossen, auch sehr wenig Frischlinge und Überläufer. Es ist eine hinterlistige Jagdmethode, auch wenn sie als waidgerecht anerkannt wird, und nicht nach meinem Geschmack. Doch damals hatten Sauen für mich noch einen Seltenheitswert.

Der dortige Revierjäger, der alte Zsargó, hatte die Sau für mich angekirrt. Er streute Kolbenmaisstücke auf eine winzige Lichtung im Gegenhang eines mit Eichenjungwuchs bestandenen Tales, an dessen diesseitigem Hang der Ansitzplatz war. Zu ihm führte ein sauber gehaltener Pirschsteig. Vor einem Busch stand gut gedeckt eine Holzbank und vor ihr ein einfaches Geländer zum Auflegen der Büchse. Er nannte diesen Ansitzplatz „die Loge". So sah der Platz in Wirklichkeit auch aus.

Es war zur Winterzeit; ein Januarnachmittag mit wenig Schnee. Zur angesagten Zeit kam die Sau bei bestem Büchsenlicht auf einem Wechsel die Lehne entlang. Wir sahen sie schon ein Stück kommen, so konnte ich am Anblick meine Freude haben. Dann schoß ich sie. Es war keine Kunst. Als ob man auf dem Schießstand geschossen hätte.

Wir hausten damals zu zweit vier oder fünf Tage lang im Jagdhaus, das einsam im Walde auf der höchsten Bergkuppe stand. Freilich so nach Männerart, wir kochten nur, wenn wir Lust dazu hatten. Auch dann nur Kartoffeln, oder wir aßen Konserven. Und spülten das Geschirr tagelang nicht, sondern stapelten einen Teller auf den anderen.

Der Alte konnte es mit einem Mal nicht weiter ansehen. Ich lag in der Stube auf dem Bett, er aber fing in der Küche mit dem Abwaschen an. Plötzlich ein infernalisches Klirren, als wäre alles zusammengestürzt. „Was ist los, Onkel Gábor?" Ich sprang auf und lief in die Küche hinaus. „Es gibt keinen Krieg ohne Tote!", sagte der Alte nur, völlig gefaßt und blickte auf den riesigen Scherbenhaufen.

Es war unsere letzte gemeinsame Jagd. Im darauffolgenden Frühjahr raffte ihn eine tückische Krankheit dahin. Er war ein gerader Mann und guter Jäger. Sein Andenken werde ich treu bewahren.

In Gebirgswäldern habe ich verhältnismäßig wenig Sauen geschossen, doch fühle ich irgendwie, daß sie die eigentliche Heimat des Schwarzwildes sind, daß es auch eine größere Lust ist, es dort zu bejagen. Dem ist aber nicht ganz so. Die Sauen sind, wie das Rotwild im Flachland, insbesondere in feuchten Bruchwäldern ebenso daheim wie im Gebirge.

Die Jagd auf das Schwarzwild ist für mich im Gebirge viel schöner, wo Lehnen und Täler das Hundegeläut und den Knall der Büchsen wiedergeben und wo man manchmal ein großes Schußfeld und wunderbare Aussicht hat.

Vor vielen Jahren bekamen mein Bruder und ich eine Einladung zum Sauenriegeln nach Oberungarn. Es war auch damals Januar mit wenig Schnee und bloß einigen Schützen. Sauen gab es auch nicht besonders viele, denn das waren schon große zusammenhängende Karpatenwälder, wo Wolf und Bär heimisch waren. In drei Treiben kam keine Sau vor, kein Schuß war gefallen.

Dann folgte ein vielversprechendes Treiben, eine lange, mit Dickung bestandene Südlehne. Die Dickung zog sich überall bis zum Grat hinauf, an dessen Nordseite sich Hochwald anschloß. Mein Bruder und ich erhielten wundervolle Stände auf zwei Kuppen des Grates, ungefähr dreihundert Schritt voneinander entfernt, so daß wir nicht nur ein großes Stück Einsicht in die Lehne unter uns hatten, sondern uns auch gegenseitig sehen konnten.

Ich sah auch während des Treibens, daß mein Bruder nach unten, die Lehne hinunter in Anschlag ging, schoß, repetierte, dann noch zweimal schoß, doch den letzten Schuß schon in den Sattel zwischen uns. Ich war der letzte Schütze auf dem Grat, hatte keinen anderen Nachbarn, so winkte ich meinem Bruder und konnte so meinen Stand ruhig verlassen. Die Situation deutete darauf hin, daß dort eine Rotte ausgewechselt war. Ich lief also, so schnell ich konnte, in den Hochwald hinunter, um den Sauen nach Möglichkeit noch den Wechsel abschneiden zu können.

Dies gelang mir auch! Als ich drüben auf einen kleinen Hügel hinaufkam, sah ich kaum zwanzig Schritt unter mir einen gewaltigen Keiler die Lehne hinuntertrollen. Breitseits, sich zum besten Schuß anbietend. Er hatte mich nicht wahrgenommen. Es war ein überwältigender Anblick, einer der Höhepunkte meines Jägerlebens!

Ich wollte ihn anvisieren – das Zielfernrohr hatte ich auf der Büchse gelassen, weil ich vom Grat aus mit einem weiten Schuß rechnete –, es war aber alles schwarz im Glas!

Dies war der einzige Fall in meinem Jägerleben, daß ich Kimme und Korn im Tunnel unter dem Zielfernrohr zusammenbrachte. Doch ich traf den dicken Träger des Keilers; er rührte kein Glied mehr.

Er war ein richtiges Hauptschwein mit sehr guten, dreiundzwanzig Zentimeter langen Waffen, die aber nicht mir bestimmt waren. Denn die Sau hatte zwei Kugeln meines Bruders, eine weidwund, die andere in der Keule. Die erste war auf jeden Fall tödlich, es war also einwandfrei sein Keiler, doch half uns auch mein Trägerschuß, da wir damit eine lange und ungewisse Nachsuche ersparten. Und ich freute mich auch genauso über das unerhört spannende Erlebnis und den fabelhaften Anblick.

Schließlich und endlich ist es ja gleichgültig, an wessen Wand die Trophäe kommt. Wichtiger ist das Erleben . . .

Die vielleicht erinnerungswürdigsten, auf jeden Fall, was die persönliche Strecke anbelangt, auch die ergiebigsten Saujagden meines Lebens fielen dann in die Mitte der fünfziger Jahre. Ich hatte in diesen Jahren viel Gelegenheit, im westungarischen Bruchgebiet der Hanság zu jagen, wo die Sauen sich damals nicht nur frisch angesiedelt, sondern auch stark vermehrt hatten. Jahrelang wurden sie dort kaum bejagt, und ich tat dies dann mit großem Vergnügen. Ich konnte aus dem Vollen jagen, der Bestand sollte nach Möglichkeit dezimiert werden.

Später, als ich dann in Lábod Jagdleiter war, schoß das Jagdpersonal nur ausnahmsweise mal eine Sau, wenn sie allzu arg zu

Schaden gingen. In diesen Jahren und in diesem Revier hatten wir so viele Jagdgäste, die alle Sauen schießen wollten, daß wir dies ihnen überließen.

Damals, in den fünfziger Jahren, hatte die Jagd auf Sauen in der Hanság diese ganz spezielle Besonderheit, daß man im Wiesen- und Bruchgelände stellenweise auch weitere Sicht hatte. Der im Schnee der Fährte der Sau folgende Jäger hatte also eine Chance, die Sau nicht nur hochzumachen, sondern im Glücksfalle auch erlegen zu können. Denn nach meinem Geschmack steht die Pirsch mit dem Ruf auf den Brunfthirsch an allererster Stelle, gleich danach kommt aber das Folgen der Saufährten im Neuschnee oder Schmelzschnee. Im Gebirge oder in Waldungen im Hügelland kann diese Jagdart manchmal auch mit Erfolg betrieben werden, wenn die Sauen in lückiger Dickung oder, noch viel günstiger, manchmal im lichten Hochwald im Kessel liegen. In Lábod aber konnte ich mit dieser Methode nie eine Sau schießen. Ich habe sie dort auch selten versucht, da das Terrain dazu sehr ungünstig war. Die Sauen saßen dort nämlich zu Winterszeit fast ausschließlich in den undurchdringlichsten Kiefern- oder Brombeerdickungen, manchmal auch in Dickungen von Spartium.*

Das Láboder Revier hatte eine ganz besondere Saujagdmethode: Der Nachtansitz oder die Mondscheinpirsch in Mainächten auf den großen Lupinenschlägen.

Ich habe nie eine andere Pflanze gesehen, die eine annähernd starke Anziehungskraft aufs Haarwild – den Hasen mit eingerechnet – ausübt, als die gelbe Süßlupine. Mit den anderen Süßlupinensorten, einschließlich der in letzter Zeit in Deutschland auf den Markt gebrachten perennierenden, habe ich leider keine Erfahrungen machen können.

Die Hirschrudel mit den samtenen Bastgeweihen, das führende Kahlwild, der alte, zum Waldgespenst gewordene Rehbock, die Frischlinge führenden Bachen, sogar die grantigen alten Keiler zo-

* *Spartium scoparium* = Besenpfriem. In der Sandgegend des südlichen Somogy eine sehr häufige Pflanze im Walde. Sie wurde erstmals als Wildäsungspflanze eingeführt, doch verbeißt sie das Hochwild bei uns nicht, nur der Hase. Er bietet dem Wild sehr gute Deckung.

gen sich auch aus weiten Revieren hier zum gedeckten Tisch zusammen. Auf den Lupinenschlägen gaben sie sich alle in lauen Mainächten ein Stelldichein.

Es war besonders vorteilhaft, daß die Lupine auch auf den ärmsten Böden gut stand, die seit Noahs Zeiten keinen Dünger mehr gesehen hatten: Auf Feldern am Waldrand und an Ecken und Blößen des Waldes. Schon am hellen Nachmittag ästen draußen führende Bachen, Rot- und Rehwild. Doch die alten Keiler und Hirsche kamen meist mitten in der Nacht!

Der Haupttreffer war, wenn irgendwo mitten im Sommer Süßlupinen gesät wurden, die zur Zeit der Hirschbrunft blühten. Dann konnte man mit Sicherheit damit rechnen, daß sich mehrere Brunftrudel einstellen würden.

Wir haben in Lábod natürlich immer wieder versucht, Süßlupinen in unsere Wildäcker zu säen. Es liegt ja auf der Hand, welche Vorteile sie in den verstecktesten Stellen unmittelbar neben den Wildeinständen bieten würden. Und sie wachsen auch im schlechtesten Sandboden des entferntesten Wildackers!

Leider machten wir damit stets schlechte Erfahrung; es gelang uns nie, an diesen Lupinenwildäckern einen guten Keiler oder Hirsch zu erlegen. Unsere Wildäcker waren nicht eingezäunt, höchstens konnten wir in Brusthöhe des Wildes einen Draht mit darangehängten Konservendosen spannen. Der hielt aber die paar Hasen der Gegend nicht davon ab, sich alltäglich zum Schmaus bei den sprießenden Lupinen zu treffen; es gelang ihnen, die jungen Pflanzen fast vollständig zu verbeißen. Was übrig blieb, wurde von Rotwild und Sauen in den Boden getreten, so daß wir im Vorsommer immer nur ein Unkrautfeld umpflügen konnten.

Wir waren also in jedem Frühjahr äußerst gespannt, wo welches Feld mit Lupinen bestellt wurde (denn auf einer Fläche von 15 bis 20 Hektar konnten sie die Hasen doch nicht so verbeißen wie auf unseren Wildäckern), und sehr zeitig trugen wir alle unsere transportablen Hochsitze dieser Gegend an den obigen Feldern zusammen.

Der Maimond brachte dann auch die Jagdzeit an den Lupinenschlägen. Es gab da viele Gäste in Lábod. In schönen Vollmondnächten waren wir meist die ganze Nacht unterwegs. Die nächtliche Saujagd konnte nämlich wunderbar mit der Bockjagd abends und frühmorgens kombiniert werden. In der Hauptjagdzeit der Rehböcke Anfang Mai schonten wir die Böcke in der Umgebung der Lupinenschläge und beließen stärkere, alte, abnorme oder aus irgendwelcher Hinsicht interessante Böcke bis zur Lupinenjagdzeit.

Und jetzt, bevor ich den Faden meiner Geschichte weiterspinne, bin ich ein Geständnis schuldig: Für die Ansitzjagd hatte ich stets wenig übrig, am wenigsten aber für den Nachtansitz.

Das konnte ich noch aushalten, wenn ich morgens oder abends anderthalb bis zwei Stunden am Ansitz verbringen mußte, besonders wenn vor mir ein größeres Terrain einzusehen war. Das machte mir sogar Freude, insbesondere wenn ich auch Wild sah! Es war zum Beispiel ein großes Vergnügen, neben einem ausgedehnten Lupinenschlag am Waldrand zu sitzen und mit meinem variablen Spektiv auf Kilometerentfernung die Böcke anzusprechen und mich des Wildes zu freuen. Oder im Gebirge in einer Lehne zu sitzen und die Dickung gegenüber zu beobachten, die sich vor dem Beschauer ausbreitet wie ein Amphitheater.

Ich habe aber die Ansitzjagd nicht ausstehen können, wenn man auf einer engen Schneise sitzen mußte, allein auf diese Sicht hatte und nur stur schauend warten mußte, bis etwas hinüberwechselte. Gegen Nachtansitze aber hatte ich geradeswegs eine Abneigung. Teils, weil meine Geduld und mein Hintern das stundenlange Sitzen nicht aushielten, teils, weil mir das Wild leid tat, das man auf so hinterhältige Art überlistete. Ich habe den Nachtansitz nie als sportliche Jagd bewertet. Der Jäger verdient den billigen Erfolg hierbei bloß mit seiner unermeßlichen Geduld, die bekannterweise eine Sache des Temperaments ist. Und dann noch eins: Bei Mondschein ist es unmöglich, einen sicheren Schuß auf weitere Entfernung oder auf sich bewegendes Wild abzugeben. Wenn es aber schußgerecht auf gute Entfernung kommt, so füllt der Wildkörper fast das ganze Sehfeld des Glases aus. Dann kann man praktisch kaum vorbeischießen.

Bestand die Möglichkeit – das heißt, war der Gast beweglich genug und ein geschickter Jäger –, so pirschten wir in mondhellen Mainächten auf Sauen. Dies war eine Jagdart nach meinem Geschmack, abwechslungsreich und aufregend, und ich würde sie nur sehr ungern in den Erinnerungen meines Jägerlebens missen. Freilich mußte man diese Jagd mit der größten Umsicht und Genauigkeit organisieren, und vor allem die Reviere unter uns verteilen, um zu vermeiden, daß man sich gegenseitig in die Quere kam. Nur allzu viele tödliche Jagdunfälle geschehen bei der Nachtjagd, wenn im unsicheren Mondlicht in der Aufregung falsch angesprochen wird!

Das Terrain war fast überall sanft gewellt, mit Mulden, Kuppen und Rücken. Das machte die Pirsch noch besonders spannend, da das Wild meistens in den Mulden äste, wo der Wuchs der Lupinen üppiger war als auf den Kuppen. So konnte man in der Deckung der Hügel und im Waldschatten wundervoll pirschen. Diese Jagd war immer sehr spannend, sehr aufregend, schon deshalb, weil immer viel Wild auf den Lupinen stand, was das Pirschen stark erschwerte. Auf die Rehe mußte man nicht besonders achten, denn wenn sie absprangen und schreckten, kümmerte dies die Sauen nur sehr wenig. Sie hatten sich daran gewöhnt, daß die Rehe auch vor ihnen schreckend absprangen.

Viel vorsichtiger aber mußte man mit dem Rotwild umgehen.

Ich habe die Erfahrung gemacht, daß Sauen im Gebräch das am leichtesten anzupirschende Wild sind. Sie äugen so schlecht, daß der Jäger auch bei gutem Mond nicht von ihnen erkannt wird. In solchen Fällen verlassen sie sich kaum auf ihr ansonsten sehr scharfes Gehör, denn sie selber verursachen ja schmatzende und andere Geräusche, besonders wenn sie in Rotten beisammen stehen. Umso schärfer winden sie aber ständig! Auf guten Wind muß der Jäger bei der Saupirsch immer ganz besonders achten!

So unaufmerksam oft die Sauen des Nachts sind, so vorsichtig ist das Rotwild zur Nachtzeit. Auch sein Gesicht und Gehör sind unglaublich scharf; es nimmt die kleinste Bewegung wahr und erkennt den Menschen sogleich. Wenn Rotwild abspringt oder schreckt, verläßt alles Wild fluchtartig den Schlag.

Viele, viele Sauen haben wir in Lábod im Mai auf den Lupinen geschossen. Die meisten alten Keiler kamen damals zur Strecke. Viel mehr als bei den winterlichen Treibjagden, im Herbst, wenn der Mais reifte, oder zur Rauschzeit. Der süße Leckerbissen lockte auch den ältesten und heimlichsten Keiler ins Freie. Sie kamen freilich erst spät, hielten sich bloß kurze Zeit draußen auf, und es war Glückssache, ihrer habhaft zu werden.

Wenn es nötig war, die Sauen im offenen Schlag ohne Deckung anzupirschen, konnte man auch bei hellstem Mondlicht tief geduckt oder auf allen vieren kriechend bestimmt bis auf etwa hundert Schritt herankommen. Sie glaubten offensichtlich, daß sich dort ihre Artgenossen herumtrieben. So haben wir viele Sauen erlegt. Doch konnte man auf diese Art nie in die Nähe von Rotwild kommen.

Ich erinnere mich eines Falles, als wir mitten auf einem frisch bestellten und flachgewalzten Maisfeld – es war bei Vollmond vor dem hellen Boden fast so klar wie am Tage – von weitem einen einzelnen Überläufer brechen sahen. Mein Freund versuchte es. Er ging die Sau im völlig deckungslosen Gelände an. Nicht einmal gebückt; es sollte ein Versuch sein. Die Sau kümmerte sich überhaupt nicht um ihn, und er trug ihr aus etwa hundert Schritt Entfernung die Kugel an.

Freilich ist diese Frühjahrsjagd auf Sauen eine heikle Sache! Denn wenn man zufällig, und der Teufel schläft ja nie, eine führende Bache schießen sollte, so verginge einem auf lange Zeit die Lust am Jagen.

Denn wenn die Lupinen in der Vollblüte kniehoch stehen, kann man die Frischlinge um die Bache herum nicht mehr sehen.

Ich möchte nun ein Merkmal, die führende Bache anzusprechen, verraten. „Verraten“ ist wohl übertrieben, denn ich selber habe dies zuerst in Karl Snethlages prachtvollem Buch „Das Schwarzwild“ gelesen und in der grünen Praxis stets bestätigt gefunden. Die Keiler, Überläufer und nicht führenden Bachen haben bis Mitte April bestimmt alle verfärbt und tragen das graue, kurze Sommerhaar. Im Mondlicht scheinen sie ganz hell, während die führenden oder eventuell noch beschlagen gehenden Bachen ihr zottiges, dunkles Winterhaar bis in den Juni hinein behalten. Die Trächtigkeit und das Säugen nimmt ihren Organismus so sehr in Anspruch, daß keine Energie mehr für den Haarwechsel übrigbleibt.

Ob die Sau nun ihr Sommerhaar oder noch das Winterhaar trägt, ist bei Büchsenlicht auf den ersten Blick, aber auch bei Mondlicht leicht festzustellen. Das erstere ist ganz hell, fast weiß, das letztere aber dunkel, fast schwarz. Dies fällt ganz besonders bei gemischten

Rotten auf, in denen führende Bachen mit ihren Frischlingen, aber auch vorjährige Überläufer im Frühjahr zusammengehen. Die hellen Stücke können wir in dieser Jahreszeit getrost schießen, die dunklen aber um Himmels willen nicht! Muttermord sollte die Seele keines Jägers belasten!

Eine meiner unvergeßlichsten Sauen-Erinnerungen stammt auch aus solch einer Mai-Mondnacht auf den Lupinen. Auch diesmal waren wir mit einem Jagdgast auf einem riesigen Lupinenschlag auf einer Waldlichtung die ganze Nacht draußen. Der Schlag war bestimmt fünfzig Hektar groß, doch durch mehrere mit Erlen bestandene Niederungen getrennt, so daß man wunderbar von einem Hochsitz zum anderen pirschen konnte. Denn solche standen sicherlich ein halbes Dutzend verteilt auf dem Schlag. Ringsherum wunderbare Saueneinstände, Niederungen, Dickungen. In der ersten Hälfte der Nacht sahen wir mehrere Sauen, und es war uns gelungen, einen Überläufer zu schießen.

Gegen die zweite Stunde nach Mitternacht kamen wir dann zum „Birkenhochsitz". Wie sein Name zeigt, stand er in einer alten Birke und war vom Laub gut verdeckt. Man konnte über einen Sandweg ganz leise zur Leiter kommen und von oben die nördliche Einbuchtung des Lupinenschlages einsehen. Es war ein wunderbarer Platz, und im Laufe der Jahre hatten wir viel guten Anblick und Waidmannsheil dort.

Ganz leise auf Katzensohlen pirschten wir uns an die Leiter heran. Der Vollmond war noch hoch auf seiner Bahn, auch der Himmel war wolkenlos. Doch überall wallten schon Bodennebel um uns. Deswegen konnte man in keiner Richtung weiter als hundertfünfzig Schritt sehen. Aber auch auf achtzig Schritt Entfernung schwammen schon vier starke Gestalten im Nebel. Sie bewegten sich hin und her wie Geister, gut sichtbar, wenn sie breit standen, doch fast verschwindend, wenn sie sich spitz drehten.

Sogar den Atemzug zurückhaltend bezogen wir den Hochsitz. Jede Bewegung muß sehr bedacht ausgeführt werden. Es gelang uns aber, und dann strengten wir unsere Pupillen durch die lichtstarken Gläser an.

Zwei Sauen standen halblinks von uns, zwei halbrechts in einer Entfernung von achtzig bis hundert Schritten. Alle vier waren Kei-

Eine gemischte Rotte von Bache, Überläufern und Frischlingen

Er hatte kaum Platz auf dem Schlitten (S. 119)

Scher dich weg von hier!

ler! Man kann mir dies glauben oder auch nicht, aber es war so. Waidgenossen, die viel Erfahrungen mit Sauen sammeln konnten, werden mir dies glauben, weil auch sie wissen, daß außerhalb der Rauschzeit und besonders in den Sommermonaten der alte Keiler oft mit einem jüngeren, seinem „Adjutanten", geht. Diese sind meistens drei- oder vierjährig. Freilich ist das keine so enge Bindung wie etwa die zwischen führenden Bachen und Überläufern in einer „gemischten Rotte", der alte und der jüngere Keiler halten eine lose Gemeinschaft und ziehen so ihre Wechsel. Offensichtlich läßt der alte den jungen vornwegziehn und das Gelände als Vorhut auskundschaften, genauso wie bei den Hirschrudeln. Auch dort ziehen die älteren Hirsche den jüngeren nach.

Wir hatten das einmalige Waidmannsheil, den fast unglaublichen Anblick von gleicherzeit vier Keilern, die sich alle im Bereich unserer Büchse am süßen Grün gütlich taten. Von ihnen waren zwei gewaltige, ganz starke Keiler mit je einem Adjutanten.

Welchen sollten wir nun wählen, welchen erlegen? Wie gut es doch wäre, öfters vor solcher Frage zu stehen!

Die beiden starken Keiler hatten verschiedene Figuren. Der eine war kurz, mit hohem Widerrist und abfallender Hinterhand, der andere von der Sorte der langen, breitrückigen. Ich entschied mich für letzteren. Die schwere Kugel der Doppelbüchse 9,3×74 R – meiner Meinung nach das beste Kaliber für unser schweres Schalenwild – ließ ihn im Feuer zusammenbrechen und verenden.

Der Keiler war wirklich kapital, doch waren leider beide Waffen abgebrochen.

In diesem Revier und in seiner ganzen Umgebung waren die Waffen und oft auch die Haderer der Keiler, die älter als vier Jahre waren, fast immer abgebrochen. Ich weiß noch heute nicht, welche Ursache dies hatte, niemand konnte sie mir sagen, obwohl viele Herren, die mit Sauen sehr erfahren waren, dort jagten. Weit und breit gibt es dort im Sand keine Steine, an denen sie die Waffen leicht abbrechen konnten.

Mit demselben Gast und seiner doppelrohrigen Kanone passierte mir folgende, ebenfalls erzählenswerte Geschichte.

Wir pirschten uns in einer Mondnacht an einen mit Topinambur bestellten Wildacker. Es war Spätherbst, die Stauden waren vom

Wild schon umgebrochen, so daß wir freie Sicht hatten. Als wir an den Rand des Hochwaldes herankamen, sahen wir auf kaum sechzig Schritt Entfernung draußen zwei Überläufer brechen. Ich weiß nicht mehr warum, aber ich hatte diesmal entgegen meiner Gewohnheit keinen Zielstock bei mir. Da wir frei auf der Schneise standen und nach keiner Möglichkeit zum Anstreichen oder Auflegen suchen konnten, hielt ich dem Gast meine linke Schulter als Auflage hin. Ähnliches habe ich oft getan, es gehört zu den Pflichten des Jagdführers. Außerdem gereicht es ja auch zu seinem Vorteil, wenn die Kugel richtig sitzt.

Meistens passiert auch nichts Schlimmes, wenn im Moment des Schusses die Laufmündung ein gutes Stück über das Ohr der „Auflage" hinausragt, oder wenn man sich dieses Ohr zuhält. Doch in diesem Fall beobachtete ich die Sau durchs Glas, hatte keine freie Hand zum Zuhalten des Ohres und merkte auch nicht, daß der Schütze beim Zielen zurückgetreten war.

Die schwere Büchse knallte fürchterlich neben meinem Ohr. Eine Zeitlang war ich vom Mündungsfeuer geblendet. Die Sau brach wohl im Feuer zusammen, doch ich hörte tagelang nichts mit dem linken Ohr.

Ist es ein Wunder, daß der Jäger wie sein Hund im Alter schwerhörig wird?

Von meinem lieben alten Legény ist oft die Rede in diesem Buch. Freilich war auch er nicht immer alt. Ich bekam ihn als Junghund von einem lieben deutschen Freund, als ich in Lábod Jagdleiter wurde. Damals war er ein tollpatschiger, jugendlicher Deutsch-Kurzhaar mit langen Behängen und hatte den wunderschönen Namen „Ajax vom Zaunswinkel". Ich aber taufte ihn kurzerhand „Legény", was auf deutsch etwa „Bürschchen" heißt. Zehn Jahre verbrachten wir in Lábod zusammen.

Dann, als wir Lábod verließen, mußte auch er in Budapest wohnen; es wurde ein Stadt- und Sonntagshund aus ihm, genauso wie sein Herr zum Stadt- und Sonntagsjäger wurde. Damals alterte auch er erst so richtig!

Legény war vorzüglich auf Schweiß. Er hatte eine fabelhafte Nase und riesige Passion und arbeitete wie ein Schweißhund. Nur freilich auch auf warmer Fährte, weil wir ihn meistens auf solche ansetzten.

So suchten wir an Sommerabenden und -nächten beschossene Sauen mit Legény stets noch in derselben Nacht nach. Wenn die Sau nämlich in der warmen Sommernacht unaufgebrochen liegenbleibt, so verhitzt das Wildbret ganz bestimmt.

Wir haben deswegen des Nachts sehr vielen Sauen nachgesucht. Meistens hatten sie anständige Kammerschüsse und hinterließen eine gute Schweißfährte, der zu folgen ein Kinderspiel war. Wenn ich Legény an die lange Leine nahm, so wußte der Hund schon ganz genau, was er danach zu tun hatte; er legte sich am Anschuß mit großem Eifer in die Leine und führte mich meistens im Handumdrehen an die verendete Sau. Die Milz bekam er auch immer sogleich. Ab und zu passierte es, daß er sie auf dem Heimweg schön säuberlich wieder auf den Hintersitz des Autos hinausbeförderte.

Diese nächtliche Sau-Nachsuche war eigentlich eine gewagte Sache. Ich habe aber schon erzählt, daß mich niemals eine Sau annahm, obwohl ich sehr viel mit ihnen zu tun hatte, mit gesunden wie mit angeschweißten. Deshalb habe ich auch überhaupt keine Furcht vor ihnen. Man wird anmaßend, wenn nie etwas passiert.

An einem Maiabend hatte ein Gast eine mittlere Sau auf einem am Waldrand gelegenen Lupinenschlag beschossen. Noch dazu mit einer 7×64. Ich habe dieses Kaliber auf unser schweres Hochwild immer für unzulänglich gehalten. Böse Nachsuchen waren fast die Regel, wenn der Schuß etwas nach hinten rutschte.

Wir hatten jetzt einen klaren, guten Kugelschlag gehört. Weit war die Sau auch nicht gewesen, und der Gast schoß stets eine gerade Kugel. So konnten wir unserer Sache sicher sein. Die Sau war in eine große Eichendickung abgesprungen. Die vorschriftsmäßigen zwei Stunden ließen wir dennoch verstreichen, fuhren ins Jagdhaus und aßen unser Abendbrot. Dann schickte ich den Gast mit einem Jäger zur Mondscheinpirsch. Ich aber ging mit Legény die Sau suchen. Mein Bruder, der gerade auch als Gast im Jagdhaus weilte, bot mir an mitzukommen, um zu helfen.

Ich nahm die Flinte mit Brenneke. Dies ist das richtige Gewehr für solche Fälle, nicht die Repetierbüchse. Und freilich eine starke Stablampe.

Am Anschuß in den Lupinen lag wäßriger Schweiß und Darminhalt. Na, das wird bestimmt keine „glatte“ Sache! Die Sau streifte aber beiderseitig ziemlich viel Schweiß am Eichenlaub ab, Legény legte sich stramm und sicher in die Leine, und auch wir konnten die Schweißfährte mit Leichtigkeit kontrollieren. Freilich hatten wir keine zwei Schritt Sicht in der Dickung. Mein Bruder ging dicht hinter mir. Ab und zu trat er mir auch auf die Ferse. Dies störte mich natürlich. Ich drehte mich nervös zu ihm um: „Bleib doch etwas zurück!“

„Ja, wenn ich so blöd wäre!“ sagte er nur kurz.

Eigentlich wurde es mir damals richtig klar, daß dies ein Wagnis war und die Sau uns leicht die Hosen aufschlitzen konnte.

Jetzt war es aber schon egal; nur vorwärts dem Hund nach!

Plötzlich wurde der Hund vor mir sehr aufgeregt. Die Sau mußte in unserer unmittelbarer Nähe sein. Denn wir waren schon gut zweihundert Schritt der Schweißfährte gefolgt. Ich schnallte den Hund, noch bevor die Sau aus dem Wundbett fuhr.

Der stürzte sich im Blättergewirr auf die Sau, ein furchterregendes Grunzen, und das Herz sank uns sogleich in die Hosen. Nach ganz kurzem Standlaut drehte die Sau und sprang ab. Der Hund lauthals hinterher.

Etwa zweihundert Schritte weiter stellte Legény die Sau. Sein Standlaut ist leicht zu erkennen, denn dann gibt er mit tiefer Stimme in größeren Abständen rhythmisch laut.

Wir pirschten uns bis auf ein paar Schritte an das Spektakel heran. Es war immer noch zu weit, denn im Licht des Scheinwerfers konnte man bloß die allernächsten beleuchteten Blätter sehen, die aber den Schauplatz verdeckten. In solcher Dickung hat die Lampe wenig Wert.

Dann erblickten wir den Hund, eher nur das Aufblitzen seiner Seher im Scheinwerferlicht. Von vorne, dann wieder seitlich springend griff er die Sau dauernd an. Ich wußte, daß uns jetzt nichts mehr passieren konnte, denn wenn die Sau uns angriff, so würde sich der Hund sofort an die Keule hängen und sie zum Umdrehen zwingen.

Unter den Zweigen tief über dem Erdboden rutschte ich so lange hin und her, bis ich die Breitseite der Sau sah. Jetzt mußte ich nurmehr den Augenblick abwarten und ausnützen, wenn der Hund abseits, außerhalb der Schußlinie war und dann sofort hin mit der Kugel.

Bald waren wir beim Aufbrechen der Sau, und Legény wurde genossen gemacht.

Vom Pirschwagen aus habe ich sehr wenig Sauen geschossen. Wahrscheinlich könnte ich sie an den Fingern der einen Hand abzählen. Die Hauptursache war, daß ich in Lábod kaum auf Sauen schoß, wie auch das Personal sie schonte und für die Gäste und die Drückjagden unbeschossen ließ. Wir schossen höchstens dann und wann einen Überläufer, wenn die lieben Sauen allzu starken Flurschaden machten. Ich möchte aber behaupten, daß durch Schonung seitens des Personals alljährlich mehr Sauen zur Strecke kamen, als wenn wir wahllos auf sie Dampf gemacht hätten. So aber konnten hervorragende Drückjagden abgehalten werden, die oft große Strecken lieferten. Dementsprechend waren auch die Einnahmen des Jagdbetriebes viel größer, so daß die von Rot- und Schwarzwild angerichteten Wildschäden alljährlich von den Geldern, welche die Saujagden einschließlich Verwertung des Wildbrets brachten, gedeckt werden konnten. Das Personal schoß die Sauen nur dort, wo sie wegen des Wildschadens oder des Niederwildes nicht erwünscht waren. Es ist ja bekannt, daß Sauen im Niederwildrevier nur allzu großen Schaden anrichten. Mit ihrem feinen Geruchsinn finden und verspeisen sie Nester und Junghasen als Leckerbissen.

Ich habe auch deshalb nur wenig Sauen beim Pirschfahren erlegt, weil ich sie selten bei dieser Jagdart antraf, obwohl sie den Pirschwagen besser aushalten als anderes Wild. Doch wählten dort die Sauen fast ausschließlich nur solche Dickungen als Tageseinstände, in die man überhaupt keinen Einblick hatte.

Nur die im Brombeergestrüpp eventuell eingeschobenen Sauen konnten vom Wagen aus entdeckt werden, und das nur im Nachwinter, wenn der Schnee die Brombeerstauden schon stark niedergedrückt hatte.

Wer es nicht selber erlebt hat, wird nicht glauben, wie dreist oft die Sauen im Kessel den Pirschwagen aushalten.

In einem der letzten Jahre kam ich zum Kahlwildabschuß in ein Revier, das zur Forstwirtschaft von Zamárdi am Südufer des Plattensees gehörte. Hier fuhren wir mit dem Jagdwagen pirschen, wie das auch in meiner Heimat zur Winterzeit in allen befahrbaren Revieren gepflegt wird. Im Revier waren sehr wenig Dickungen, fast alles Hochwald und Stangenhölzer mit verhältnismäßig wenig Unterwuchs. Während der zweitägigen Pirschfahrt entdeckten wir mindestens sechsmal eingeschobene Sauen. Hierzu braucht man aber ein besonders trainiertes Auge, wie zum Entdecken des Hasen in der Sasse.

Die Sauen blieben alle liegen, als wir mit dem Schlitten auf 60 bis 100 Schritt Entfernung hielten und meistens mit lauter Stimme debattierten, ob es auch wirklich eine Sau oder ein Baumstumpf sei, bis wir mit Hilfe des Glases die Rückenfedern erkennen konnten, in welcher Richtung sie lag und wo vorne und hinten war. Jedenfalls waren sie dem Schlitten gegenüber sehr vertraut, fast „dickfellig", doch glaube ich, daß sie sich bewegungslos drückten, um nicht gesehen zu werden, wie es der Hase und oft auch das Reh tut.

Von allen Sauen habe ich zu guter Letzt nur einen Frischling geschossen. Der war der einzige, bei dem ich genau sah, wie er lag und auch die Bahn der Kugel ziemlich frei war. Sonst aber bin ich keine Kugel losgeworden. Ich fand keine Freude daran, in einen dunklen Fleck blindlings eine Kugel hineinzuschießen. Ich versuchte das eine oder andere Mal, mich zu Fuß in eine bessere Schußposition heranzupirschen, doch schon als ich vom Schlitten stieg, waren die Sauen auf und davon.

Ich möchte mich aber an zwei im Láboder Revier vom Pirschwagen aus erlegte Keiler erinnern. Damals war es auch Nachwinter, der Schnee war schon weggeschmolzen, und wir fuhren mit einem Gast pirschen. Wir entdeckten an einer lichteren Stelle im Brombeerwuchs einen sauähnlichen dunklen Fleck, beäugten ihn durch die Gläser und stellten fest, daß es tatsächlich eine einzelne Sau war. Wir sahen ihre linke Seite und ein Stück der Rückenlinie mit den Federn. Diese sich immer etwas erhebenden Federn erkennt man im Glas in den allermeisten Fällen.

Es ist bestimmt eine Sau, sicherlich auch ein Keiler, doch was sind die großen schneeweißen Flecken auf seiner Flanke? Wir konnten daraus nicht gescheit werden. Doch spekulierten wir nicht viel, er war nahe und konnte sich jede Sekunde aus dem Staub machen. Schießen! Er blieb auch im Lager im Feuer. Die hellweißen Flecken an seiner Flanke stammten von Kalk, der sich an den Borsten festgesetzt hatte. Offensichtlich geruhte es dem Herrn Bassen, in einer Kalkgrube zu suhlen!

Den im Wildbretgewicht stärksten und vielleicht auch den Keiler mit den besten Waffen schoß ich ebenfalls in Lábod, und zwar vom Schlitten aus. Bei hohem Schnee fuhren wir an einem Dezembertag pirschen. Die Fasanerie lag in der Nähe, wir hatten dort gut Flugwild, und so waren Sauen hier nicht erwünscht.

Plötzlich erblickten wir in einem Erlenhochwald links auf kaum sechzig Schritt vom Schlitten im Gestrüpp einen schwarzen Fleck. Der Kutscher, der vom Bock aus bessere Sicht hatte als ich vom Hintersitz, konnte ihn als Sau ansprechen. Sie stand und sicherte zu uns herüber. Durchs Zielfernrohr konnte ich zwischen zwei Stämmen nur die Seher und Teller mit einem Stück Halsansatz sehen. Die Bahn der Kugel bis dahin war ganz frei. Ich schoß auch sofort mit dem Kugellauf des Drillings durch den schmalen Spalt auf die tödliche Stelle. Ich hatte diesmal die Läufe nicht durcheinandergebracht, was mir sonst in der Eile oft passierte, und traf die Sau auf den Teller. Sie knickte im Feuer zusammen.

Als wir herantraten, entpuppte sich die Sau als ein ganz gewaltiger Keiler, der so lang war wie unser Schlitten. Einer der Haderer war verkümmert, so daß die entsprechende Waffe in der Mitte abgebrochen und bloß teilweise nachgewachsen war. Dafür war aber der Haderer auf dieser Seite länger.

Ich freute mich des riesigen Keilers – doch nicht so richtig. Ich fühlte, daß mich das Schicksal um ein wundervolles Erlebnis gebracht hatte. Solch urigen Bassen hätte man im Treiben vor Hunden erlegen sollen, jedenfalls aber so, daß ich ihn vor dem Schuß hätte sehen und mit der ihm gebührenden Aufregung und Passion erlegen können. So war alles viel zu schnell, sang- und klanglos gegangen, ich wußte gar nicht, auf was für eine Sau ich schoß. Es war sicherlich eine große, freudige Überraschung, aber verdient hatte ich mir diesen Keiler doch nicht.

In Rieglern und bei Drückjagden habe ich eine ganze Anzahl Sauen geschossen, doch sicherlich auch genau so viele vorbei.

Zwei, drei meiner für mich denkwürdigen Sauenerlebnisse beim Treiben werden hier nicht deshalb erzählt, um mich mit meiner „Schießkunst" zu brüsten. In diesen Fällen sind mir die Sauen gut vor die Büchse gekommen.

Einmal veranstalteten wir im November bei warmem Sonnenschein ohne Schnee einen Riegler auf Sauen mit nur vier Schützen. Einige Berufsjäger und ihre Hunde waren die Treiber. Diese „beunruhigten" eine große Eichendickung, in der es auf den trokkenen Sandhügeln inselartig verteilt drei Kieferndickungen gab. Die Sauen lagen eher in den Dickungen; die Eichen waren ihnen noch nicht dicht genug.

Die paar Schützen stellten wir nach altem Brauch weit entfernt auf Fernwechsel. Im Laufe von vielen Jahren kannten wir diese im Revier gut. Bei jeder Diskung wußten wir, welche Fernwechsel die Sauen anzunehmen pflegten, und dorthin stellten wir die Schützen. So störten sich einerseits die Schützen nicht gegenseitig, andererseits kamen die Sauen nicht mehr hochflüchtig, sondern im „Reisetempo", und es war leichter, sie zu treffen.

Ich stand als einziger Schütze an der Flanke auf einem Holzabfuhrweg in einem gewellt-hügligen Akazienbestand in der Nähe der Eichendickung. Diesen Akazienwald muß man sich so vorstellen, daß nur auf den Kuppen Akazien standen, dazwischen aber in den vielen Niederungen Erlenwald und Salweidengestrüpp. An einer Stelle stieß eine Ecke der Eichendickung an den Fahrweg.

Ich stand an dieser Ecke und folgte mit den Ohren dem Lärm der Treiber und dem Geläut der Hunde, die in der weit entfernten Kieferndickung auf Sauen gestoßen sein mußten, denn sie machten einen Riesenspektakel. Es waren schon einige Schüsse gefallen, als ich rechts von mir ganz nahe ein leises Rauschen des Laubes hörte. Ich hatte das Gewehr noch nicht einmal ganz im Anschlag, als mir gegenüber auf einer kleinen Fehlstelle kaum zwanzig Schritt entfernt eine große, graue, runde Sau mit hohem Widerrist erschien. Der Keiler verhoffte für einen Augenblick, erkannte mich sofort und drehte ab, um flüchtig zu werden. Ich weiß nicht, wer von uns mehr überrascht war! Jedenfalls hatte ich den Drilling im Anschlag, als er drehte, und die Kugel faßte ihn schräg von hinten auf den Rippen. Nach einer guten Schweißfährte von zwanzig Schritten lag er verendet. Es war ein sehr guter, mittelalter Keiler, schon ein hauendes Schwein.

Kaum hatte ich Zeit, mich des Keilers zu freuen, als ich Hundegeläute hörte. Ich erkannte sofort den Hetzlaut von „Gabi", dem Drahthaar meines Kollegen Józsi Krivarics.

Dem Hetzlaut nach nahm die Sau Richtung auf meine Flanke, doch etwa dreihundert Meter von mir. Ich rannte, so schnell ich konnte, den Fahrweg entlang, um ihr den Wechsel abzuschneiden. Ich war gerade in einer mit Salweiden bestandenen Mulde, als ich die Sau sich nähern hörte. Dann sauste eine starke Sau auf achtzig Schritt vor mir mit einem Satz über den kaum drei Meter breiten Fahrweg.

Mit dem Gebräch war sie schon auf der anderen Seite des Weges verschwunden, als es mir gelang, sie mit einer gefühlsmäßig hingeworfenen Kugel so am Teller zu treffen, daß ich bloß sah, wie sich die Hinterhand hob und sie ein Rad schlug. Schon war Gabi an ihr und zauste sie nach Herzenslust.

Dies war auch kein schlechterer Keiler als der andere. So schoß ich in meinem Jägerleben zum ersten Mal zwei Keiler in einem Treiben – und ich fürchte, auch zum letzten Mal!

Wir hielten in jenem Jahr die allwinterliche, mehrtägige, große Saujagd Ende Januar bei hartem Frost und hohem Schnee ab. Von den zehn Schützen kamen nur sieben zusammen, und da es sehr wichtig war, daß wir den Sauen gehörig Abbruch taten, nahm ich auf Antrag der Gäste in dem Treiben einen leergebliebenen Stand ein. Ich stellte immer einen Teil der Schützen an und blieb dann nach dem Anblasen des Treibens irgendwo stehen.

An dem Tag schoß ich schon im ersten Treiben einen abgesprengten, zufällig meinen Stand anlaufenden Frischling. Ein anderer wurde von meinem übernächsten Nachbarn erlegt. Mehr Sauen wurden in dem Treiben nicht geschossen.

Im zweiten Treiben blieb ich nach dem Anstellen des letzten Schützen mitten im Treiben auf einem schmalen Holzabfuhrweg in einem lichten Buchenjungwald stehen. Es gab da keinen Unterwuchs, und so hatte ich auf achtzig bis hundert Schritt gute Sicht und Schußfeld. Freilich standen die beindicken Stämme ziemlich nahe beieinander, so daß ich auf diese Entfernung kaum hätte schießen können.

Die Treiberlinie war schon bei mir durchgegangen, sie trieb jetzt eine etwa einen Kilometer entfernte Kieferndickung. Ich stand also nunmehr am Rückwechsel. Oft ist das kein schlechter Platz im Sautreiben. Er bewährte sich auch jetzt!

Plötzlich erblickte ich vier mittelstarke Sauen, die sich im Gänsemarsch meinem Stand im Stangenholz näherten! Zweijährige Stücke, die das Überläuferalter eben hinter sich hatten. Gut so, kommt nur! Sie kamen mir etwas halblinks im Trab näher. Als die erste sich auf etwa vierzig Schritt genähert hatte, schoß ich auf die trollende Sau, um noch für das Beschießen der anderen Platz und Zeit zu haben. Die Kugel zersplitterte aber einen Baumstamm und ging irgendwo in die Gegend. Die Sauen änderten daraufhin ein wenig die Richtung, blieben aber im Troll und waren auf etwa zwanzig Schritt heran, als ich repetiert hatte. (Zu dieser Zeit führte ich schon einen Mannlicher-Schönauer Kal. 8×57 IS).

Es gelang mir, mit der zweiten Kugel die erste Sau auf den Teller zu schießen, so daß sie zusammensackte. Daraufhin verhofften die anderen in einem Pulk und waren einen Moment lang ratlos, in welcher Richtung sie flüchten sollten. Doch ich hatte schon blitzschnell repetiert und schoß dem freistehenden Stück auf den Träger. Die anderen beiden drehten darauf plötzlich und verhofften auf einen Moment. Dann fiel das dritte Stück. Jetzt ging das letzte schon hochflüchtig ab, ich aber beeilte mich mit dem Repetieren, und als die fünfte Kugel im Lauf war, konnte ich mit ihr das vierte Stück mit einem schnell hingeworfenen Schuß Rad schlagen lassen. Da lagen nun alle vier im Schnee, auf einer Fläche, die kaum größer als ein Zimmer war. Wie auf dem Schlachtfeld!

Es fielen keine Sauen mehr an jenem Jagdtag. Von den sechs Stücken, die auf der Strecke lagen, hatte fünf ich als Jagdleiter geschossen. Obwohl ich nichts Unangenehmes zu hören bekam, machte ich es mir von diesem Tag an zum Vorsatz, mich nie wieder auf Drückjagden zwischen die Gäste zu stellen. Dies habe ich mit Ehren gehalten und bin damit auch nicht schlecht gefahren. Denn von diesem Tage an nahm ich auf solch große Jagden keine Büchse mehr, sondern bloß eine Flinte mit. Es war ja doch notwendig, daß auch der Jagdleiter ein Gewehr bei sich hatte, zum Beispiel für den Fall, wenn er zufällig mit einer angeschweißten Sau zusammentraf. Niemand nahm nämlich meine alte sechzehner Doppelflinte ernst, obwohl sie das Flintenlaufgeschoß erstklassig schießt. Und zwar beide Läufe.

Als letzte Geschichte dieses Kapitels will ich von einer unvergeßlichen Dublette erzählen.

Wir trieben eine sehr große, aus mehreren Schonungen bestehende Kieferndickung. An einer Schneisenkreuzung, die sehr eng war, stand ein Jagdfreund, der äußerst flink mit seiner Doppelbüchse schoß. Weiter hinten in der Fluchtrichtung der Sauen blieb auf eine sehr große Brombeerdickung kein Schütze mehr übrig. Doch war auch kein Platz für einen guten Stand, von dem aus man etwas Schußfeld gehabt hätte. So stellte ich mich kurzerhand etwa fünfhundert Schritt hinter dem Schützen auf die einzige, etwa dreißig Schritt lange Niederung. Der Platz versprach kaum Chancen, doch hatte ich nichts Besseres.

Ein schneller Doppelschuß bei dem vor mir stehenden Schützen, dann noch ein Schuß aus seiner schweren Büchse. Na, da könnte bei mir auch was vorbeikommen, und schon höre ich halbrechts vor mir in den Kiefern das Rauschen und Aufschlagen der hochflüchtigen Schalen. Das Rauschen nimmt Richtung auf meine Blöße!

Dann überquert hochflüchtig, mit Rauschen und schalenschlagendem Galopp wie der Wirbelwind eine starke schwarze Sau die Blöße. Dahinter ihre Frischlinge im Gänsemarsch. Sie waren ganz langgestreckt wie der Hase, wenn er zwischen den Treibern aus dem Kessel bricht. Ich hielt auch dem ersten Frischling nur so viel vor den Wurf, wie dem Hasen vor den Kopf; er roulierte genauso. Sekunden später erreichte ich auch noch den dritten Frischling mit dem linken Lauf, der ebenfalls Rad schlug wie ein Hase mit Kopfschuß. Es war eine Dublette in gutem Tempo; eben nur die Zeitspanne eines Atemzuges zwischen den Schüssen.

Am Ende der Reihe kamen dann noch zwei gescheckte Frischlinge, die in den Somogyer Waldungen nicht eben selten waren, obwohl wir sie schossen, wo wir nur konnten. Doch war meine Flinte leer, und die Kavalkade ging so rasch vorbei, daß ich nicht mehr laden konnte, so schnell ich auch nach Patronen griff. Diese häßlichen, schwarz-weiß gescheckten Tiere stammten aus Kreuzungen mit Hausschweinen; genauer gesagt waren es Rückschläge auf solche Kreuzungen. Die Schweine der Leute, die im Wald oder am Waldrand wohnten, verbrachten zumindest den Sommer dort stets im Wald, oft auch die Schweine der Bevölkerung der Gemeinden; es waren also viel Möglichkeiten zur Vermischung gegeben.

Es passierte zu meiner Zeit in Lábod, daß die Sau eines im Walde wohnenden Försters von einem Keiler beschlagen wurde. Sie warf auch sechs schöne, gestreifte Ferkel mit langem Kopf. Die wurden aber nicht gescheckt, sondern alle mitsamt saugrau. Sie behielten auch ihre Wildheit, weil sie auf Annäherung von Menschen hochflüchtig im Saustall verschwanden. Die Försterin versuchte, zwei davon zu mästen, doch wurden sie nicht schwerer als hundert Kilo.

Bei unseren Wildsauen hingegen wurde die Urgroßmutter der Gescheckten sicherlich einmal von einem Hausschwein gedeckt, und diese Mesalliance zeitigte dann Rückschläge auf Generationen. Aber nur so viele, daß es in jedem Jahre eine oder zwei Bachen gab, in deren Wurf auch ein oder zwei gescheckte Frischlinge waren. Wir versuchten natürlich, sie zu schießen, wo wir sie bekamen, damit sie unseren Sauenbestand nicht verunstalteten. Doch umsonst! Obwohl bei uns keine von diesen das Überläuferalter überschritt, gab es doch jedes Jahr Nachschub unter den Frischlingen.

Ein Jagdtag mit Waidmannsheil

Eigenartig, daß es im Leben Ereignisse gibt, die unerwartet wieder und wieder vor uns auftauchen, von Zeit zu Zeit in unser Gedächtnis zurückgerufen werden ...

Ich blättere im dicken, grünen Trophäenkatalog der Weltjagdausstellung. Ich suche darin ein starkes Hirschgeweih aus Lábod und dessen Punktzahl. Es war die zweitbeste Trophäe meiner dort verbrachten schönen zehn Jahre Dienstzeit. Die Geschichte des Tages seiner Erlegung ist in meiner Erinnerung ganz besonders haftengeblieben. Seit langem schicke ich mich schon an, sie niederzuschreiben; ich dachte sie des öfteren durch und ließ sie immer wieder liegen, bis ich zu guter Letzt damit begann und den Trophäenkatalog vom Bücherregal nahm.

Das Geweih finde ich bei den ungarischen Hirschgeweihen unter der laufenden Nummer einunddreißig, was bedeutet, daß es auch in der Rangliste an dieser Stelle steht. Erlegt in Lábod, Komitat Somogy, im Jahre 1966. erbringt es 229,99 internationale und 213,12 neue Nadlerpunkte. Auch in diesem nie dagewesenen hervorragenden Feld ist es ein ganz erstklassiger Hirsch.

Doch gleich darunter steht unter Nummer dreiunddreißig ein Geweih, das in mir ebenfalls sehr lebendige, Erinnerungen weckt: Erlegt von Pál Rimler in Lenti, Komitat Zala, Südwestungarn, im September 1928. Es hat 229,18 internationale und 211,17 Nadlerpunkte. Die Erinnerung an dieses Geweih stammt aus meiner Kindheit.

Für mich ist dieser Trophäenkatalog eine Sammlung von Erinnerungen. Nicht nur, weil es seinerzeit meine Aufgabe gewesen ist, die ungarische Trophäenschau zu organisieren und aufzubauen, und viele der dort gezeigten Trophäen gute persönliche Bekannte waren, sondern weil ich in dem Katalog Namen von vielen, vielen Freunden und Bekannten finde, von Revieren, an die mich Erinnerungen binden, Gestalten meiner Berufsjägerkollegen, eigenartige Geschichten von einem besonderen Geweih. Denn Geweihe, genauso wie Gewehre, haben Geschichten! Und diese vergehen, geraten meistens mit dem Tod ihres Besitzers in Vergessenheit. Deswegen werden aus dem stolzen Hirschgeweih Knöpfe und Messergriffe, wird aus dem einstmals so lieben Gewehr ein numerierter Verkaufsgegenstand.

Damals war ich elf Jahre alt und passioniert wie ein junger Jagdhund. Ich fuhr mit meinem Vater im Schnellzug nach Győr in Richtung Heimat. Mein Vater begrüßte einen bedeutend älteren Herrn mit großer Freude. Mich stellte er auch vor, und ich verbeugte mich vorschriftsmäßig und tief, als der Herr mir die Hand reichte. Dann sagte mir mein Vater, dies sei der sehr bekannte Jäger Pál Rimler, von dem er mir schon so viel erzählt habe. Ich wußte, daß Rimler mit meinem Vater vor dem ersten Weltkrieg bei Sopron viel gejagt hatte, daß er der Oberforstrat des Fürsten Esterházy war, riesige Waldungen verwaltete, und daß er es war, der in der vorjährigen Brunft in Lenti den Kapitalhirsch erlegt hatte, von dem damals so viel gesprochen wurde.

Ich hörte damals im Abteil des Zuges der Erlegungsgeschichte mit so viel Andacht zu, daß der alte Herr mir sofort eine kleine Amateuraufnahme vom Hirsch schenkte. Freilich ging diese mitsamt allen Erinnerungsgegenständen aus meiner Jugendzeit verloren, doch behütete ich sie fünfzehn Jahre lang mit großer Sorgfalt und kann mich heute noch ganz genau an sie erinnern. Ein Hirsch mit einem langstangigen, vielendigen Geweih mit riesigen Kronen liegt vor einem Jagdhaus auf der Strecke, das Geweih von vorne aufgenommen, und hinter dem Hirsch steht der Erleger ohne Gewehr und ist kaum höher als die Kronen des Geweihes ...

Kurz darauf konnte ich mit eigenen Augen das gewaltige Geweih an der jährlichen Trophäenausstellung des Ungarischen Jagdschutzverbandes bewundern. Es überragte mit seiner Stärke bei weitem alle anderen Hirschgeweihe!

Dieser Hirsch trug vielleicht das stärkste Geweih von allen Hirschen, die zwischen den zwei Kriegen in Ungarn zur Strecke kamen. Wahrscheinlich konnte mit ihm bloß eines konkurrieren, das von Iván Rubido-Zichy in Hőgyész, im Komitat Tolna, Anfang der dreißiger Jahre erbeutete. Dieses Geweih hängt im Nationalmuseum in Budapest und wurde auf der Weltjagdausstellung nicht gezeigt. Deswegen weiß ich auch seine genaue Punktzahl nicht, doch erreichte es 214 Nadlerpunkte.

In dieser Zeit, als Herbert Nadler eigenhändig die Geweihe nach seinen Nadlerpunkten bewertete, waren 210 Punkte eine so hohe Grenze, daß nach meinem Wissen im Laufe der sechsundzwanzig Jahre zwischen den Weltkriegen nur diese zwei ungarischen Hirsche dieses Maß erreicht haben.

Vor dem ersten Weltkrieg erreichten es auch nicht viele. Aus dem Gebiet des heutigen Ungarn vielleicht nur der berühmte Spitzenhirsch, der Montenuovo-Hirsch aus Tolna. Außer ihm noch einige aus Máramaros (heute Maramureş) in den Nordost-Karpaten und den südlichen Donau- und Drauwäldern.

Unter den an der Welt-Jagdausstellung 1971 ausgestellten ungarischen Hirschgeweihen belegte dann der Montenouvo-Hirsch den vierten und das Rimler-Geweih sogar nur den dreiunddreißigsten Platz!

Das bedeutet, daß in den fünfundzwanzig Jahren zwischen 1946 und 1971 drei Weltspitzenhirsche (und seitdem noch einer!) in Ungarn erlegt wurden, die stärker als der Montenuovo-Hirsch waren!

Darauf können die Jäger Ungarns mit Recht stolz sein! Denn dieses fast unglaublich anmutende hervorragende Ergebnis ist nicht nur mit der Ausweiterung und Verbesserung der Lebensräume des Rotwildes zu erklären, sondern es hatten daran auch die Ausarbeitung zweckmäßiger Richtlinien für die Bewirtschaftung der Bestände und deren Vollführung durch ungarische Heger einen Löwenanteil.

Ich hatte immer große Freude an dem Hantieren mit Geweihen, ihrem Ordnen und An-die-Wand-Hängen. Es ist deshalb verständlich, mit welchem Eifer ich mich in die Veranstaltung der Ungarischen Trophäenschau der Welt-Jagdausstellung stürzte. Um so mehr, als ich mit Freuden sah, daß meine Vorstellungen auf Verständnis trafen, und weil ich hervorragende Mitarbeiter hatte, die sich mit demselben Eifer der Aufgabe widmeten.

Ich möchte es gern als einen der Erfolge meiner Jägerlaufbahn verbuchen, daß die Ungarische Trophäenschau dem Ruhm des ungarischen Wildes gerecht wurde und ungeteilte Anerkennung fand.

Bei der Zusammenstellung der Ungarischen Trophäenschau hielten wir uns streng an die Qualitätsrangliste. In die Mitte der Halle bauten wir einen kreisrunden Innenraum, in dessen Mitte auf einem pyramidenartigen Podest der fünftbeste ungarische Hirsch hing, ein Geweih von seltener Ebenmäßigkeit, und ringsherum an den Wänden standen in Reih und Glied die zweiundzwanzig besten ungarischen Hirsche.

Die obigen zwei meiner „persönlichen Bekannten", der Láboder Zweitbeste und der Rimler-Hirsch, wurden bloß um Zehntelpunkte aus dem „Sanktuarium" – wie wir den runden Innenraum unter uns nannten – verdrängt.

Da ich aber die Ungarische Trophäenschau ein wenig auch zu meiner eigenen Freude aufbaute, hängte ich meine „eigenen Trophäen", die guten Bekannten unter ihnen so auf, daß sie unter den anderen etwas herausspringen, mir ins Auge fallen sollten, sooft ich durch die Halle ging, damit ich mich jedes Mal des Wiedersehens freuen konnte.

Denn wenn ich den Jagdgast begleitete, der das Geweih oder Gehörn erbeutet hatte, so hielt ich es immer für fast so wertvoll, als ob ich selber den Schuß abgegeben hätte.

Deswegen war es eine meiner größten Freuden beim Aufbau der Ausstellung, daß ich eine ganze Reihe „meiner eigenen Trophäen" wiedersehen durfte. Denn wir streckten den Hirsch, Bock oder Keiler, kochten die Trophäen ab, und die Gäste nahmen sie mit. Mir blieb bestenfalls nur ein Photo übrig. Doch jetzt waren sie wieder in ihrer ganzen Wucht vor mir. Ich konnte sie anfassen und mich ihrer nach Herzenslust erfreuen. Ist es ein Wunder, daß ich sie an ausgewählte Wände und Stellen hing? Ich konnte es getrost tun, denn kaum jemand ahnte unser geheimes Verhältnis.

So kam das Geweih mit ungeraden vierundzwanzig Enden des in Lábod am 14. September 1966 erlegten Hirsches allein an die rechte Eingangswand des „Heiligtums", damit ich es während der Aus-

Geweihparade vor dem Jagdhaus Petesmalom (Hirschbrunft 1965)

Ein gewaltiger Keiler zog über die Schneise

Der Hirsch zog seinem Schmaltier nach . . .

Brunftplatz im Morgenlicht

stellung ständig vor Augen behielt. Der Rimler-Hirsch kam an den Hauptplatz des äußeren Rundganges. Was er auch reichlich verdient hatte!

Im Revier Lábod stand die Brunft 1966 Mitte September auf ihrer Höhe. Zu dieser Zeit hatten wir natürlich viele Gäste, in allen unseren Jagdhäusern hatten wir volles Haus. Für den Berufsjäger ist dies wirklich keine Zeit zum Faulenzen, sondern der Höhepunkt der vielen Freuden des langen Jagdjahres. Wer gerade keinen Jagdgast zu führen hatte, war tags und genauso nachts unterwegs, tags zum Abfährten, nachts aber zum Beobachten und Verhören im Revier, ob nicht irgendwo ein neues Rudel oder am Ende der Reihe des Kahlwildes ein bisher noch nicht gesehener, starker, reifer Hirsch erscheint. Denn mit solchen lohnt es, sich abzugeben, seinen nächtlichen Brunftplatz zu verhören, den Tageseinstand und die Aus- und Einwechsel festzustellen, denn einige Tage lang wird er sicherlich mit dem Rudel verweilen – wenn ihn bloß kein Stärkerer abschlägt, seinen Platz nicht übernimmt. Mit den einzeln ziehenden, suchenden Hirschen lohnt es hingegen nicht, sich zu bemühen, denn solange sie noch nicht beim Rudel stehen, suchen, ziehen und wandern sie weiter über Berg und Tal, wer weiß woher, und wer weiß wohin.

Der Berufsjäger findet zu dieser Zeit wenig Schlaf! Und ich im besonderen tat kaum ein Auge zu. Hatte ich doch in den vollen vier Wochen der Hirschbrunft nie eine Morgen- oder Abendpirsch versäumt, denn meine Passion, mein Jägerblut trieben mich hinaus. Dann waren die vielen Gäste da, die sich abwechselten; wer seinen Hirsch erlegt hatte, trank ihn tot – ohne mich, denn dazu reichten meine Kräfte schon nicht mehr aus – und fuhr nach Hause. Da war aber schon der nächste Gast, frisch, ausgeruht, voller Passion und Tatendrang. Dann jagten wir mit diesem weiter. Mir war dies eine Freude, wenn der Gast ein echter Jäger war. Ich ging auch sehr gern, denn es war die Hohe Zeit des Jahres, und ich selber jagte ja auch und erntete, was wir jahrelang mit mühevoller Arbeit gesät hatten.

Tagsüber gab es für mich nur ab und zu mal ein wenig Zeit zum Schlafen. Jeden Tag mußte ich im Revier herumfahren, die von anderen Jagdhäusern aus jagenden Gäste besuchen, sie anhören, ob alles in Ordnung war, organisieren und ihnen sehr oft Mut zusprechen.

Jeden Tag bis Mittag kamen die Meldungen per Telephon oder Boten. Demgemäß mußte man für die Abend- und Morgenpirsch Anordnungen treffen, sehr oft geschwind transportable Hochsitze umstellen oder erlegtes Wild einfahren lassen.

Und wenn – Gott behüt' – ein Stück angeschweißt war, wurde oft den ganzen Tag lang nachgesucht. Ich und mein Kurzhaar Legény mußten ja unbedingt dabeisein!

Als sich diese Geschichte abspielte, kam Meldung von einem jagdbaren Hirsch aus dem westlichen Teil des riesigen Jagdbannes. Der Revierjäger sprach ihn als alten Zwölfer mit einem Geweihgewicht um neun Kilo an, er hatte drei Tiere dabei und schrie sehr sparsam. Sein Einstand war aber ein günstiger Platz: Der Wald von insgesamt etwa dreihundert Hektar wurde in der Mitte von einer häufig befahrenen Straße durchschnitten, und neben dieser lag eine lange, schmale Dickung, die der Einstand des Rudels war. Östlich der Dickung eine schmale Schneise von kaum vier Meter Breite, über diese führte ihr Wechsel abends und morgens zum oder vom Brunftplatz, der weiter draußen in einem Maisfeld lag.

Durch Einstandsdickung und angrenzenden Wald führte auch eine Querschneise; auf den Schnittpunkt hatten wir einen Schirm gestellt. Freilich ist man in solchem Schirm dem Verrat durch den sich oft plötzlich wendenden Wind mehr ausgesetzt als auf einem Hochsitz, aber dort, wo an die Schneise ein Hochwald anstößt, kann man vom Hochsitz aus wegen der herabhängenden Zweige die Schneise nicht entlangsehen. Aus einem mitten auf die Schneisenkreuzung gestellten, mit einer schmalen Bank und Geländer zum Auflegen der Büchse versehenen Schirm aus kann man nach allen vier Richtungen die Schneisen bequem beschießen, das an den Schirm gewöhnte Wild gewahrt den Jäger nicht. Und der Schuß vom Boden aus ist sicherer als der von oben herunter.

Wir sitzen also am frühen Morgen noch bei Dunkelheit im Schirm: Jagdgast Sch., ich selber und mein Kurzhaar Legény. Es ist grau in grau, ein nicht enden wollender Schnürlregen fällt auf unsere herabgekrempelten Hüte und die hochgestellten Kragen der

Lodenmäntel. Besser gesagt ist meiner nicht einmal ein Mantel, sondern ein Wetterfleck, dieses wunderbar praktische Jagdbekleidungsstück, das leicht, aber warm ist und Platz hat für Glas, Gewehr und sogar noch für den Hund.

Die Wolken müssen sehr tief ziehen, weil es nur langsam hell wird. Nirgends ringsherum ein Ton, völlige Stille, als ob der Wald ausgestorben wäre. Es ist auch sicher, daß wenig Rotwild in ihm steht. Dies ist ein kleines Waldstück inmitten der Felder; auch zur Brunft haben nie mehr als zwei Rudel ihren Einstand darin. Deswegen ist hier nie eine gute Brunft; die ein, zwei Hirsche schreien, wenn sie es überhaupt tun, eher zu ihren eigenen Vergnügen. Doch weil der Wald klein ist, ist es verhältnismäßig leicht, den Hirsch vor die Büchse zu bekommen, wenn ein jagdbarer hier Einstand bezieht, denn es gibt nur wenig Dickungen, und der Wald ist durch Schneisen zerschnitten. Doch gerade deswegen zieht das Rotwild mehr nachts, wechselt spät aus und oft sehr früh bei Dunkelheit ein. So kann es passieren, daß man einen Hirsch tagelang „ersitzen“ muß, bis man ihn in Anblick bekommt.

Obwohl der Regen einschläfernd auf uns herniederrauscht, beobachten wir stets gespannt alle vier Schneisen. Es kann ja jeden Augenblick das Leittier auf einer von ihnen erscheinen, und dann ist gleich am Ende des Rudels auch der Hirsch da. Die langweilige Eintönigkeit kann sich im Handumdrehen in höchste Spannung verwandeln. Doch jetzt wandelt sie sich nicht, bloß der Regen fällt. Wir sitzen auf der kleinen Bank nebeneinander, doch so, daß wir die entgegengesetzten Richtungen beobachten. So entdecken wir jede kleinste Bewegung auf den vier Schneisen.

Oh, wenn doch der Hirsch käme! Der Gast ist schon den siebenten Tag hier und ist noch nicht zu Schuß gekommen. Das kommt natürlich vor, in Lábod ziemlich oft, doch der Gast ist zum ersten Mal im Revier, er weiß noch nicht, was los ist. Denn hier ist es nicht leicht, einen guten Hirsch zu bekommen. Selbst dann nicht, wenn wir ihn zufällig bestätigt haben wie diesen hier. Die Zeit des Gastes geht zu Ende, und auch mir wäre es recht, wenn er seinen Hirsch schösse. Dann könnte ich mich einem anderen Gast widmen. Denn wir haben noch einige da, die kein Waidmannsheil hatten. Und mit uns meint es Hubertus sogar ganz stiefmütterlich, auch heute hocken wir umsonst hier, kein Ton, keine Bewegung, nichts, obwohl schon längst Büchsenlicht ist. Vielleicht ist das Rudel doch in einen anderen Tageseinstand gewechselt oder trotz der nassen Witterung schon vor Büchsenlicht eingezogen?

In hoffnungsloser Langeweile trifft mich das Erscheinen einer starken, einzelnen Sau wie ein Blitzschlag! Es war nur ein kurzer Augenblick: Sie zog im Troll über die Schneise in die schmale Dickung, auf mehr als Büchsenschußweite von uns entfernt.

Das ist hier eine unerwartete Überraschung, in diesem Wald, wo ich noch nie zuvor eine Sau gesehen habe! Sogar als Wechselwild kommen Sauen nur höchst selten vor. Anscheinend hat dieser gewaltige Einzelgänger-Keiler seinen Einstand für die Reife des Maises aus den großen Waldungen hierher verlegt.

Mein Plan ist in einem Augenblick fertig, so günstig ist die Lage. Die etwa hundertfünfzig Meter breite Dickung, in die der Keiler eingewechselt ist, wird an der westlichen Seite von der Straße, an der nördlichen aber vom Feld flankiert. In diese beiden Richtungen wird der Keiler kaum ziehen, wenn ich ihn rege mache. Es ist auch nicht wahrscheinlich, daß er dann längs der Dickung flüchtet, sondern eher seinem Gedankengang, seiner Gewitztheit entsprechend über dieselbe lange Schneise herauswechselt, wo er eingezogen war. Der Wind kommt vom Feld, vom Norden, es ist also um so wahrscheinlicher, daß, wenn ich ihn mit schlechtem Wind in der Dikkung angehe, er mit „halbem Wind“ nach Osten wieder über die Schneise geht. Um so mehr, als er die allernächste Dickung auch in dieser Richtung erreichen kann.

Wir gingen ganz leise die Schneise hinauf, und ich stellte den Gast unter Wind, etwa dreißig Schritt von der Stelle, die zum Hinüberwechseln am geeignetsten erschien. Denn Sau und Fuchs suchen immer Deckung, wechseln da, wo die Dickung am dichtesten, die Lichtung oder Schneise am schmalsten ist. So spekulierte ich also mit dem Gedankengang der Sau, und wie es sich kurz nachher herausstellte, auch nicht schlecht.

Sodann machte ich einen Bogen um die Dickung, mit dem Hund an der Leine, und ging mit schlechtem Wind, ab und zu hustend, in der Dickung hin und her, um die Sau anzurühren. Ich schnallte den Hund nicht, denn der schnelle, hochläufige Vorstehhund hätte die Sau sicherlich sofort so auf Schwung gebracht, daß sie hochflüchtig über die Schneise gegangen wäre – und so ist sie kaum zu treffen. Ich hoffte aber, daß sie in der schmalen, doch patschnassen Dickung angerührt im Ziehen oder Troll vor den Schützen käme.

Nach kurzer Zeit wähnte ich ein Rascheln vor mir zu hören, dann – rumms-rumms – ein Doppelschuß auf der Schneise. Der Gast führte eine Doppelbüchse, die richtige, eine 9,3×74 R. Sie knallte wie eine Kanone. Doch hörte ich keinen beruhigenden Kugelschlag.

Es stellte sich heraus, daß der gewaltige Keiler im Troll genau dort kam, wo ich es erwartet hatte, aber Sch. war so überrascht, daß er mit dem ersten Rohr vorbeischoß und mit dem zweiten auf den abspringenden Keiler zu kurz abkam. Der Arme bekam die Kugel in die Keule, was nicht nur viel hellroter Wildbretschweiß, sondern auch Röhrenknochensplitter bezeugten.

Auf die Schüsse hin erschien am Ende der Schneise auch der Revierjäger, der an diesem Morgen woanders beobachtete. Ich selber hatte kein Gewehr bei mir – ich führte nie eins, wenn ich einen Gast begleitete –, er aber hatte eine Flinte mit einigen Brenneke dabei.

So machten wir uns also unverzüglich an die Nachsuche, denn der Regen fiel, er verwusch die Fährte, es war sehr dringend. Überhaupt soll man ja mit der Nachsuche eines laufkranken Stückes nicht warten; je schneller man dahinter ist, um so besser.

Legény hielt die Schweißfährte auch an der langen Leine ganz sicher. Später war dann nur so viel Schweiß an Gras und Blättern abgestreift, daß man mit bloßem Auge ohne Hund ihr wohl nur mühsam hätte folgen können. So kamen wir schnell durch die angrenzenden zwei Jagen, lichten, durchforsteten Bestand, in welchem der Keiler sich sowieso nicht gesteckt hätte.

Dann aber wendete er nach Norden, gegen den Wind und wechselte in eine kaum zwei, drei Hektar große Dickung ein, die sich inselartig zwischen die Felder schob.

Hier war er am günstigsten Platz! Von hier aus würde er wieder nur in den Wald einwechseln, und es konnten ihm zwei Schützen an einem tiefen, trockenen Graben den Weg verstellen.

Ich stellte nun beide Schützen an, machte selber einen großen Bogen um die Dickung und drückte sie vom Feld her wieder mit

Rückenwind durch. Jetzt aber schnallte ich schon den Hund! Ich wußte, daß er die kranke Sau sofort finden und dann nicht mehr von ihr ablassen würde. Wenn notwendig, so hetzte, stellte und hielt er das angeschweißte Stück den ganzen Tag. Legény brachte fast jedes laufkranke Stück zur Strecke.

Kaum daß der Hund vor mir in der Dickung verschwand, ertönten ein tiefes Grunzen, ein Krach in der Dickung, dann: Hau!-hau!-hau! – hetzte der Hund die Sau genau in Richtung der beiden Schützen. Zwei schnelle Doppelschüsse, die fast gleichzeitig fielen, dann entfernte sich die wilde Hatz im Walde. Die Schützen waren zu aufgeregt – sie schossen mit allen vier Schüssen vorbei!

Als ich zu ihnen herauskam, hörten wir immer noch den Hals des Hundes. Jetzt aber gab er schon mit tiefem, rhythmischem Bellen Standlaut in der weit entfernten Dickung.

Wir eilen hin, so schnell uns unsere Beine tragen und unsere Herzen durchhalten. Helfen wir dem Hund so bald wie möglich, obwohl ihm kaum etwas passieren kann, denn er kennt den Rummel, greift die angeschweißte Sau nicht scharf an. Er stellt sie nur aus gehöriger Entfernung, so daß er jedem Angriff ausweichen kann. Den Gast schicke ich auf die andere Seite der Dickung, die Schneise abzustellen, ich aber übernehme die Flinte des Jägers. Ich gab immer selber den Fangschuß, wenn Legény ein Stück stellte. Augenscheinlich macht es meinem Kollegen eher Freude, daß er nicht selbst zum angeschweißten Keiler in die Dickung kriechen muß. Denn in solchen Fällen kann leicht Schlimmes passieren. Nicht so sehr deswegen, weil die angeschweißte Sau den Jäger angreift und ihn schlägt, denn der scharfe Hund fällt sie inzwischen von rückwärts sicherlich an und dreht sie ab, vielmehr aber, weil dem Hund etwas zustoßen kann. Der in der Aufregung unsicher werdende erschrockene Schütze kann allzu leicht Schaden beim Hund anrichten!

Ich kroch also in die Dickung und mußte auf etwa vier Schritt heran, um sauberes Schußfeld zu haben und dem Keiler das Flintenlaufgeschoß auf den Teller setzen zu können, als der Hund nicht in Schußlinie war.

Legény und ich hatten aber große Lust an der Sache gehabt, auch dann, wenn die Waffen natürlich der Gast mitnahm. Sie gehörten ja mit Fug und Recht ihm, weil er die erste Kugel angebracht hatte und die Sau bei der anschließenden Nachsuche zur Strecke kam.

Es sind wenige stärkere Keiler als dieser im Láboder Revier zur Strecke gekommen!

Später Vormittag war es schon, als wir ins Jagdhaus Petesmalom zurückkamen. Die anderen Jäger hatten schon längst gefrühstückt und holten den Schlaf nach den Ermüdungen der Morgenpirsch und des Frühaufstehens nach.

Bis dahin hatte sich das Wetter schon aufgeklärt. Die liebe Sonne schien, und unsere Sachen, die vom Morgenregen und den nassen Dickungen von Wasser getrieft hatten, waren schon getrocknet. Wir saßen im fahlen Herbstsonnenschein auf der Terrasse und schauten nach einem reichlichen Frühstück den blauen Rauchwolken unserer Zigarren hinterher, als vom Hintergebäude Jäger Józsi Krivarics kam und in lakonischer Kürze – auch sonst ist er nach guter alter Jägerart ein wortkarger Mann – meldete:

„Ein Hirsch schreit hinter dem Haus!"

Das war nun ein ganz besonderer Fall, eine unerwartete Nachricht! Einmal deswegen, weil in Lábod die Hirsche damals fast nur des Nachts schrien, bei Büchsenlicht und besonders am hellen Mittag so selten, daß es die große Ausnahme war. Und von zwei Seiten wurde das Jagdhaus Petesmalom von Fischteichen flankiert und nur von zwei Seiten von Wald; es war ein sehr seltener Fall, daß Rotwild hinter dem Hause seinen Einstand nahm und ein Hirsch dort schrie.

Wir packten die Sache sofort an. Diese Ecke war sehr gut dazu geeignet, den Hirsch einmal ins Auge zu fassen, der soeben vier, fünfmal geschrien hatte. Dies Melden hatte Józsi gehört, der hinter dem Pferdestall mit dem Säubern eines abgekochten Geweihes beschäftigt war.

Das Waldstück hinter dem Hause war von einer Seite von einem großen Fischteich, von der zweiten durch den Gemüsegarten des Jagdhauses flankiert. Die zwei anderen Seiten bildeten jedoch Schneisen, an deren Kreuzung ein Hochsitz stand. Wenn also Józsi die kleine Dickung mit schlechtem Wind von der Seite des Fischteiches aus „anrührt", so muß der Hirsch unbedingt über eine der Schneisen wechseln, und wir konnten ihn mit größter Wahrscheinlichkeit ansprechen. Es lohnte sich nicht, die Zeit mit Ansitzen auf ihn zu vergeuden, da wir ja nicht wußten, ob er nicht zu jung und noch nicht jagdbar war.

Leider aber war er zu jung. Ein sechs-, siebenjähriger, gut veranlagter Vierzehnender mit zwei Tieren. Als Józsi am Fischteich zu husten und mit dem Stock zu schlagen begann, kamen sie auf beste Schußweite über die Schneise, kaum weiter als hundert Schritt. Ich winkte ab, als der Hirsch hinter seinen Tieren erschien, auf meinen abgehackten Brummer im „Habt Acht!" verhoffte und sein Blatt als Zielscheibe präsentierte. Es tat aber keinem von uns leid, daß es nicht geknallt hatte. Wenn wir ihn geschossen hätten, so wären wir nur allzu leicht zu unserem Hirsch gekommen. So aber bleibt seine stolze, hochmütige Haltung in unserer Erinnerung, wie er da so auf der Schneise verhoffte ...

Am frühen Nachmittag waren wir selbstverständlich schon wieder unterwegs. Wir wollten in einem Revierteil eine mit Ansitzen verbundene Pirsch unternehmen, in dem viele hervorragende Einstände und mehrere Brunftplätze waren. Hier standen zu jeder Brunft mehrere Rudel mit ihren Platz- und Beihirschen.

Im Laufe der Jahre haben wir in diesem Revierteil von etwa 1500 Hektar viele Hirsche zur Strecke gebracht. Hier wechselten große Schläge mit Kleinbauernfeldern und sehr dichten Dickungen, Hochwäldern, mit Schilf und Salweiden bestandenen Niederungen ehemaliger Seen und mit unbebauten Brachfeldern. Wir hatten auch zwei schöne Wildäcker inmitten der Einstände.

Doch war es nicht leicht, hier einen Hirsch zu strecken. Im Gegenteil, gerade diese Ecke war die schwierigste im ganzen riesigen Revier! Hier hatte das Wild keine sicheren Wechsel und Einstände, wo es hätte bestätigt werden können und wo man ihm den Wechsel hätte verlegen können. Hier gab es in jeder Richtung wunderbare Einstände, Dickungen und Äsungsflächen. Die Rudel wechselten je nach Windrichtung und dem Gutdünken des Leittiers. Der Jäger wußte selten, wo sie aus- oder einwechselten.

Ich kann mich dort an mehrere Frühpirschen erinnern, als noch weit vor Büchsenlicht in dunkler Nacht auf einem der Felder ein gewaltiger Brunftbetrieb herrschte. Wahrscheinlich kamen sich zwei oder mehr Rudel und ihre Gebieter in die Quere, so daß die

Hirsche ganz wild durcheinanderschrien. Und ich pirschte mich im Umhang der Dunkelheit nahe an das Getümmel heran, damit ich bei anbrechendem Morgengrauen der Recken ansichtig werden würde, ohne daß sie mich eräugten oder witterten. Zu meiner tiefsten Enttäuschung machte ich eine Fehlpirsch. Noch in völliger Dunkelheit zogen sie gegen den Wind ein, nach Gewohnheit der Hirsche in Lábod, ohne einen Ton hören zu lassen, als ob ihre Stimmen abgeschnitten worden wären, als sie sich vom Brunftplatz in Bewegung setzten. Und als das Büchsenlicht kam, war die Bühne leer. Ich hatte nicht nur keinen gesehen, sondern wußte sogar nicht, wohin sie eingezogen waren.

In die Wälder rings um einen Einödhof führte uns die heutige Abendpirsch, denn es war zu hoffen, daß wir hier mit einem gut jagdbaren Hirsch zusammenträfen.

Zwei Tage früher hatten wir dort mit einem anderen Gast schon einen sehr guten, alten, langstangigen Zwölfer mit etwa neun Kilo Geweihgewicht auf einem der Wildäcker erlegt. Die Sonne war bereits untergegangen, und wir pirschten dort in der Nähe, als am Wildacker ein großes Röhren anhob. Wir liefen eilig hin und trafen auf einen Kronenhirsch mit langem und starkem Geweih, der gerade einen Beihirsch, der seinem Rudel im Bestand zu nahe gekommen war, mit wilden Sprengrufen über die freie Fläche abschlug. Wir schossen ihn ohne zu zögern; er brach mitten auf dem Feld zusammen.

Doch am nächsten Morgen trafen wir in der Nähe des gestreckten Hirsches einen viel besseren an, dessen Geweih sicherlich über zehn Kilo wog und in die „Goldklasse" gehörte. Nach Beendigung der Frühpirsch schlenderten wir auf einer Schneise in einem alten, mit Holunderunterwuchs dicht bestandenen Akazienhochwald zu unserem abgestellten Wagen, als in guter Büchsenschußentfernung ein Tier auf der Schneise erschien. Wir verzogen uns flugs in die Dekkung der Randbüsche. Ich hieß meinen Gast schußfertig hinknien, und ich selber stellte das Glas scharf. Nach dem dritten Tier erschien auch der Hirsch auf der Schneise – und mir stockte der Herzschlag! Der Hirsch war alt und sehr stark, mehr als kapital. Auf langen und dicken Stangen saßen Kronen mit zumindest je vier Enden, und als besonderes Erkennungszeichen hatte er an der linken Stange über der Mittelsprosse ein dickes, nach hinten ragendes, ellenlanges Ende. Die ungarische Jägersprache bezeichnet so ein nach hinten gerichtetes Ende treffend als „Gastsprosse".

„Schießen!"

Im gleichen Augenblick knallte die Büchse. Doch der Hirsch blieb wie eine Statue unbeweglich stehen, denn die Kugel rauschte durch das Geäst über ihn hinweg. Völlig gesund sprang er dann hinter seinem Kahlwild ab, als er das stählerne Klirren des Verschlusses der Repetierbüchse vernahm. Der Schuß hatte sein Ziel vollständig verfehlt, das war offensichtlich. Worauf wir ihn sofort „Blech-Hirsch" tauften, analog zum „Blech-Hahn", dem Schrote nichts anhaben konnten.

Mit dem Fehlschuß hatten wir ihn überhaupt nicht gestört. Vielleicht wußte er gar nicht, daß es ein Schuß gewesen war und nicht das Grollen des Donners. Wir brauchten gar nicht auf der Fluchtfährte herumzutrampeln, denn offensichtlich war der Hirsch gesund. Nach dem Schuß zog er in eine große Salweidenniederung ein, und ich konnte mit Sicherheit annehmen, daß dies sein Einstand war.

Ich spekulierte daher und plante auch die heutige Abendpirsch so, daß wir vom frühen Nachmittag an in der Nähe dieser Salweidenniederung auf einer langen Schneise ansaßen. Wir konnten hören, wenn der Hirsch im Einstand meldete oder beim Herausziehen knörte. Wenn wir großes Glück hatten, so zog er auch über unsere Schneise.

Wir hatten gewaltiges Waidmannsheil an diesem Tag. Deshalb ist er mir auch so gut im Gedächtnis geblieben. Es war noch nicht einmal fünf Uhr nachmittags, als der Hirsch in der Niederung ein, zwei Mal ganz leise knörte. Wir waren aber in der Nähe und konnten es vernehmen. Es mußte der starke Hirsch sein; bestimmt duldete er keinen anderen im Einstand. Wir aber saßen mit gutem Wind am Rande der Schneise auf unseren Lodenmänteln. Ich vorn, unmittelbar hinter mir der Gast. So konnte er auf meiner Schulter auflegen, um sicherer abzukommen.

Dann meldete der Hirsch lange Zeit nicht weiter; man hörte auch keine Bewegung, und die Spannung in der großen Stille war fast unerträglich. Es lag in der Luft, und wir fühlten, daß etwas geschehen würde. So kam es auch! Wie ein Geist erschien das Leittier auf der Schneise, zweihundert Schritte von uns entfernt. Es war noch eben auf Kugelschußdistanz! Nach kurzem Verhoffen zog es über die Schneise. Dann kamen die anderen Stücke des Rudels hinter ihm. Inzwischen hatte ich den Hirschruf in meiner Linken, das Glas in der Rechten, um den Hirsch gebührend erwarten zu können. Wir brauchten auch nicht lange zu warten. Es erschien ein zackiges, vielendiges Geweih am Schneisenrand, dann trat er selber würdevoll ins Freie. Ich erkannte sofort die nach hinten gerichtete „Gastsprosse". „Das ist er!" sagte ich und knörte den Hirsch kurz an. Der stand am Schneisenrand wie eine Bronzestatue und äugte zu uns herüber. Ich fühlte, wie die Doppelbüchse des Gastes auf meiner linken Schulter zitterte. Ich hielt ganz still. Rumms! – der Hirsch stand einen Moment wie verzaubert, dann drehte er, sprang ab, – rumms – donnerte der andere Lauf. Ich konnte diesen zweiten, überflüssigen, in der Hitze des Gefechtes abgegebenen Schuß nicht mehr verhindern.

Der „Blech-Hirsch" zog weiterhin gesund seine Fährte. Wir hatten ihn richtig getauft – anscheinend war er gegen jede Kugel gefeit! Ob dies aber wirklich so war, das konnte ich nie ergründen, weil ich diesen auf den ersten Blick erkennbaren Hirsch niemals wiedergesehen habe. Ob er nun in den darauffolgenden Jahren dieses Erkennungszeichen zurückgesetzt hatte und wir ihn nicht mehr identifizieren konnten, oder ob er vollständig verschwand – ich weiß es nicht! Vorher hatten wir ihn auch noch nie gesehen. Wer weiß, woher er gekommen war, wer weiß, wohin er in diesen endlosen Wald-Feld-Revieren Transdanubiens verschwunden war.

Denn dort birgt die Wanderung des Rotwildes noch viele Geheimnisse!

Legény holte ich zur Fährtensuche aus dem Auto; er pflegte auf dem Hintersitz tief zu schlafen, wenn wir auf Pirsch oder Ansitz waren. Er untersuchte auch den Anschuß auf das genaueste. Der erste Schuß war ganz sicher vorbeigegangen, doch der zweite hätte den Hirsch vielleicht treffen können, obwohl wir weder ein Zeichnen gesehen noch einen Kugelschlag gehört hatten.

Wie ich es nicht anders erwartet hatte: Auch Legény fand weder Schweiß noch Schnitthaar. Nach einigen Schritten hatte er kein Interesse an der Fährte mehr – wozu hatten wir ihn denn hergeholt? Es war ja sicher, daß der Hirsch gesund ist, kein Haar wurde ihm gekrümmt. Hier hatten wir nichts mehr zu suchen!

Es blieb noch eine kurze Stunde Büchsenlicht. Was sollten wir mit dieser Zeit machen, wie sollten wir sie ausnützen? Wir hörten keinen Brunftlaut ringsherum, in dessen Richtung wir hätten pirschen können. Ich faßte also den Entschluß, in Ermangelung eines besseren Planes ganz in die Nähe des Gehöftes hinüberzupirschen – es lag fast drei Kilometer entfernt –, um zu sehen, ob nicht auf einem der dortigen Brunftplätze etwas los war. In der besten Zeit, vor Schwinden des Büchsenlichtes, konnten wir dort sein. Unterwegs sahen und hörten wir nichts. Das Revier war wie ausgestorben.

Südlich des Gehöftes lag ein langgestrecktes, großes Feld zwischen guten Rotwildeinständen. Dahin pirschten wir und kamen von Süden her mit gutem Wind in seine Nähe. Viel Hoffnung hatte ich nicht mehr; ich dachte, wir hätten für den heutigen Tag all unser Waidmannsheil erschöpft. Auch das Büchsenlicht war schon im Schwinden. Es waren nur noch einige Minuten davon übrig.

Wir pirschten im Walde einen Sandweg entlang, der zu einem an der Südwestecke des Feldes stehenden Hochsitz führte. Von ihm aus konnte man das ganze weite Stoppelfeld übersehen. Wir waren noch auf Schrotschußweite entfernt, als irgendwo im Bestand an der anderen Seite des Feldes ein Hirsch mit sehr guter Stimme einen tiefen Grohner ausstieß!

„Jetzt aber schnell zum Hochsitz!“ Wir laufen fast, doch hören wir den Hirsch noch zwei, drei Mal melden, bis wir zur Ecke kommen. Vom Ansatz der Leiter aus luge ich vorsichtig durchs Gestrüpp hinaus: Das Feld ist leer! Doch wieder meldet, brummt der Hirsch. Jetzt weiß ich, daß er unmittelbar am gegenseitigen Waldrand steht, kaum dreihundert Schritt von uns entfernt. Nun aber schnell auf den Hochsitz! Dort sind wir in Sicherheit, denn oben eräugt uns das Wild nicht mehr, und guten Wind haben wir auch. Jetzt könnte es noch klappen, wenn der Hirsch in Kürze austritt – und reif für die Kugel ist!

Ich steige voran die Leiter hinauf – hinter mir der Gast –, und wir sind kaum in der Mitte, als ein Schmaltier aus dem gegenüberliegenden Hochwald auf das Stoppelfeld hinaustritt. O heiliger Hubertus, hilf, daß es uns jetzt hier, ungedeckt zwischen Himmel und Erde, nicht eräugt. Wir erstarren zu Stein, doch heute sind alle Schutzpatrone der Jäger mit uns; das Tier sichert überhaupt nicht, sondern zieht mit tiefem Windfang ohne zu verhoffen mitten aufs Feld hinaus. Wir nützen natürlich diese Chance und sind flugs oben und hinter dem Korbgeflecht des Hochsitzes verschwunden.

Wir hatten uns eben nur geduckt auf die Bank niedergelassen, als uns gegenüber der Hirsch auf das Stoppelfeld hinauszog. Aber was für ein Hirsch! An seinem dicken, schwarzen Geweih riesige, vielendige Kronen, im ganzen Geweih lange Enden mit weißen Spitzen. Die Endenspitzen leuchteten wie Kerzen vor dem dunklen Hintergrund des Hochwaldes! Das Geweih war gewaltig, hochkapital, das sah man auf den ersten Blick. Und mit dem ersten Eindruck fiel es mir auch auf, daran kann ich mich ganz genau erinnern, daß die Stangen nicht nur auffallend dunkel, sondern auch sehr dick waren. Und in solchen, im Jägerleben ganz seltenen Fällen, soll man mit dem Schuß nicht fackeln, sei es beim Hirsch oder Rehbock.

Ich hatte den gewaltigen Hirsch noch niemals gesehen. Er war uns auch nicht bekannt, obwohl dieser Brunftplatz mitten im riesigen Revier lag. Doch der Berufsjäger des Nachbarreviers hatte im Vorjahre einmal einen guten Hirsch mit sehr endenreichen Kronen gesehen, aber nicht ansprechen können. Ich selber glaube, daß es derselbe Hirsch gewesen war, daß er jahrelang bei uns brunftete, doch niemals zu Gesicht kam.

Der Hirsch zog mit tiefem Träger, bei jedem Schritt mit dem Haupte nickend – ein alter Hirsch, der kaum die Last seines Geweihes tragen konnte –, auf der Fährte des Schmaltiers auf uns zu, immer näher hinaus aufs Stoppelfeld. Der Gast verfolgte ihn schon längst durchs Zielfernrohr der auf das Geländer aufgelegten Büchse. Der Hirsch kam uns endlich sogar auf etwa hundertfünfzig Schritt entgegen, doch gab er nie Gelegenheit zum Schuß. Er kam immer spitz auf uns zu, von oben, vom Hochsitz aus verdeckte das Geweih ständig den Wildkörper. Auch sonst hätte ich nicht spitz von vorn schießen lassen. Nein, warten wir nur, bis er sich seitlich dreht und sein gewaltiges Blatt uns zum Schuß präsentiert. Wenn bloß das Büchsenlicht nicht so gefährlich abnähme, es dunkelt schon stark, man sieht die Konturen des Hirsches auch im Glas nicht mehr klar. Wir haben noch fünf Minuten zum Schuß. Die müssen wir auf jeden Fall ausnützen, eine einmalige Gelegenheit, daß jetzt dieser Riesenhirsch endlich frei vor uns steht, aber es ist ein Jammer, daß er keine Möglichkeit zum Anbringen der Kugel gibt! Wenn er sich doch endlich breit stellen würde!

Er hat das Schmaltier erreicht, bleibt neben ihm stehen, immer noch spitz von vorn, er zeigt seine Breitseite keinen Augenblick, worauf wir mit der ganzen Spannung unserer Nerven warten! Jetzt verdeckt ihn sogar noch das Schmaltier. Ein Schuß wäre unmöglich. Ihn anschreien? Was käme denn dabei heraus? Nur, daß er dann starr in unsere Richtung äugen würde. Abwarten – es geht nicht anders.

Eine Zeitlang steht der Hirsch bewegungslos – wie gewaltig er ist und wie schnell das Büchsenlicht schwindet –, dann tut er sich nieder! Draußen, mitten auf dem Stoppelfeld, spitz uns zugekehrt. Die gute alte Jägerregel besagt: Schieße nicht auf sitzendes Wild! Doch auf den sitzenden Hirsch spitz von vorn in diesem Licht zu schießen – Gott behüt'! Dann soll er lieber unbeschossen von dannen ziehen! Obwohl es wahrhaftig ein Spitzenhirsch ist! Es wäre unendlich schade!

Doch es muß etwas geschehen, es ist höchste Zeit. Wir laufen schon mit den Sekunden um die Wette, denn das Büchsenlicht schwindet, es ist schon dunkles Zwielicht, der Hirsch nur mehr ganz verschwommen zu sehen! Wir haben höchstens noch wenige Minuten zum Schuß. Aber doch nur auf den breitstehenden Hirsch! Es ist nichts mehr zu verlieren. Durch das Ochsenhorn schreie ich den Hirsch an! Ärgerlich, abgehackt, fast wie ein Schrecklaut. Dann noch einmal. Mit dem lichtstarken Glas beobachte ich ihn: Die Wirkung bleibt nicht aus, er sichert starr zu uns herüber. Dann streckt er sein gekröntes Haupt nach oben, legt das Geweih auf den Rücken, doch kein Ton verläßt seinen Äser. Er bleibt immer noch im Bett sitzen, und es wird unaufhaltsam dunkel. Jetzt ist schon alles gleich, es komme, was will, ich muß das letzte versuchen, um den Hirsch zum Aufstehen zu bringen! Ganz zornig, soviel die Stimmbänder hergeben, schreie ich ihm den Kampfruf entgegen.

Das ist auch ihm zu viel. Wer ist der Nebenbuhler, der sich traut, ihn, den hohen Herrn, anzugreifen?

Er erhebt sich und schleudert, immer noch spitz, uns zugewendet, seine zornige Antwort herüber. Seine Konturen verschwimmen fast schon im Dunkel des hereinbrechenden Abends. Nur vor dem hellen Hintergrund des Stoppelfeldes ist seine Gestalt noch sichtbar. Und jetzt, in der allerletzten Sekunde, dreht das Schmaltier neben ihm ab, er äugt hinterher, dann folgt er ihm nach und dreht uns das linke Blatt zu ...

Das Mündungsfeuer des Schusses blendet, der tiefe Knall der Doppelbüchse betäubt uns ganz und zerreißt fast unsere zum Bersten gespannten Nerven. Wir hören die schwere Kugel auf das Blatt des Hirsches schlagen, und wie weggeweht bricht er zusammen. Ein Bewegen der Läufe noch in einer großen Staubwolke, dann strecken sich die Sehnen.

Er hat in seiner kraftstrotzenden Pracht ein schmerzloses, beneidenswert jähes Ende gefunden.

Ist es ein Wunder, daß ich beim Wiedersehen fünf Jahre später sein gewaltiges Geweih so liebevoll an die Wand der Trophäenschau hängte?

Frühjahrsböcke in der Pußta

Am Vormittag des ersten Maitages eines der spätsechziger Jahre fuhr ich nach einer freudigen Begrüßung auf dem Flugplatz von Budapest mit meinem Freund Hans in Richtung Ost aus der Stadt hinaus in die ungarische Tiefebene jenseits der Theiß, durch Wälder blühender Obstbäume und violetten Flieders.

Mit Hans bin ich menschlich wie jagdlich bestens „eingespielt": jagten wir doch schon seit einem Jahrzehnt in verschiedenen ungarischen Revieren alljährlich auf Hirsch und Bock zusammen. Meine Rolle ist die eines Freundes, Jagdkumpans, eines Wegweisers, Dolmetschers und Jagdführers. Daß *er* schießt, mindert keinem von uns die Freude. Wir erjagen die Hirsche und Böcke gemeinsam, freuen uns gemeinsam an der guten Trophäe und ärgern uns auch gemeinsam, wenn etwas danebengeht. Freund Hans ist nämlich nicht „Abschußnehmer", sondern Waidmann, mit dem zu jagen eine Lust ist.

Er jagte lange Jahre auch auf Böcke in dem von mir jagdlich verwalteten Revier Lábod, südlich des Plattensees. Dort gab es richtige Urhirsche, aber auf dem größtenteils bewaldeten Sandboden wenig wirkliche Kapitalböcke, die zu erlegen viel Mühe und Zeit kostete. Und ein Sackerl Dusel brauchte man auch dazu! Freilich schoß Hans im Laufe der Jahre den einen oder anderen Kapitalbock; die meisten, die er bejagte, bekam er allerdings nicht. Nun endlich wollten wir es auf einen Hochkapitalen in den gesegnetsten Rehgefilden Ostungarns versuchen.

Dort, in der tischflachen ungarischen Tiefebene, wo das riesige Gewölbe des Himmels den weiten Horizont umgibt, wo man sich unter Gottes Himmelszelt so klein fühlt wie eine Ameise, dort gibt es schwere, schwarze, fruchtbare Böden. Auf diesen wachsen der stählerne Weizen der Theißgegend, Mais, Zuckerrüben und Luzer-

Der gestreckte König der Wälder (229,99 IP) (S. 143)

ne, die den Rehen bis zum Schulterblatt hinaufreicht. Und anstatt der riemenförmig langen Bauernfelder und Tausenden von verstreuten Gehöften gibt es heutzutage nurmehr riesige Schläge des landwirtschaftlichen Großbetriebes, Felder von 50 bis 100 Hektar. Seinerzeit, als es noch die Bauernfelder gab, waren die Reviere für das Rehwild wegen der vielen Störungen nicht geeignet. Man kannte es hier in vielen Gegenden überhaupt nicht. Dann wurde Anfang der sechziger Jahre der Großbetrieb überall eingeführt. Die riesigen Schläge entstanden, der Großteil der Gehöfte verwaiste und wurde nach und nach abgerissen; der Lebensraum änderte sich grundlegend. Es kam Ruhe auf die weiten Flächen allerbester Äsung, und das Rehwild stellte sich nach und nach ein. Es wurde Standwild, da es hier nicht nur vorzügliche Äsung und Ruhe, sondern vom Frühjahr bis zum Herbst in Getreide und Mais auch beste Deckung fand. Wenn aber die weiten Flächen im Herbst kahl werden, tut es sich in Sprünge zusammen und steht auf den Wintersaaten im freien Feld bei kilometerweiter Sicht und Sicherheit vor jeglichen Feinden. Es zieht sich nur bei strenger Winterszeit etwa in deckungbietende Wäldchen und Remisen oder in die nach dem Kriege angepflanzten Windschutzstreifen zurück. In Ermangelung solcher Deckung überwintern die Rehe in großen Sprüngen auch auf dem kahlen Feld.

In den einstmals „rehreinen" Feldrevieren bei einer anfangs noch spärlichen Wilddichte, einem guten Geschlechterverhältnis und unter Schonung der Böcke wuchsen inzwischen Kapitalböcke von kaum dagewesener Stärke und Zahl heran. Sie konnten alt werden, denn sie wurden bei dem anfangs dünnen Bestand kaum bejagt.

In dem von einer etwa 40 Mitglieder zählenden lokalen Jagdgesellschaft gepachteten Revier von gut 15 000 Hektar, jenseits der Theiß im mit Weizen, Rehböcken und Fasanen gesegneten Komitat Békés, wollten wir es heute erstmalig versuchen.

Aber wieso? Wie darf und kann man denn am Maianfang die stärksten Böcke eines Reviers in grauem Winterhaar schießen? Vor der Brunft die besten Vererber? Dies fragt der Heger, der die östlichen Verhältnisse nicht kennt, mit Fug und Recht. Doch diese Feldböcke in den schier unendlichen Feldern sind bloß so lange – dann aber mit ziemlicher Sicherheit – überhaupt aufzufinden und zu

Der kapitalste Rehbock, der mir jemals begegnete (169,65 IP) (S. 154)

erlegen, wie es an Deckung in den Feldern mangelt. Wenn etwa nach dem zehnten Maitag Weizen und Gerste in die Halme schießen und die großen Luzernenschläge, wo die Rehe in letzter Zeit Einstand und Äsung fanden, zum ersten Mal im Jahre geschnitten werden, dann verschwinden die Rehe! Wenn der Jäger Glück hat, so kann er höchstens das gekrönte Haupt des einen oder anderen Bockes im wogenden Halmenmeer erblicken. Doch bietet er sein Blatt nicht mehr zum Schuß an! Bis zur Ernte im Juli hat das Rehwild seinen Einstand im Getreide; es sind riesige, unendliche Schläge, und Äsung findet es auch darin. Nach der Getreideernte ist der Mais schon so hoch, daß er wundervolle Deckung bietet. Bis zum Spätherbst sieht man nur zufällig hie und da ein Reh äsend in einem Futterschlag.

Und wenn im Spätherbst die Felder neuerlich kahl werden und die Rehe wieder sichtbar werden, dann hat der Bock Schonzeit.

Kann man einen bestimmten Bock dort überhaupt bekommen, so ist es nur in den ersten Maitagen. Gehörn und Enden sind blank, das Gehörn reif zur Freude des Jägers. Und wenn noch dazu der Bock rot wäre, wie es zur Bockjagd gehört! Leider aber verfärben auch die Böcke der Pußta erst um den 10. Mai herum, wenn sie sich bereits in unsichtbare und unauffindbare Geister verwandelt haben.

Auch wird dem Besatz an guten Böcken durch diese Frühjahrsjagd kaum Abbruch getan, wenn sie vorsichtig gehandhabt wird. Denn man könnte einen guten Rehwildbestand in diesen ersten zehn Maitagen zugrunde schießen, wenn zu viel alte und mittelalte Böcke erlegt würden. Hier in der Ebene noch leichter als anderswo! Doch passen alle auf, daß der Bestand nicht geschädigt wird: die Jagdbehörden, die die Abschußpläne überprüfen und überwachen, die Jagdpächter in den Jagdgesellschaften selbst, damit für die nächsten Jahre auch was übrig bleibt, und nicht zu allerletzt die Jagdgäste, die reife, alte Böcke erbeuten wollen und die in kommenden Jahren noch Böcke erlegen wollen, die sie heuer stehen lassen.

Es werden bei diesen Frühjahrsjagden sehr wenig gute Böcke erlegt: in Revieren von zehn- bis fünfzehntausend Hektar mit einem Rehwildbestand von – nehmen wir als durchschnittliches Beispiel vierhundertfünfzig bis fünfhundert Stück – kaum mehr als drei, vier alte, starke, reife Böcke und höchstens einige abnorme und schlechte dazu. Die gibt es natürlich auch dort immer wieder. Die anderen, die Mehrzahl an noch jüngeren, guten Böcken bleiben für den Bestand.

Die Böcke haben gute Chancen zum Überleben und Altwerden. In den riesigen Revieren gibt es bei der Standorttreue des Rehwildes kaum „Grenzböcke". Später als Anfang Mai werden sie kaum noch bejagt und überleben die meist schneearmen Winter mit größter Wahrscheinlichkeit. In Ungarn kamen wir zur Erkenntnis, daß die meisten Böcke erst mit dem siebenten, achten Kopf richtig kapital werden.

Nach einer Dreistundenfahrt durch den Frühling, wobei es allerlei zu erzählen gab – hatten wir uns doch seit der Hirschbrunft nicht getroffen –, kamen wir beim vereinbarten Treffpunkt im Städtchen Sz. an. Mit dem „Jägermeister" der Jagdgesellschaft, der uns erwartete, zogen wir sogleich in die saubere, kleine Fischerkneipe an der Brücke und setzten uns hinter die mit Paprika gewürzte berühmte scharfe Fischersuppe.

Vorerst spielte ich den Dolmetscher, um gleich Klarheit in die Sache zu schaffen, da ja keiner von uns Revier und Leute kannte. Der „Jägermeister" schien gut im Bilde zu sein und seine Böcke zu kennen. (Es gibt in jeder Jagdgesellschaft einen Präsidenten, einen Zahlmeister und einen Jägermeister, der sich ehrenamtlich mit den jagdfachlichen Angelegenheiten befaßt, Abschußpläne ausarbeitet, die Berufsjäger beaufsichtigt usw. Das Bestimmungsrecht in ausschlaggebenden Angelegenheiten hat aber die plenare Sitzung aller Mitglieder der Jagdgesellschaft. Reviere pachten können nur Jagdgesellschaften – keine Einzelpersonen.) Er erzählte uns, daß in einem weitgelegenen Revierteil, den wir bejagen sollten, vier „starke" Böcke stünden, von denen wir zwei, eventuell auch drei erlegen könnten. Was er genau unter „stark" verstand, was die Gehörne wohl schätzungsweise wiegen würden, war nicht aus ihm herauszuziehen. Na, lassen wir uns überraschen!

Sodann quartierten wir uns in zwei Zimmer des reizenden Boots- und Klubhauses an der Alten Körös ein und machten uns unverzüglich zur Abfahrt bereit. Zu dieser Jahreszeit ist dort draußen in den Feldern das Rehwild sogar um die Mittagszeit oft auf den Läufen. Nachmittags um drei ist der Jäger schon im Revier; morgens fährt man auch bis zehn, elf Uhr in den Vormittag hinein. Ja, man fährt, und zwar nach althergebrachter Landessitte immer noch im zweispännigen Jagdwagen. Nicht nur, weil das Wild den Fußgänger nicht aushält (den Pferdewagen heutzutage auch nicht viel besser, weil dieser leider auch hierzulande allmählich eine Seltenheit wird, das Wild gewöhnt sich schon mehr an Traktoren und Maschinen), sondern auch, weil es weite Strecken abzufahren gilt, die man zu Fuß nicht bewältigen könnte. Außerdem hat man auf dem Wagen, höher sitzend, ein viel weiteres und besseres Gesichtsfeld, und beim Schießen ist es oft wichtig, daß der Jäger höher, auf dem Wagen sitzend, den Schuß abgibt. So schlägt das Geschoß hinter dem Wild in den Boden und gefährdet das Hinterland nicht mehr kilometerweit.

Wir fuhren eine gute halbe Stunde vor das Städtchen hinaus zu dem wartenden Pirschwagen. Mit diesem ging es dann ins Revier auf einem breiten Feldweg zwischen riesigen Feldern bis zu einer Brücke über einen breiten Kanal, wo uns der zuständige Revierjäger erwartete, der von hier aus seit frühmorgens Ausschau hielt. Auf den angrenzenden Feldern standen nämlich zwei seiner „Starken“, die für uns vorgesehen waren.

Vom Auslug des Jägers sahen wir rundherum sowohl in der Luzerne als auch in den Wiesen des Reisfeldes sogleich mehrere Rehe. Nun war für mich die Zeit gekommen, aus der Rolle des Dolmetschers in die des Jägers zu wechseln. Ich war meinem ortsansässigen Kollegen und seinem sechsfachen Glas mit meinem zwanzig- bis vierzigfachen variablen Spektiv weit überlegen. Das Spektiv benütze ich auch in Feldrevieren ständig, solange der Pflanzenwuchs eine weite Sicht zuläßt. Mann kann damit auf gewaltige Entfernungen die Rehe ansprechen, ob Bock oder Ricke – auch ob der Bock der Figur nach ein näheres Heranfahren lohnt. Damit spart man viel Zeit und Fahrerei. Auch kann man mit dem Pirschglas das Gehörn des Bockes höchstens auf 150 bis 200 Meter einigermaßen genau ansprechen. Das Spektiv zeigt auf diese und noch größere Entfernung sogar den „Gesichtsausdruck“ des Bockes, das Alterszeichen, nach dem ich mich am liebsten und gefühlsmäßig zu richten pflege. Beim Ansprechen des Gehörnes täuscht man sich aber bisweilen auch, wie wir gleich sehen werden.

So legten wir uns denn mit Hans bäuchlings auf den in der Nähe stehenden Strohhaufen und begannen im Kreise zu „spekulieren". Im „Reisfeld" stand ein Bock, der etwas zeigte. Wir waren uns aber einig, daß er zwar hoch und gut vereckt, aber noch nicht alt war und noch dünne Stangen hatte. Zukunftsbock also, und außerdem gelüstete es uns auf einen viel stärkeren Bock – auf den Vater oder noch besser den Großvater dieses „jungen Herrn". Was in der Luzerne vorerst zu sehen war, war „uninteressant". Ricken, Jünglinge, auch ein jüngerer, schwacher Sechser, einzeln und zu zweit und dritt. Die großen Sprünge des Winters hatten sich schon längst aufgelöst, nun standen die Rehe nur mehr höchstens in kleineren, aus einigen wenigen Stücken bestehenden Sprüngen beisammen, die älteren Böcke hatten auch schon ihre Einstände erobert.

Doch da wurde in der Luzerne ein Bock hoch. Entfernung gut 500 Meter. Starke Figur, gedrungener Hals, und das Spektiv zeigte ein gut verecktes, nicht allzu hohes Gehörn. Aber der Bock hatte dunkel zwischen den Lauschern! Nach alter, guter Erfahrung sind die seltenen, die auf weite Entfernung dies zeigen, die kapitalen, bei denen man beim Herantreten an den erlegten Bock die im Jägerleben allzu raren angenehmen Überraschungen erlebt! Wenn man einen Kapitalen erlegen möchte und spekulieren muß, ob der Bock wohl auch stark in den Stangen ist, dann sollte man ihn lieber stehen lassen, denn diese Stangen sind fast immer dünn, und man ist hinterher enttäuscht. Die Böcke aber mit den wirklich dicken Stangen sind leider auch in den gesegneten Rehgefilden Ungarns nicht häufig. Deshalb waren wir uns mit Hans sofort einig: der da ist richtig, packen wir's an!

Doch bis wir unsere Siebensachen zusammenklaubten und den Wagen bestiegen, um ihn anzufahren, war der Bock von der Bildfläche verschwunden. Er hatte sich im Meer der grünen Luzerne nach einigen Happen niedergetan. Die Richtung hatte ich mir ungefähr gemerkt. Anfahren!

Nun ist es freilich so, daß dem Landwirt die Haare zu Berge stehen, wenn in den grünen Schlägen mit dem Wagen herumgefahren wird, aber die Landwirte sind dort meist auch Jäger, Mitglieder der Jagdgesellschaft, und da wird halt ein Auge zugedrückt. Die Böcke sind meistens nicht anders zu kriegen. Drum also los!

Eine Ricke wird hoch, dann noch eine, aber kein Bock. Hier muß er doch gewesen sein, hier in der Gegend, wo die beiden Flecken gelbblühenden wilden Rapses stehen. Wir fahren kreuz und quer – kein Bock rührt sich! Der ist weg! Er hat sich inzwischen aus dem Staub gemacht, behaupten Jäger und Kutscher. Doch ich hatte die Gegend die ganze Zeit gut im Auge behalten, da ist bestimmt kein Bock hoch geworden. Der drückt sich hier irgendwo. Wir bestehen darauf, weiterzusuchen, und nun fahren wir immer quer zur Anfahrtrichtung, rechts und links weit ausholend, das in Frage kommende Stück des Schlages systematisch ab. In der ungefähren Richtung kann ich mich nicht getäuscht haben, wohl aber in der Entfernung.

Plötzlich geht kaum 20 Schritte vor den Pferden wie ein Hase aus der Sasse der Bock hoch und nach rechts hochflüchtig ab. Hans springt vom Wagen, legt auf den Kotflügel auf und ist sofort schußbereit. Ich spreche inzwischen den Bock mit dem Glas an. Er ist es, ein guter Bock, alt, mit starken Stangen. Das genügt, aber der Bock ist noch immer flüchtig, 100 Schritt, 150, dann wird er langsamer. Paß auf, Hans, gleich verhofft er, 180, dann noch zwei kurze Sprünge, ein schriller Pfiff zwischen den Fingern – der Bock steht breit und äugt zum Wagen herüber. Nur eine Handbreit Decke ist unter der Rückenlinie sichtbar. Im gleichen Augenblick knallt es, und raschelnd zieht die Kugel ihre Spur durch die Luzerne – knapp über der Rückenlinie beim Blatt! Der Bock verhofft noch einen Herzschlag lang und saust dann in windender Fahrt ab, Richtung Wäldchen am Horizont. Den sehen wir heute bestimmt nicht wieder!

Na ja, wie das so oft passiert, wenn das Wild in hoher Deckung steht und nur ein Strich Körper unter der Rückenlinie sichtbar ist: Man hält instinktiv hoch und überschießt allzu leicht! Ich habe das oft und vielmals erlebt. Ich habe es gelernt: In solchen Fällen muß man tief halten, herzhaft nur ins Grüne hinein, dahin, hinters Blatt. Dann sitzt die Kugel auch dort, wo sie hin soll.

Die Sonne steht noch hoch über dem Horizont, und drüben im

Weizenschlag soll auch ein starker Bock seinen Einstand haben. Versuchen wir es auf den.

Wir umfahren den gewaltigen Schlag. Es dauert eine gute halbe Stunde, aber außer einigen Hasen und vielen Fasanen ist nichts zu sehen. Der Weizen ist ja auch schon hoch; die sitzenden Rehe sind darin kaum sichtbar.

Es ist schon die vierte Seite, an der wir entlangfahren, als wir die hellen Spitzen eines Stangenpaares auf kaum achtzig Gänge im hellen Grün der Saat eräugen. Halt! Der Bock tut uns auch den Gefallen und macht einen langen Hals, denn ruckartig hebt sich das Gehörn bis zu den Rosen aus der Saat. Er präsentiert uns das Gehörn, mehr aber nicht. Die Sonne scheint darauf, beste Beleuchtung, eine jede Perle ist genau zu erkennen. Ich nehme auch noch das auf zwanzigfach gestellte Spektiv zur Hand, um ganz sicher zu sein, denn dieser Bock lohnt es wohl! Daß er kapital ist, daran besteht kein Zweifel! Sehr hohe Stangen – wir schätzen 28 cm – bis oben gleichmäßig dick, auch außen und vorn sehr gut geperlt, die Rosen wie ein dicker Kranz. Wie die Enden sind, können wir vorerst nicht sehen, weil der Bock starr auf uns äugt. Von der Seite zeigt er uns vorerst nicht sein Gehörn. Und jung kann er auch nicht sein mit diesem Gehörn! Ans Schießen ist vorerst nicht zu denken, erst abwarten, was der Bock tut. So rätseln wir, wie schwer wohl das Gehörn sein mag. Wir einigen uns dann auch schnell auf etwa 450 Gramm mit 30 bis 40 Gramm Abweichung nach oben oder unten, je nach spezifischem Gewicht.

Fünf Minuten sind schon vergangen, und der Bock rührt sich nicht. Wir versuchen ihn hochzumachen, indem wir pfeifen, schreien, jaulen und in die Hände klatschen. Nichts. Der Bock äugt starr zu uns herüber. Dann bewegt er endlich das Haupt, dreht es zur Seite, lang blitzen die Enden nach vorn und hinten, er wird ruckartig hoch, wendet im Hochwerden und rast hochflüchtig ohne zu verhoffen mindestens einen Kilometer weit! Als wir im Wenden in das Gehörn sahen, hatten wir beide, Hans und ich, gefühlsmäßig den Eindruck, daß das Gehörn ganz gewaltig war! Wir fuhren nun den inzwischen verhoffenden und langsam weiterziehenden Bock an, ließen den Wagen öfters halten, um den Kapitalen auf Entfernungen noch außer Schußweite genau anzusehen. Ja, er war reif und alt, da bestand kein Zweifel. Kapital war er auch, das war sicher, aber doch nicht so gewaltig, wie er eben aussah!

Auf alle Fälle würden wir ihn gern schießen, aber der Bock hält in dem flachen, freien Gelände den Wagen überhaupt nicht aus. Weit, weit über Schußweite trollt er immer weiter von uns weg, wird dann ohne sichtbaren Grund hochflüchtig, verläßt den Weizenschlag und zieht auf den angrenzenden ebenso großen Kleeschlag. Vielleicht können wir ihm dort zwischen den Gräben näher kommen. Aber er zieht ständig weiter. Ich verfolge ihn auf dem Wagen stehend mit dem Glas, denn er ist schon mehr als einen Kilometer von uns weg. Er wendet dann nach links, und ich verliere ihn aus den Augen. Fahren wir ihm nach!

Im Fahren bemerke ich weit links von uns auf dem Weizenschlag ein einzelnes Reh, das im flotten Tempo nach links zieht. Die Luft flimmert, aber ich kann ein hohes Gehörn – besser gesagt, ein „hohes Haupt“ – erkennen. Es muß unser Bock sein, der vor seinen Verfolgern einen weiten Bogen geschlagen hat und nun wieder seinem gewohnten Einstand in der Nordecke des Weizenschlages zustrebt. Nach einigen hundert Metern wird er langsamer, verhofft, zieht etwas weiter, verhofft wieder kurz – und ist schlagartig von der Bildfläche verschwunden! Aha, das ist ein ganz Schlauer, jetzt, nachdem er fast einen Kreis geschlagen hat, tut er sich plötzlich nieder und will uns so entkommen. Nur gut, daß der Wuchs so niedrig und das Weizenfeld so weit ist.

Wir fahren in die Richtung und müssen lange suchen, bevor einer von uns die beiden hellen Gehörnspitzen in der Saat entdeckt. Der Bock duckt sich wie ein Hase, zieht sogar den Hals ein, um nicht gesehen zu werden! Wir fahren seitlich an ihm vorbei auf 60 bis 80 Meter. Er rührt sich nicht. Dann halten wir, und das Manöver von vornhin mit Pfeifen, Rufen und Gebell wiederholt sich. Er hält auch wieder die Reihe der verschiedenen Rufe und Geräusche bis zum Schrecken bewegungslos aus und saust erst ab, als einer von uns vom Wagen steigt und seitlich auf ihn zugeht. Er denkt auch nicht an das obligate Standerl, dazu ist er viel zu gerieben. Und Gott behüte, auf solch einen Bock in der Flucht zu schießen. Er nimmt wieder Richtung auf den Kleeschlag, wo er in weiter Ferne verschwindet.

Dort steht ein Bock in der Luzerne!

Feldrehe

Jagdhaus Bélmegyer inmitten blühenden Flieders

Der alte Waldbock (S. 160)

Bis wir zum Kleeschlag kommen, neigt sich die Sonne schon dem Horizont zu, und wir sehen äsendes Rehwild in mehreren Richtungen. Nun müssen wir aber „unseren" Bock wiederfinden, der nun wahrscheinlich irgendwo im Schlag äsend auf den Läufen ist. Das Spektiv zeigt auch einen unter mehreren Böcken, der es wohl sein könnte. Nach einigen Umfahrmanövern sind wir in guter Schußnähe am Bock. Es ist schwierig, das Spektiv vom Wagen aus zu gebrauchen. Wenn nur ein Pferd mit Kopf oder Schweif nach einer Fliege schlägt, gibt es einen solchen Ruck, daß der Bock sofort aus dem sehr begrenzten Blickfeld kommt. Mit dem Spektiv können wir aber dann ohne Zweifel feststellen, daß der tiefer angesetzte Vordersprossen und auch ein niedrigeres, aber doch kapitales Gehörn trägt. Er scheint uns aber etwas schwächer als der Vorbeigeschossene und auch als der Verfolgte zu sein. Auch schätzen wir ihn auf nicht mehr als 5 bis 6 Jahre; er kann also getrost am Leben bleiben.

Wir fahren weiter. Plötzlich wird hinter dem Schilfstreifen eines Grabens ein Bock sichtbar, der sofort abspringt, als wir halten. Wir sehen ihm von hinten in die Stangen und erkennen sofort, daß es „unser" Bock ist. Er holt im Bogen flüchtig aus, um vor unserem Wagen auf die andere Seite zu kommen. Wir fahren im flotten Tempo vor, um ihm den Weg zu verlegen. Vielleicht verhofft er, wenn uns dies gelingt, und gibt Gelegenheit zu einem schnellen Schuß. Doch er kommt uns zuvor, flüchtet noch einige hundert Meter weiter und verhofft dann unschlüssig im Klee. Nun heißt es abwarten. Was wird er wohl jetzt tun?

Der Bock beruhigt sich, zieht noch ein Stück weiter und beginnt zu äsen. Es ist klar, daß wir mit dem Wagen nicht an ihn herankommen. Aber mit dem Anpirschen hinter einem der schilfbewachsenen Gräben könnte es klappen. Wir fahren so weit vor, bis der Bock verdeckt ist, steigen ab und lassen den Wagen weiterfahren. Ich nehme den langen Pirschstock mit. Der ist hier im ebenen Gelände äußerst praktisch zum Anstreichen.

Mit gutem Wind kommen wir, geduckt gehend, auch bis zu dem Graben, der uns als Deckung dient. Doch inzwischen ist der Bock äsend vor uns weggezogen und steht wieder sehr weit. Er tut uns aber den Gefallen, den nächsten Graben zu überqueren, und verschwindet hinter dieser Deckung. Die nächsten zweihundert Schritt werden wieder geduckt zurückgelegt. Jetzt scheint es endlich zu klappen. Wir richten uns vorsichtig hinter der Deckung auf und sehen sogleich den auf gut 150 Gänge langsam weiterziehenden Bock. Behutsam, uns nur dann bewegend, wenn der Bock das Haupt tief hat, richten wir uns zum Schuß. Hans streicht am Zielstock an. Ich stelle mich rechts etwas hinter ihn und halte ihm die Schulter als Stütze für den rechten Ellbogen hin. Wir trauen uns nicht, ihn anzupfeifen, weil er sofort abspringen könnte, und warten, bis er sich äsend zur Breitseite dreht. Den Atem angehalten, dann knallt es. Doch im Schuß tat der Bock einen Schritt und die Kugel sitzt zu weit hinten. Es war ein dumpfer Kugelschlag, ein krummer Rücken – schade, dieser Bock hätte eine bessere Kugel verdient. Nach schwerfälligem Abspringen wird er sogleich langsamer, fällt mit gespreizten Läufen ins Ziehen und tut sich ruckartig nieder.

Wir wollen ihm die Leiden kürzen und gehen ihn mit abgenommenem Zielfernrohr sofort an. Auf dieser großen Fläche kann er uns nicht mehr entkommen!

Auf nächste Entfernung bekommen wir den sitzenden Bock in Anblick. Mir stockt der Herzschlag, so stark sind die Stangen, so gewaltig das Gehörn. Ein blitzschneller Fangschuß, und mit gezogenem Hut treten wir benommen an den Bock heran. Sein gewaltiges Gehörn verschlägt uns vorerst die Sprache: Wir erleben den seltenen Augenblick eines Höhepunktes im langen Jägerleben! Es ist nicht nur ohne Zweifel der Lebensbock von Hans; auch ich habe nie in meiner vierzigjährigen Jägerlaufbahn, die mich in beste Reviere Ungarns brachte, neben einem solchen Kapitalen gekniet!

Eigenartig, wie das Gehörn uns getäuscht hatte. Nur für einen Augenblick, als der Bock zum ersten Mal in unserer Nähe hoch wurde, ahnten wir seine wirkliche Stärke, obwohl wir ihn ja später aus verschiedenen Entfernungen öfter genau anzusprechen versuchten. Ich kann mir dies nur so erklären, daß die gewaltigen Dimensionen, Höhe und Enden, das wirklich Ausschlaggebende, die Stärke der Stangen und Enden nicht richtig zur Geltung kommen ließen. Die edle Form, die wundervolle Perlung und starken Rosen vervollständigen den Seltenheitswert dieses einmaligen Gehörns.

Nach dem Abkochen überraschte das Gehörn uns auch noch mit seinem Gewicht von 613 Gramm, kurz gekappt und trocken. Es wurde das zweitbeste Gehörn Ungarns in diesem ausnehmend guten Gehörnjahr und belegte auf der Welt-Jagdausstellung den zehnten Platz unter den ungarischen Rehgehörnen. Das soll was heißen! Das Gehörn brachte es auf fast 170 Int. Punkte.

Obwohl wir eigentlich mit unserem Bock völlig genossen gemacht waren, lag es im Interesse unserer Gastgeber, noch einen zweiten Bock zu erlegen. Man soll bekanntlich die Feste feiern, wie sie fallen. Wir hätten es gern noch einmal mit dem Vorbeigeschossenen versucht; der hatte es uns sehr angetan.

Mit diesem Vorsatz fuhren wir dann auch am nächsten Morgen vor Tau und Tag ins Revier, vorerst in einen anderen Revierteil, wo den Jägern auch ein „starker" Bock bekannt war. Auf einem einer kleinen Remise vorgelagerten Luzernenschlag fanden wir unter mehreren Rehen den gesuchten Bock. Er hatte ein sehr hohes, helles, weitausgelegtes, ideal geformtes Gehörn mit ausnehmend langen Enden, das taunaß im flachen Licht der aufgehenden Sonne hell blitzte und Gewaltiges zeigte. Gerade in solchen Fällen muß man aber damit rechnen, daß das Gehörn allzu stark prahlt, besonders was die Stärke der Stangen betrifft. Der Bock war auch nach unserer Schätzung nur mittelalt, höchstens 6 Jahre, auch bester Vererber, also sollte er am Leben bleiben.

Wir fuhren zu unserem Luzernenschlag von gestern; unser dortiger „Bekannter" war gerade das Gegenteil eines Prahlers.

Um es kurz zu machen: Wir fanden den Bock in der Luzerne äsend, fuhren ihn an, er hielt nach dem gestrigen Kugelpfiff den Wagen natürlich nicht aus und ging auf den angrenzenden großen, frischbestellten Erbsenschlag ab, wo er auf weiter Flur völlig ungedeckt verhoffte. Wir konnten nur eines tun, den Wagen weiterfahren lassen und gedeckt zu dem am Rande des Schlages stehenden Strohschober gehen. Mal sehen, wie weit der Bock von da entfernt war.

Ja, er war sehr, sehr weit, am Rande der Reichweite des hochrasenten Geschosses. Aber mit guter Auflage und bei bester Beleuchtung sollte es eigentlich gehen.

Ich warf meine Lodenjoppe als Unterlage aufs Stroh. Wir legten uns bäuchlings hin, der Bock stand dösend breit wie eine Scheibe. Eine gute Unterlage und Stütze für die Arme suchend, legte sich Hans zurecht. Ich hatte freilich nur den Bock im Glas. Hoch angefaßt. Der Knall wehte den Bock einfach hinweg. Er rührte kein Glied mehr. Doch war meine Joppe auch zur Strecke gekommen: Der eine Ärmel hatte sich vor die Laufmündung gestülpt, was Hans natürlich im Zielfernrohr nicht sehen konnte, und ein spannenlanger Riß darin zeigte den Weg der Kugel an. Ein handgroßer Hirschlederfleck am Ärmel macht seither die Joppe noch zünftiger.

Der Bock hielt auch, gemessen an unseren seit gestern allzu verwöhnten Maßstäben, was er versprochen hatte. Mit einem nach vorwärts gerichteten 3 cm langen Dorn über der linken Rose, der uns beim Ansprechen auf weite Entfernung nicht aufgefallen war, war es tatsächlich ein Achterbock. Die Stangen nicht übermäßig hoch, aber sehr dick, dunkel und gut geperlt; ebenfalls ein hochkapitales Prachtgehörn, das, wenn vom gestrigen nicht übertroffen, auch ein Lebensbock geworden wäre.

Ja, das ging schnell mit den zwei Kapitalböcken, vielleicht zu schnell; aber so kann es manchmal im Jägerleben kommen, wenn man einmal unter einem günstigen Stern steht!

In diesem Revier hatten wir die vorgesehenen starken Böcke zur Strecke gebracht. Doch Hans hatte diese Jagdreise, um sich Zeit lassen zu können, für eine Woche geplant und war auch an diese Zeit gebunden.

So siedelten wir schon am selben Tag um, und zwar in ein reizendes Jagdhaus, umgeben von einem Park mit einem Meer von blühendem Flieder. Im Herzen der Reviere des Komitates Békés. Von da aus konnte man mit dem Auto eine Reihe von Revieren erreichen, die von mehreren, ebenfalls im Hause wohnenden Jagdgästen bejagt wurden. Wir waren verständlicherweise mit unseren beiden Böcken zufrieden. Wir wollten nun schauen, photographieren, uns an der eigenartigen Stimmung der Landschaft, am vielen Wild ergötzen, kurzum, das Jagen richtig genießen. Um aber doch ein jagdliches Ziel zu haben, wollten wir es auf den einen oder anderen, in vergangenen Jahren von anderen Jägern bejagten, wohlbekannten starken Bock versuchen.

Der eine dieser „Sagenböcke“ sollte in einer inmitten des Nachbarreviers liegenden kleinen Remise mit bürstendickem Unterwuchs seinen Einstand haben.

Wir „sondierten“ die Lage, fanden aber weder in oder an den Rändern des Wäldchens Anzeichen, daß da ein alter Bock stünde. Weder Plätz- noch Fegestellen. Ansitze abends und Pirschfahrten frühmorgens in den angrenzenden Feldern brachten uns den Bock auch nicht zu Gesicht.

Unter den vielen Böcken, die wir sahen und ansprachen, fanden wir keinen, nach dem unser Sinn stand. Bis auf einen: einen mittelalten, der seinen Einstand in einem Kleefeld allein behauptete und die anderen Böcke in alle Himmelsrichtungen jagte. Er trug ein langes, ungeperltes, helles Spießergehörn, ein selten unschönes – einer der Böcke, bei deren Anblick mich sofort der Teufel packt. Hans hatte Verständnis dafür: „So schieß ihn doch!“ – und reichte mir die schnittige Kipplaufbüchse. Der Bock stand brettelbreit auf hundert Gänge. Ich schoß kurzerhand vom Wagensitz, auf die Knie aufgestützt. Der Bock äugte erstaunt zu uns herüber und setzte sich dann widerwillig von uns ab, um eine angemessene Distanz zu wahren. Dann zeigte er kein Interesse mehr für uns und fing an zu äsen. Ich aber legte mich flach auf einen Grabenrand, baute eine Unterlage für die Büchse auf und brachte dann eine abgezirkelte Kugel an – einen Meter hinter dem Bock.

„Eine Patrone kannst du noch haben, die Munition geht uns aus!“ teilte mir Hans trocken mit. „Dann fahren wir ihn doch wieder an, zum Teufel, so was gibt's ja nicht!“ Nun folgten unübersetzbare, zu solchen Fällen passende Redewendungen, an denen die magyarische Sprache so überaus reich ist. Kutscher und Jäger grinsten, Hans behielt seine gelassene Ruhe. Der dritte Streich war den ersten beiden ähnlich. Der Bock war kugelfest und lebt höchstwahrscheinlich heute noch. Ja freilich: die fremde Büchse, der Stecher stand zu hart, und so weiter, und so fort. Aber wir fanden es angebracht, den Bock nunmehr zu pardonieren.

Dann war unser letzter Pirschmorgen gekommen. Nach dreitägigem Pirschfahren gaben wir nunmehr „unseren Sagenbock“ auf und wollten uns an diesem Morgen einem anderen, einem wahrhaftigen „Fabelbock“ widmen. Dieser Bock war genauestens bekannt, hatte seinen Einstand in einem etwa 150 Hektar großen, mit einem Netz von Schneisen und Holzabfuhrwegen durschnittenen Eichen- und Akazienwald inmitten von fruchtbarsten Fluren. Der Bock sollte aber nur ganz, ganz selten auf den angrenzenden Feldern anzutreffen sein. Man mußte ihn schon im Walde suchen. Seit Jahren war er als Kapitalbock berühmt, wurde ein jedes Jahr bejagt, ab und zu angetroffen und in vergangenen Jahren sogar von zwei verschiedenen Jagdgästen vorbeigeschossen. Er sollte ein hohes, sehr starkes Gehörn tragen, dessen Kennzeichen die langen Hintersprossen wären, weit über 500 Gramm Gehörngewicht haben und mindestens vom neunten Kopf sein, da er schon seit vier Jahren als reifer Kapitalbock bekannt war. Wir kannten natürlich weder das Revier noch den Bock, aber schon der Versuch machte uns Freude.

Zeitig vor Tagesanbruch erwartete uns der „Jagdmeister" der zuständigen Jagdgesellschaft mit einem Pirschwagen am festgesetzten Treffpunkt.

Der „Jagdmeister" war kein Berufsjäger, sondern arbeitete in der Spinnerei der nahe liegenden Kleinstadt, kannte sich aber mit Revier, Jagd und seinem Wild bestens aus. Der Mann machte Eindruck: Ich habe auch unter den besten Berufsjägern selten einen gekannt, der an jagdlichem Wissen und Einstellung dem Wild gegenüber an ihn herangekommen wäre. Er konnte mir auch den gesuchten Bock und sein Gehörn genauestens beschreiben, obwohl er den Bock in diesem Jahr nur ganz kurz zu Gesicht bekommen hatte. Er sollte schon an Länge der Enden und Stangen zurückgesetzt haben.

Beim ersten Tageslicht fuhren wir die am Walde angrenzenden Schläge ab. Es war sogleich zu merken: Dieses Revier und dieser Rehstand waren von einem richtigen Fachmann gehegt. Fast mehr Böcke als weibliches Wild, beste Altersgliederung der Böcke. Wir sahen in kurzer Zeit eine Reihe von reifen, starken Böcken, darunter auch zwei, drei kapitale, die für die Kugel reif waren, daß uns das Jägerherz im Leibe lachte. Der Büchsenlauf blieb aber blank. Anscheinend verbarg sich der Gesuchte gewohnheitsgemäß im Walde.

Bei den ersten Sonnenstrahlen des erwachenden Maimorgens fuhren wir dann durch Kuckucksruf, Nachtigallensang und das Gurren Tausender von Turteltauben durch den Frühlingswald. Überall da, wo der Bock erfahrungsgemäß erwartet werden konnte. Wir bekamen ihn nicht zu Gesicht. Dann fuhren wir zurück, kreuz und quer, sahen wohl Rehwild, viele Fasanen, auch mehrere Böcke, aber nicht den Gesuchten. Es ist eigenartig, daß man bei einer solchen Pirschfahrt im Walde meistens immer andere Böcke sieht. Selten trifft man denselben Bock zum zweiten Mal an. So ist eine Pirschfahrt im Walde auf den Bock immer schön, stets spannend. Der Jäger kann nie wissen, was ihm vor die Linse oder den Lauf kommt.

Der Jägermeister wollte aufgeben und wieder ins Feld fahren. Doch Hans und ich blieben stur. In der dortigen Gegend mit wenig Wald kennt und praktiziert man viel mehr das Pirschenfahren im Felde. Doch wir hatten da mehr Erfahrung. Wir wußten, daß man einen heimlichen Waldbock mit dem Pirschwagen meistens nur so bekommen kann, wenn man seinen vermuteten Einstand öfter abfährt. Man fährt den Waldweg entlang, dann zurück, wieder hin und dann wieder zurück und sieht kein Haar von ihm. Dann kommt man zum vierten Mal entlang, und plötzlich steht er wie hingezaubert da. Er ist inzwischen hochgeworden, um etwas zu naschen, hat einen Rivalen gesprengt, der es wagte, in seinen Einstand einzudringen, oder er macht einfach nur einen Bummel.

Und genauso kam es auch jetzt! Im Stangenholz mit lichtem Unterwuchs sahen wir einen hellen Spiegel auf kaum 80 Gänge. Halt! Es sind nur Lücken zwischen den Stämmen, durch die man blicken kann. Vorne auf dem Kutscherbock sitzend kann der Jägermeister nichts sehen. Wir aber können vom Hintersitz durch eine Lücke Blattpartie und Halsansatz des uns schräg abgewandt und zu uns heräugenden starken Stückes erspähen. Ich gleite auf der dem Wild abgewandten Seite vom Wagen und versuche, am Boden kniend, das Stück durch eine andere Lücke anzusprechen. Erst sehe ich wieder den Spiegel und kann feststellen, daß es ein Bock ist. Er hat den Spiegel gesträubt, ein Zeichen, daß er im Abspringen begriffen ist. Wahrscheinlich ist er auch alt, da er sehr stark im Wildbret ist!

Dann eine Bewegung des Hauptes. Das Gehörn wird mir einen kurzen Augenblick lang sichtbar. Doch nur ein ganz flüchtiger Eindruck von starken Stangen, dunkel, hoch, fingerlange, nach unten geschwungene Hintersprossen! Mein Gott, das ist ja sicher der Gesuchte! „Schießen!" raune ich zu Hans hinauf, weiß ich doch, daß vom Wagensitz aus seine Kugel freie Bahn zum Trägeransatz des Bockes hat. Er hat auch Vertrauen zu mir und meinem Ansprechen. Ein Schritt, und der Bock kann auf Nimmerwiedersehen verschwinden, kann die einmalige Chance vorbei sein. Der helle Knall der Büchse peitscht durch den Wald, und die Stunde des alten Waldbockes hat geschlagen.

Wir strecken ihn auf einem Eichenstubben der nahen Waldlichtung und genießen eine Stunde heller, ungetrübter, unvergeßlicher Jägerfreuden.

Salzsteppe in der ostungarischen Tiefebene, typische Heimat der Trappen

Trappenbalz in der Weizensaat

Trappenküken

Mit rauschendem Schwingenschlag erheben sich die Hähne

Trappen-Chronik

„Die Trappe jedoch ist der menschenscheue, meilenweit sichernde, wachsame ‚Wildtruthahn' der ungarischen Pußta. Wahrlich kein Vogel der Zivilisation; er duldet noch den einsamen Hirten, die im Freien übernachtenden Rinder – er weiß seit jeher, daß ihn die Kuhglocken nicht gefährden – er ist der Vogel der Stille, der Ungestörtheit, der vom Winde gejagten großen runden Disteln, der Vogel der trügerischen Fata Morgana . . ."

So schreibt Zsigmond Széchenyi von der Großtrappe in seinem prachtvollen Jagdbuch „Wie es begann . . ." Und ich selber glaube, daß treffender, schöner noch niemand diesen größten unserer Vögel charakterisiert hat.

Er hat vollständig recht, wenn er sagt, daß die Trappe ein Zivilisationsflüchter ist. Doch folgt sie irgendwie der landwirtschaftlichen Kultur, weil sie diese nötig hat. Sie könnte nicht ohne diese existieren.

Es sollte auch keiner glauben, daß der beste Lebensraum der Trappen die Grassteppe sei, wie sie in Ungarn hauptsächlich noch in der Pußta Hortobágy vorkommt, oder das weite Wiesengelände Westungarns, die Hanság. Dies stimmt höchstens für den Frühling und Sommer, wenn sich die Vögel dort von Heuschrecken und anderen Insekten ernähren können. Doch zur Winterzeit? Im Winter brauchen die Trappen grünende Saaten oder noch eher – Raps.

So gibt es denn in der eigentlichen Pußta Hortobágy kaum Trappen – ich selber zumindest habe dort nie eine gesehen. Doch es gibt – besser gesagt, es gab noch vor einigen Jahrzehnten – Großtrappen auf den großen, ebenen Ackerflächen der Gegend der Hortobágy, besonders vom Herbst bis zum Frühjahr. Sie besuchten die Grassteppen höchstens vom Frühjahr bis Herbst zu einer kurzern Gastrolle!

Wie ist also der Lebensraum beschaffen, der den Trappen lieb ist, wo sie sich wohl fühlen und gerne stehen?

Die erste und wichtigste Bedingung: Er muß flach und übersichtig sein wie ein Tisch. Möglichst ohne Alleen, Sträucher, Kanäle und Gräben. Den Trappen ist jede Deckung verdächtig. Es könnte sich ein Feind dahinter ducken. Sie sind richtiges, unverfälschtes „Steppenwild“, das sich nur in völlig deckungslosem Gelände wohlfühlt.

Sie brauchen landwirtschaftlich bebaute Flächen und leben oft auf großen Ackerflächen. Sie lieben jedoch solche Gebiete am meisten, in denen Weiden und Wiesen mit Äckern abwechseln. Auf ersteren stehen die Trappen im Frühjahr, und dort balzen sie auch meistens, wohingegen sie hauptsächlich in Saaten und Luzerne brüten. Hier finden sie auch ihre Nahrung in Notzeiten.

Freilich sagte ihnen die Landwirtschaft mit Vierochsenzügen am besten zu. Damals konnten sie großteils ungestört in Saaten und Brachfeldern brüten. Denn die brütende Trapphenne ist ein sehr, sehr heikler Vogel! Es genügt, wenn man sie ein, zwei Mal auf ihrem Gelege stört, und schon verläßt sie es. (Sie legt bloß ein oder zwei große olivgrüne, braun gesprenkelte Eier, ganz selten sind es drei.) Manchmal legt sie nach Verlust des ersten noch ein Zweitgelege, doch fallen aus diesen höchst selten die Küken aus.

Mit der jetzigen intensiven Landwirtschaft kommen die Gelege zur Zeit der Frühjahrsarbeiten überall in Gefahr. Nicht allein, daß sie in der Luzerne bestimmt ausgemäht werden. Auch in der verhältnismäßigen Sicherheit des Halmenmeeres droht ihnen Gefahr: Wenn im Mai das Getreide gespritzt wird – und das wird es fast überall –, so verläßt die Trapphenne ganz sicher ihr Gelege.

Hinzu kommt noch die Aufzucht der nestflüchtenden Jungvögel. In acht Wochen werden sie erst richtig flügge. Tausend Gefahren drohen ihnen während einer so langen Zeit! Sie werden von Mähmaschinen und Mähdreschern zerschnitten, von Raubzeug getötet ...

Die Henne wird erst mit vier Jahren geschlechtsreif. Wie sollen sich die Trappen unter solchen Umständen wieder vermehren?

Leider nehmen sie auch nicht zu, sondern eher ab, besonders nach dem Kriege ging das beängstigend schnell!

Doch nicht nur bei uns, sondern in allen Gebieten Europas, wo sie noch leben. Alle werden von der Zivilisation geschädigt, die meisten so sehr, daß die Trappen dort kaum mehr ihre Lebensbedingungen finden und in nächster Zukunft aussterben werden oder schon ausgestorben sind. So zum Beispiel in den Ebenen Ost- und Südenglands, wo sie schon seit Anfang des vergangenen Jahrhunderts verschwunden sind. Jetzt aber werden große Anstrengungen zu ihrer Wiedereinbürgerung unternommen. Hoffentlich mit Erfolg!

Obwohl die Großtrappen in der frühen Neuzeit in Europas weiten Ebenen noch überall heimisch waren, sind sie aus Westeuropa, und zwar aus Frankreich, Belgien, Holland und der Bundesrepublik Deutschland hauptsächlich wegen der früheren Einführung intensiverer Landwirtschaftskultur schon im vergangenen Jahrhundert ausgestorben. Der einzige dort noch existierende Bestand, der auch heute noch beträchtlich ist, lebt in den großen Ebenen an den Flüssen Südspaniens.

Leider sind heutzutage ihre Lebensräume auch in Mittel- und Osteuropa so sehr zusammengeschmolzen, daß sie leicht aufzuzählen sind. Vielleicht wird dies von Interesse sein.

In der Deutschen Demokratischen Republik leben noch einige Dutzend östlich von Berlin im Wiesengelände entlang der Spree. In Polen, im westlichen Flachland, sind noch einige übriggeblieben. In Österreich, im Marchfeld zwischen Wien und Preßburg nördlich der Donau gibt es noch 50 bis 60 Stück. Etwa ebenso viele leben auch im Burgenland, in der Hanság. In Jugoslawien gibt es noch einige in der Wojwodina, und in der Slowakei im Flachland nördlich der Donau vielleicht noch 100 Stück. Aber auch diese Restpopulationen nehmen ständig ab, so sehr sie auch geschützt und gehegt werden. Rumänien hat noch in den großen Ebenen östlich der Karpaten insgesamt etwa 2200 Stück. Nach dem Bestand Ungarns ist dies der größte. Trappen leben noch in vielen Gebieten des europäischen Südrußlands, doch nirgends in großer Zahl. Von den dortigen Beständen fehlen uns genauere Angaben.

Das ist alles, was ich aufzählen kann.

Und jetzt schauen wir, wie unsere eigenen Trappen, die Bestände Ungarns, abgenommen haben.

Zur Zeit der Jahrhundertwende schätzte man die Trappen des Karpatenbeckens auf etwa 12 000. Die Mehrzahl lebte in den großen Ebenen des mittleren Karpatenbeckens, also im heutigen Ungarn. Die erste, von Ornithologen mit der möglichst größten Genauigkeit im Jahre 1941 durchgeführte Bestandsaufnahme erbrachte immerhin noch etwa 6700 Stück. Die starken Verluste traten eigentlich erst mit der Veränderung der Lebensräume nach dem zweiten Weltkrieg ein. Im Jahre 1961 und 1969 wurden die Bestände wieder mit möglichst großer Genauigkeit aufgenommen. Mit dem geradezu niederschmetternden Ergebnis von 2700 bzw. 2400 auf der gesamten Landesfläche.

Dies sind bei weitem keine aus der Luft gegriffenen Schätzungen, denn die Zählung gerade der Großtrappen kann viel genauer vorgenommen werden als die irgendeines anderen Wildes. Der große Vogel bevölkert ja das übersichtliche Flachland, wo außerhalb der Vegetationszeit ein Trappeninventar leicht durchgeführt werden kann. Die Resultate dieser Zählungen zeigten leider, daß unsere Trappenbestände infolge der Einführung der Großraumwirtschaft nicht zugenommen, sondern im Gegenteil abgenommen haben, weil die intensive Agrotechnik den Nachwuchs gefährdet.

Doch nahm in unserem Lande nicht bloß die Zahl der Trappen ab, sondern infolge der Ausbreitung der Zivilisation noch vielmehr ihre Lebensräume. Da diese sich allzu stark veränderten, schrumpften die Besiedlungsgebiete immer mehr zusammen, so daß die Trappenbestände der inselartigen Vorkommen endlich so sehr abnahmen, daß sie nunmehr zur Regeneration unfähige Restbestände wurden. Ihr Los ist meistens schon besiegelt. Aus der Großen Ungarischen Tiefebene östlich der Theiß, wo vormals unser Vogel massenhaft vorkam, ist er bis auf einige wenige Gegenden verschwunden. Auch hier in seiner klassischen Heimat sind seine Lebensräume ganz klein geworden.

Aus meiner frühen Jugend kann ich mich an ein Photo erinnern, auf dem an einer dicken Stange zwischen den Astgabeln zweier großer Bäume elf Trapphähne hingen. Drei Schützen erlegten diese mit der Kugel innerhalb von zwei Tagen beim Pirschenfahren im Komitat Békés, und zwar in der Feldmark der gleichgenannten Gemeinde. Sie veranstalteten ein Scheibenschießen auf die Großvö-

Der starke Bock vor dem Schuß (S. 187)

Derselbe Bock auf der Strecke. Er war fünfjährig und falsch geschossen

Herbstlicher Rickenabschuß in Ostungarn

gel. Zu dieser Zeit, es war Ende der zwanziger ahre, war eine möglichst hohe Strecke der Zweck allen Jagens.

Es war allerhöchste Zeit, daß zur Rettung der Trappen Maßnahmen ergriffen wurden, die, wenn alles gut geht, eine Wiedervermehrung herbeiführen könnten. Heute haben wir noch drei, vier starke, regenerationsfähige Bestände in verschiedenen Gegenden. Diese müssen endgültig gerettet und wieder vermehrt werden. Heute ist es noch nicht zu spät, denn die Zahl unserer Trappen scheint sich, obwohl sehr, sehr langsam, doch wieder zu erhöhen.

Vor allem die vor vier Jahren eingeführte vollständige Schonung auch der Hähne trägt zur langsamen Bestandserhöhung bei. Hennen sind ja seit den dreißiger Jahren vollständig geschont. Die bloße Schonung jedoch führt nicht, wie wir ja leider feststellen konnten, zu einer Wiedervermehrung der Trappen. Wir müssen der Vermehrung der Trappen dadurch helfen, daß in ihren Einstandsgebieten größere Schläge nicht bebaut werden, sondern brach liegenbleiben, um Möglichkeiten zur Aufzucht des Nachwuchses zu schaffen. Die ersten Schritte in dieser Richtung sind schon getan. Hoffentlich folgen noch weitere. Eile tut aber sehr not, um retten zu können, was noch zu retten ist.

Eine nur wenig bekannte Tatsache ist, daß der Trapphahn nicht nur der schwerste Vogel Europas, sondern auch der schwerste flugfähige Vogel überhaupt ist. Ich spreche deshalb mit Nachdruck vom Hahn, weil nur der ausgewachsene, über 6 bis 7 Jahre alte Hahn das Gewicht von 13 bis 14 Kilogramm erreicht. Obwohl von Trapphähnen geschrieben und erzählt wird, daß sie 18 bis 20 Kilogramm auf die Waage gebracht haben sollen, sind diese Gewichte kaum authentisch und eher nur Phantasiegeburten. Ich selber habe nie einen Hahn von mehr als 14 Kilogramm gewogen. Doch einer ist in meinem Jägerleben vorgekommen, der dieses Gewicht überschritten haben könnte. Diesen Hahn habe ich aber weder geschossen noch gewogen. Später wird von ihm noch die Rede sein.

Die Henne wiegt nicht einmal die Hälfte des ausgewachsenen Hahnes, nicht mehr als 5 bis 6 Kilogramm. Auch ihr Hals ist dünner und grauer als der der Hähne, der besonders zur Balzzeit im Hochzeitskleid im April-Mai blendend weiß ist und dann einen seitlich kahlen, blauen Kehlsack hat. Nur im Frühjahrskleid trägt er auch den aus beiderseits je 20 bis 30 spannenlangen, schmalen weißen Federn bestehenden Schnurrbart, der ihm den strengen Blick eines alten Husarenfeldwebels verleiht.

Der Hahn ist also von der Henne trotz des gleichgefärbten Gefieders besonders im Balzkleid sehr leicht zu unterscheiden. Doch genauso wie die Reiherarten mausert auch der Trapphahn zu Sommeranfang seine „Hochzeitsfedern“ und unterscheidet sich nachher nur durch seine Größe von den Hennen.

In meiner Kindheit gab es noch sehr viele Trappen in der Hanság. Im Frühjahr und Sommer hielten sie sich auf den schier endlosen weiten Wiesen auf. Dort brüteten sie und zogen auch ihre Küken auf. Damals wurde das Gras noch mit der Sense geschnitten. 10 bis 15 Männer und Burschen in weißen Leinenhemden und weiten Hosen schnitten in einer Reihe hintereinander mit rhythmischen Bewegungen schnurgerade Narben in das saftige Gras. Wenn ein Trappenküken gefunden wurde, so versteckten sie es unter das geschnittene Gras, und seine Mutter kam auf seinen melodisch-orgelartigen Ruf- und Klagelaut zurück und nahm sich seiner wieder an. Die Trappenbestände wurden damals kaum dezimiert. Es gab viele ungestörte Brutstätten. In der Tierwelt hatten sie kaum Feinde, und der Jäger tat ihnen wenig Abbruch. Die Trappen konnten sich also nach Belieben vermehren.

Den Winter verbrachten sie auf den Feldern der weiteren Umgebung, wo sie Rapsfelder oder saftige grüne Saaten fanden. Seit Ende der zwanziger Jahre hatten sie auch im Winter Schonzeit. Bis dahin durften Trappen beiderlei Geschlechts auch im November-Dezember und auch mit Schrot geschossen werden. Da ich selber in dieser Zeit noch nicht gejagt habe, so habe ich auch nie eine Trappe mit Schrot im Fluge geschossen. Unsere Väter, die das noch mitgemacht haben, schwärmten für die Aufregung des Trappentreibens und die Lust des Schrotschießens auf den großen, im Fluge aber sehr schnellen, ausholenden Vogel, der gut getroffen wie ein Mehlsack auf den hartgefrorenen Boden aufschlug. Mir selber hätte der Schrotschuß auch viel mehr Freude gemacht als das „Hinzirkeln“ der Kugel auf das allzu entfernte Ziel.

Als ich zum Jäger heranwuchs, begann gerade der Trophäenkult zu blühen. Es durften nur mehr Hähne im April-Mai mit der Kugel geschossen werden.

Doch dies war für mich, zumindest nach dem sehr zeitigen Schwinden des „Schießhungers", keine richtige Freude. Es war vielmehr dem Scheibenschießen ähnlich, wenn man es wie üblich mit dem Pferdewagen versuchte. Denn diesen, besonders wenn es ein zur Heueinfuhr gebrauchter Leiterwagen war, hielten die Trapphähne meist auf weite Büchsenschußentfernung aus, wohingegen ihre Fluchtdistanz zu Fußgängern in der Balzzeit mindestens 500 Schritt betrug. Zum Anfahren mit dem Wagen braucht man aber nur wenig jägerisches Können und Geschicklichkeit. Die Hähne halten ihre Balzplätze ziemlich gut; man braucht bloß die Pferde in diese Gegend zu lenken, und in der kahlen Feldmark „blühen" die balzenden Trapphähne wie riesige weiße Blüten. Man darf sie nie direkt anfahren, sondern immer nur seitlich an ihnen vorbei auf weite Schußdistanz um 200 bis 300 Schritt.

Wenn der Wagen steht und die Trappen nicht sogleich ihre großen Schwingen zum Abflug mit Anlauf gegen den Wind spreizen, so sind zwei Fälle möglich: Entweder trifft der Schütze den Vogel, oder die Kugel verfehlt ihr kleines Ziel. Denn der Trapphahn hat ein weites und lockeres Federkleid. Der Kern, den man treffen muß, ist ziemlich klein. Im letzteren Falle beginnt das Spiel von neuem, mit demselben Hahn, wenn er nicht ins Nachbarrevier hinübergestrichen ist. Oder nach Möglichkeit mit einem anderen, der noch nicht weiß, daß manchmal auch ein Pferdewagen oder Ochsenfuhrwerk „losgeht".

Dies ist eine wenig aufregende Jagdart. Ich selber habe von den drei Trapphähnen, die ich noch fast als Kind erlegte, solange ich auf alles schoß, was gerade keine Schonzeit hatte, bloß einen mit dem Wagen angefahren und erlegt.

Einige Jahre hindurch jedoch, als ich später ausgedehnte Staatsreviere mit teilweise noch guten Trappenbeständen beaufsichtigte, mußte ich allfrühjährlich drei, vier, meistens ausländische Jagdgäste auf Trapphähne führen. Freilich jagten wir vom Pferdewagen oder vom mit Maisstroh überdachten Ochsenkarren aus. Ich liebte diese Jagd nicht. Denn so prächtig das Bild des unter dem Frühjahrsblau des weiten Firmaments der Pußta im Grünen majestätisch stolzierenden Vogels, so eintönig, uninteressant ist seine Bejagung. Der riesige, wunderschöne Vogel ist vom zersplitternden Geschoß durchschlagen, und schweißbedeckt wirklich kein ästhetischer Anblick, kein prachtvolles Wild mehr. Er ist ein Naturdenkmal lange versunkener Zeiten und braucht Schutz und Schonung.

Es war mir eine Freude, als er unter Naturschutz kam und wir ihn nicht mehr bejagten.

In der Hanság bin ich unter Trappen aufgewachsen. Bei uns wurden sie schon damals fast vollständig geschont, obwohl ihr Bestand immer noch sehr beträchtlich war. Doch es war schöner, sich an ihrem Anblick zu ergötzen, als sie mit einer groben Kugel zu zerreißen.

Ich war noch ein ganz junger Dachs, steckte fast in Kindesschuhen und dachte anders. Mich schüttelte das Fieber, einen Trapphahn zu schießen.

Eines Frühjahrs war der Kalender richtig; Ostern fiel in die Zeit des Schnepfenstriches Anfang April. Wir hatten in dem Jahr einen kalten Frühling, und die Schnepfen waren noch da. Die Woche Osterferien kam zur allerbesten Zeit. Ich verbrachte sie natürlich vollständig bei Laci Csepi in der Hanság, daheim war ich höchtens zu Besuch. Ottohof, wo mein Freund Laci wohnte, bestand aus drei Wohnhäusern, Stallungen und riesigen Heuscheunen auf einer ganz flachen Erhebung in der Mitte der Hanság. Die nächste menschliche Behausung lag mehrere Kilometer entfernt. Heute, da die riesigen Wiesenflächen aufgeforstet sind, hat der Meierhof keine Daseinsberechtigung mehr, er wurde abgerissen oder vom Zahn der Zeit zernagt, so daß nur noch einige Ziegelsteine, das am Grundriß der Gebäude emporgeschhossene Unkraut und einige verkrüppelte Zwetschgenbäume den Ort des Glücks meiner Jugendjahre bezeichnen.

Gegenüber der Wohnung von Laci Csepi, auf gute zwei Kugelschüsse entfernt, war der Rand des Erlenwaldes. In den anderen Richtungen aber konnte man im Kreis die endlosen grünenden Wiesen einsehen mit ihren Rehen, Trappen und brütenden Brachvögeln. Noch heute habe ich diese Frühjahrsstimmung vor meinen Augen und das Trillern der balzenden Brachvögel in den Ohren. Wir gingen regelmäßig zum Morgen- und Abendstrich in den Erlenwald. Tagsüber machten wir Hüttenjagd mit dem Uhu oder begingen zu Fuß oder mit Lacis einspännigem Pferdefuhrwerk das Revier. Laci hatte einen Braunen, der im Gehen einen wunderbaren Kragen machte, ein Pferd, das sehr ruhig war, den Schuß glänzend aushielt, absolut verläßlich zog und auch durch Worte zu lenken war.

Insbesondere nach der Schneeschmelze und andauernden Regenfällen kam das Grundwasser an einigen Stellen der Wiesen so hoch, daß die tiefe Torfschicht unter der dünnen Grasnarbe vollständig durchweicht und morastig wurde. Diese hielt freilich an solchen Stellen das Gewicht des Pferdes nicht, sondern brach unter den Pferdehufen. Der Fuß des Gauls fand keinen Halt im Sumpf, und das Pferd sank bis zur Brust hinein. Das nervöse Pferd, das außerdem den Rummel nicht kannte, erschrak in solchen Fällen, schlug mit den noch freien Beinen um sich, bis auch diese durchbrachen und es schließlich auf Bauch oder Seite bewegungsunfähig im braunen Morast lag und in den allermeisten Fällen auch noch das andere Pferd mitzog. Es war noch ein Glück, wenn sie sich nicht gegenseitig verletzten, wenn die Deichsel nicht brach und man die Stränge abnehmen konnte. Sehr oft mußten in solchen Fällen die Stränge durchgeschnitten werden, das Geschirr am Bauch ebenfalls, damit das geängstigte Tier schön beruhigt zum Aufstehen gebracht und aus dem tückischen Morast herausgeführt werden konnte. Der Wagen mußte dann natürlich mit vereinten menschlichen Kräften rückwärts herausgezerrt werden, bis er eine härtere Stelle erreichte, wo man dann die Pferde wieder ins geflickte Geschirr einspannen konnte.

Mit unserem richtigen Hanság er Pferd passierte so etwas nie. Ich kann mich nicht erinnern, daß es jemals versunken wäre! Entweder blieb es stehen und meldete durch Blasen, daß es hier nicht weiterging. Oder wenn es schon an den Rand des Morasts gekommen war, erschrak es nicht, schlug nicht um sich, sondern setzte bedächtig, aber sicher Huf vor Huf und brach so nicht durch, bis es auf kürzestem Weg wieder auf harten Grund kam.

Damals hatte ich an einem strahlenden Frühlingsnachmittag mein erstes Jagderlebnis mit Trappen.

Neben der Schrotflinte hatten wir den Schönauer 9,5×57 auf

dem Wagen. Mit dieser riesige Batzen werfenden Büchse hatte ich damals ohne Zielfernrohr meinen ersten Hirsch, Rehbock und anderes Wild, dem die Kugel gebührte, zur Strecke gebracht.

Auf Trappen hatte ich noch nie ein Gewehr gehoben. Jahrzehntelang wurden sie bei uns vollständig geschont. Doch als wir den besonders starken Althahn sichteten, der im Frühlingssonnenschein schon anfing, sein Gefieder zur Balz aufzuplustern, dirigierte mein Meister den „geländegängigen“ Gaul so, daß wir den Hahn im Halbkreis umfuhren und immer näher an ihn herankamen.

Laci gab mir diesen Trapphahn frei, weil die Möglichkeit bestand, hinter einem vorjährigen, zusammengesunkenen Heuschober mich auf etwa 100 Schritte an den Hahn heranzupirschen. Wahrscheinlich nahm er an, daß ich in meinem Eifer zu ungeschickt sein würde, und der Hahn sich noch beizeiten in Sicherheit brächte. Oder er sagte sich, wenn ich in solcher Situation den Hahn erlegen könnte, so hätte ich ihn auch verdient! Ich konnte damals schon mit der Büchse so umgehen, daß ich auf diese Distanz auch ohne Glas eine „gerade“ Kugel schoß. Doch hätte es mein Lehrmeister nie erlaubt, vom Wagen aus auf Entfernungen von 200 bis 300 Schritt blindlings auf die Trappen zu schießen. Und er hatte auch vollständig recht damit!

Ich rutschte in der Deckung des Heuschobers vom weiterfahrenden Wagen herunter und kroch auf allen vieren zum Heuhaufen. Ich kam auch glücklich an, ohne daß mich das vorsichtige Wild wegbekommen hätte, weil es verhoffend dem weiterfahrenden Wagen nachäugte. Jetzt stand mir das schwerste Manöver bevor, den Büchsenlauf im Anschlag so an der Seite des Heuschobers langsam hinauszuschieben, daß mich keine Bewegung verriet. Und dies gelang auch! Fast zum Greifen nah, auf diese Distanz in unwahrscheinlicher Größe, stand der prächtige Vogel vor mir, in halber Balzstellung, mit gefächertem Stoß und langgestrecktem Hals. Dies ist eine schönere, stolzere Haltung des Trapphahnes, als wenn er in Balzstellung den Hals aufbläst, sich so sehr nach vorn beugt, daß der Kropf fast den Boden berührt, seine Schulter- und Stoßfedern und Schwingendecken vollständig umstülpt, so daß er von weitem einem formlosen weißen Federball gleicht. Der ziegelrote Federkranz an der unteren Halspartie glänzte im Sonnenschein, sein

Schnurrbart glich dem eines ehemaligen ungarischen „Paradekutschers", und aus der nahen Entfernung wähnte ich auch seinen gestrengen Blick zu sehen! Ich richtete Visier und Korn auf seine Seite und hielt meinen Atem an, als ich den gestochenen Abzug berührte. Ich glaube, daß ich den Hahn auch getroffen hätte, wenn es anstatt des erwarteten Knalles nicht bloß geknackt hätte! Der Griff des Verschlusses war nämlich nicht vollständig heruntergedrückt, so daß nicht das Schloß, sondern bloß der Stecher herunterschnappte. Ein großer Fehler der damaligen Konstruktion des ansonsten sehr sympathischen Mannlicher-Schönauer-Verschlusses. Diese Achtlosigkeit kam oftmals vor, machte viel Ärger und rettete viel Wild. Sie rettete auch meinen Hahn, weil er mich natürlich spitz bekam, als ich mit dem Gewehr herumfummelte, und sich nach kurzem Anlauf mit sausendem Schwingenschlag in die Luft erhob.

Damals war ich sehr traurig und verärgert, doch heute bedauere ich bei Gott nicht mehr, daß es nicht klappte. So hat er vielleicht eine schönere Erinnerung hinterlassen!

Zwei Jahre später habe ich dann aber doch Trappen geschossen. Nicht nur eine, sondern sogar zwei nacheinander. Die Passion ging mit mir durch wie mit einem jungen Vorstehhund!

Die Osterferien fielen wieder in die Schnepfenzeit, und ich schlug mein Quartier gewohnheitsmäßig in der Hanság auf. Wir fuhren auch wieder zu zweit mit dem Pferdewagen in den Wiesen herum, doch jetzt nicht mehr mit der alten 9,5, sondern mit einer Fernrohbüchse 6,5×54, einem wundervoll genau schießenden Gewehr. Die rasanten, weitschießenden 5,6-Kaliber gab es damals noch nicht.

Es wehte ein wirklich scharfer „Fastenzeitwind", der uns fast vom Wagen blies. Mitten in den Wiesen der „Urhany" erhebt sich ein flacher Hügel, dessen Seiten mit Bäumchen und Büschen schütter bestanden waren und in dem auch eine Kiesgrube lag. Er heißt „Wolfshügel" und hatte seinen Namen sicher vor sehr langen Zeiten erhalten, als es in Sumpf und Moor noch Wölfe gab.

Im Windschatten des Hügels entdeckten wir einen großen Flug Trappen. Es waren gewiß 25 Stück, darunter einige dickhalsige, starke, ausgewachsene Hähne. Sie anzupirschen war ein Kinderspiel. Ich mußte bloß gedeckt zum Hügel und dann hinein in die

Kiesgrube. Die Trappen bekamen mich überhaupt nicht spitz. Ich konnte mich auch leicht über den Rand der Böschung zum Schuß herausheben. Sie waren kaum weiter als 100 Schritte. Ich suchte mir den stärksten Hahn aus. Im Schuß kippte er um und blieb unbeweglich liegen. Der starke Sturm trug den Knall des Schusses fort. Die Trappen hatten mich nicht bemerkt. So öffneten sie eben nur ihre Schwingen und fielen nach einigen hundert Schritten wieder ein. Hier bot sich ein flacher Damm als gute Deckung zur Pirsch an. Nach einigen Minuten lag ich schon wieder auf dem Bauch an der Seite des Dammes. Jetzt aber waren die Trappen schon weiter entfernt, ungefähr 250 Schritt, doch auch dieser Schuß traf ins Leben, und kurz darauf lagen die wundervollen, langbärtigen Hähne im Wagen auf Heu gebettet.

Wir fuhren mit ihnen geradenwegs in mein Heimathaus. Diese Beute mußte man vorzeigen! Doch mein Vater dämpfte die allzu große Freude über meine beiden ersten Trapphähne mit den Worten: „Das sind keine Rebhühner, auf die man Dubletten schießt, sondern Naturdenkmäler, denen Schonung gebührt!"

Ich habe später nur noch einen Hahn in meinem Leben geschossen. Einen vierten hätte ich liebend gerne erlegt, doch dieser wurde nicht mein.

Einige Jahre später stand ein geradezu riesenhafter Althahn in der Hanság. Er war der hohe Herr im Trappenvolk, eine Spanne höher als die anderen Hähne, doch hundertmal vorsichtiger und erfahrener. Er war immer allein, stand nie mit anderen Hähnen beisammen; kein anderer Hahn traute sich in seine Nähe, aber auch den Wagen ließ er nicht näher als einen halben Kilometer heran. Diesen Hahn wollte ich überlisten, den wollte ich schießen. Er hatte sicherlich schon das Summen vieler Kugeln vernommen. Auch ich hatte ihn einige Male aus riesigen Entfernungen mit Schüssen erschreckt, doch auch gegen mein Blei schien er gefeit zu sein. Wenn sich zum Anpürschen die kleinste Deckung bot, versuchte ich es mit Robben. Doch er bekam mich stets weg und empfahl sich aus sicherer Entfernung.

Einmal konnte ich hinter der Böschung an einem Kanal auf Büchsenschußweite heranrobben. Ich lag auf dem Bauch und hatte die Ellenbogen aufgestützt. Das Fadenkreuz des Zielfernrohres zeigte auf seine Brust, doch wirbelte der Schuß bloß eine dunkle Wolke im Zielfernrohr auf. Durchs Zielfernrohr schien der Weg des Geschosses frei zu sein, doch schlug es mit dumpfem Schlag in die Böschung des jenseitigen Ufers ein.

Noch einmal gelang es mir, den gewaltigen Hahn auf Büchsenschußentfernung hinter einem Salweidenbusch anzupirschen. Er war nicht weiter als 200 Schritt entfernt. Er blieb einen Augenblick nach dem Schuß stehen, taumelte ein wenig, und zwei kleine, weiße Federn flatterten aus seinem Kleid. Dann erhob er sich mit plumpem Anlauf und Schwingenschlägen und strich, strich weit weg gen Norden über die Grenze in das Nachbarrevier, bis er endgültig in der sonnenstrahlflirrenden Ferne verschwand. Traurig steckte ich die beiden weißen Federchen an meinen Hut. An einer jeden haftete ein rubinfarbener, winziger Schweißtropfen.

Nach einigen Monaten sah ich ihn dann wieder. Doch nicht in den Wiesen, sondern im Schaufenster eines Geschäftes in unserer Kreisstadt Győr, dessen Eigentümer Jäger und Mitpächter des Nachbarreviers war. Der Hahn stand da, schlecht präpariert wie die meisten Trapphähne, in seiner ganzen „Pracht". Er war im Nachbarrevier einige Tage nach meinem Pech zur Strecke gekommen. Angeblich war er auch krank gewesen. Der Aufschrift nach soll er 18 Kilogramm gewogen haben, und wenn dem so war, ist es der schwerste, jedenfalls aber der stärkste Hahn, den ich jemals zu Gesicht bekam.

Seitdem habe ich keinen Schuß mehr auf Trappen abgegeben.

Damals, als ich angehender Ornithologenlehrling war, habe ich mich auch mit dem Beringen von Jungtrappen befaßt.

Das Bezeichnen von Vögeln mit numerierten und Namen und Anschrift des herausgebenden Institutes tragenden Aluminium- und Messingringen hat uns von ihrer geheimnisvollen Wanderung, ihrem erreichbaren Lebensalter, Veränderungen ihres Gefieders und noch vielen anderen Fragen sehr viele wertvolle Erkenntnisse gebracht.

Wir versuchten auch Trappenküken zu beringen. Es war keine leichte Aufgabe in den einförmigen, zusammenhängenden Wiesen von vielen tausend Hektar die führenden Trappenhennen und ihre

Küken zu finden. Denn sie fanden überall passende Brut- und Aufzuchtplätze. Wir mußten also mehr oder weniger blindlings suchen. Wir entwickelten unsere Methoden hierzu, doch als größte Schwierigkeit erwies sich nicht das Finden der Küken.

Die Jungtrappen haben schon als Eintagsküken verhältnismäßig dicke Ständer, doch kann man sie nicht eher beringen als unmittelbar bevor sie flügge werden.

Die Ständer der Trappenküken entwickeln sich nämlich im langen Lauf des Wachstums sehr stark, sie werden viel dicker, so daß, wenn wir sie im frühen Alter beringen würden, der Ring ihnen später zu eng wird und den Lauf abschnürt. So konnten wir in mehreren Jahren nur zwei oder drei Jungtrappen finden, die zum Beringen das passende Alter hatten. Zurückgemeldet wurde jedoch keine von ihnen.

Im Jahre 1934, im Alter von sechzehn Jahren, nahm ich am achten Internationalen Ornithologischen Kongreß in Oxford teil. Ich war der Benjamin unter den langbärtigen Wissenschaftlern und war mächtig stolz darauf. Ich hielt dort sogar einen Vortrag von einem wunderschönen Greifvogel, der Wiesenveihe, die damals in der Hanság in verthältnismäßig großer Zahl brütete und mit deren Lebensweise und Ernährung ich mich jahrelang ernstlich befaßt hatte. Jetzt, aus dem Abstand von vierzig Jahren auf meinen damaligen Auftritt zurückblickend, kann ich ganz unvoreingenommen mit gesetzter Nüchternheit behaupten, daß ich Erfolg hatte.

Eigentlich ist es schade, daß aus mir doch kein Ornithologe geworden ist. Auch so hätte ich meiner Passion leben können, obwohl mein Lebenslauf dann gewiß weniger holprig, doch auch sicherlich weniger bunt gewesen wäre. Ein Jägerleben, wie ich es hatte, hätte ich bestimmt nicht führen können!

All dies habe ich nur deswegen erzählt, weil ich zwei Jahre nach dem Kongreß vom Direktor des Londoner Zoos einen Brief bekam. Ob ich ihnen einige Trappenküken schicken könnte?

Ich war über den Auftrag erfreut, doch fragte ich zurück, ob sie wohl mit gutem Gewissen die Hoffnung hätten, die Küken aufziehen zu können.

Sie sagten ja.

Na gut, sie müssen es besser wissen.

Damals machte ich gerade meinen Militärdienst, doch hatten wir an Wochenenden schon Urlaub. In der zweiten Junihälfte bin ich dann an zwei Sonnabenden schnurstracks in die Hanság zu Laci Csepi gefahren, um den Sonntagmorgen auf Trappensuche zu verbringen.

Unsere Sache wurde dadurch erleichtert, daß zu dieser Zeit, wenn die Jungtrappen schon ungefähr die Größe von Haushennen haben, mit dem Schnitt der Wiesen begonnen wurde. Das heißt, daß viele Streifen schon geschnitten waren, auf denen die Trappenmütter mit ihren taunassen Küken in der Morgensonne herumstolzierten. Denn bei der Nahrungssuche im hohen Gras wurden sie vom kalten Tau auf den Gräsern vollständig durchnäßt.

Wenn wir sie vom Wagen aus von weitem auf der geschnittenen Fläche entdeckten, so fuhren wir so schnell wie möglich hin und behielten das oder die Küken ständig im Auge, um festzustellen, wo sie sich im Bewußtsein ihrer vorzüglichen Schutzfarbe vor unserem Wagen geduckt hatten.

An Ort und Stelle suchte und stand die prächtige braun-weiße Drahthaarhündin „Miß“ von Laci Csepi wie eine Statue die Küken vor. Wir hatten nichts weiter zu tun, als sie aufzusammeln.

Wenn wir aber die führende Trapphenne noch im morgentaubedeckten hohen Gras fanden, so „folgten wir den Fährten“. Im nassen Gras wurde nämlich der Tau an der Spur der Trappen abgestreift. Wir mußten nur der gut sichtbaren Fährte folgen, und der Hund stand dann die sich drückenden Küken vor.

So sammelten wir an zwei Sonntagmorgen je drei gut entwickelte Trappenküken. Mit dem Abendschnellzug nahm ich sie in einer großen Schachtel nach Budapest mit. Ihre melodische Klagestimme erregte natürlich großes Aufsehen im Zug. Dann fütterte ich sie mit Mehlwürmern, und am nächsten Tag flogen sie nach London. Nachmittags wurden sie schon dort erwartet. In der damaligen Zeit war solche Eile der Technik noch sehr ungewohnt.

Doch mit der Aufzucht wurde es leider nichts. In Kürze bekam ich die traurige Nachricht, daß alle Küken eingegangen waren.

Damals wußte ich schon, daß die Aufzucht der Trappenküken besonders schwierig ist.

Seitdem wurde auch die Lösung dieses Problems gefunden. Ich selber habe öfters erlebt, wie aus ausgemähten Gelegen erbrütete Küken aufgezogen wurden.

Das junge Trappenküken ist ein ungeschickter, dummer Jungvogel, der selbst keine Nahrung aufnimmt. Offensichtlich erhält er die Insekten, weiche Schnecken und ähnliche Nahrung anfangs aus dem Schnabel des Muttervogels. Deswegen muß man ihm auch in Gefangenschaft diese mit der Pinzette reichen. Und zwar mindestens zwei Wochen lang. In dieser Zeit gewöhnen sich die Jungvögel so sehr an ihre Menschenamme, daß sie auf ihr ganzes Leben die Scheu vor ihm verlieren. Leider verwildern sie auch nie wieder.

Die Jungtrappen dürfen vor allem nicht überfüttert werden. Denn sie sind sehr gefräßig, und wenn sie immer so viel gereicht bekommen, wie sie zu sich zu nehmen imstande sind, entwickelt sich ihr von Natur aus schon schwerer, behäbiger Körper allzu schnell, und die sich langsam verstärkenden Ständer können das Gewicht nicht mehr tragen. Bald kommt der Jungvogel dann nicht mehr auf die Beine.

Schwierige jagdliche Aufgaben hatten immer eine besondere Anziehungskraft für mich. Ein schweigsamer alter Hirsch, dem ich nachstellte, das Gespenst eines Waldbockes, den man belauern mußte, die Erlegung des unsteten, seinen Einstand immer wechselnden alten Keilers, vom Otter, vom Marder überhaupt nicht zu reden, denn ich brachte es fertig, auf dem Otteransitz viele Nächte zu verbringen oder tagelang einer Marderspur in den Bergen zu folgen. Was dies bedeutet, weiß nur einer, der es selber versucht hat!

Doch der balzende Trapphahn ist das allervorsichtigste Wild! Ich glaube, daß ihm in dieser Hinsicht kein anderes Wild gleichkommt. Wenn man behauptet, der Birkhahn hätte auf jeder Feder ein Auge, so gilt dies in noch viel größerem Maße für den Trapphahn! Sein Gesichtsvermögen ist schärfer als das des ebenfalls sehr wachsamen Rottieres. Meiner Erfahrung nach äugt er schärfer als die großen Greifvögel, wie Adler, Habicht und Bussard.

Es ist häufig leicht, anderes Wild anzupirschen. Rot- und Rehwild haben oft beim Äsen das Haupt tief und können den anpirschenden Jäger nicht eräugen. Hingegen ist der Hals des Trapphahnes fast ständig hochgestreckt. Er krümmt ihn bloß auf kurze Zeit zum Boden, wenn er etwa ein Insekt oder grünes Blatt aufnimmt; seine scharfen Augen spähen ständig in die Runde.

Wenn in seiner Nähe zufällig eine winzige Deckung, ein dichter Busch oder alter Heuhaufen, zu finden ist, so kann man vielleicht noch bis auf Büchsenschußentfernung in seine Nähe kriechen, wenn die niedrig stehende Sonne keinen langen Schatten wirft, der aus der Deckung „heraushängt". Im tieferen Graben muß der Jäger robben, im Wasser des Kanals waten oder tief geduckt heranpirschen.

Kritisch wird jedoch die Lage dann, wenn man sich aus der Dekkung erheben muß, damit man auch etwas vom Vogel sieht. Dann, so wie er die kleinste Bewegung hinter oder über der Deckung wahrnimmt, deines Skalps ansichtig wird, ist er sogleich fort, und du hast das Nachsehen.

Sei es als Jäger, sei es als Ornithologe, ich war an den Trappen stets überaus interessiert. Ich wollte immer möglichst viel von ihren Lebensgewohnheiten und insbesondere von ihrer Fortpflanzungsbiologie wissen. Besonders letztere ist höchst interessant und teilweise vielleicht auch heute noch nicht vollständig geklärt.

Es gibt Ornithologen – besonders aus älteren Zeiten –, die behaupten, Trappen seien monogame Vögel und lebten zur Fortpflanzungszeit paarweise. Dies glaube ich nicht, weil ich es nie habe beobachten können. Es gibt auch Beobachter, deren Aussagen gemäß der Trapphahn polygam sei, mehrere Hennen gleichzeitig beherrsche – genauso wie z. B. der Fasanenhahn, wo das Geschlechterverhältnis zugunsten der Hennen gut ist. Dem kann ich aus eigener Erfahrung auch nicht beipflichten.

Ich habe Trappen in mehreren Gegenden Ungarns beobachten können, nicht nur in der Hanság, sondern auch in der nördlichen Theißebene und im großen Flachland im Osten, im Komitat Békés. Überall habe ich gleichfalls festgestellt, daß sich die Hähne einzeln oder in Trupps auf dem Balzplatz aufhielten, und Hennen sich nur von Zeit zu Zeit hinzugesellten. Auch in größeren Trupps vertragen sich die Hähne friedlich untereinander – nur hie und da fallen sich zwei in die Federn; dies ist aber eher eine Art ritterliches Turnier als ein ernster Kampf, denn kurz darauf ist der Frieden unter ihnen wiederhergestellt.

Ich habe die Birkhahnbalz auch erlebt und glaube, daß die Balz und Paarung der Trappen viel Ähnlichkeit mit ihr hat.

Ich halte es auch nicht für unmöglich, daß unter solchen Umständen die Hennen sich den Hahn auserwählen, von welchem sie getreten werden.

Die geschlechtsreifen, fortpflanzungsfähigen Hennen (sie werden in ihrem vierten Lebensjahr, die Hähne aber im fünften, sechsten geschlechtsreif) legen dann ihre ein, zwei, selten drei Eier (in letzterem Fall ist fast stets eines unbefruchtet) in eine flach ausgescharrte Mulde, die vollständig bar von Nestmaterial ist. Die Henne bebrütet natürlich das Gelege allein und zieht auch die Küken selber auf. Der Hahn kümmert sich nicht um Henne und Küken – genauso wie der Fasanenhahn.

Der werfe den ersten Stein...

Ich habe eine Abneigung gegen Jagdgeschichten, in denen der Erzähler kam, sah und siegte. Und weil man deren so viele hört, möchte ich jetzt von Erlebnissen erzählen, bei denen es schiefging. Und solche kommen immer wieder vor, denn keiner von uns ist gegen einen Schabernack des Schicksals gefeit.

Die heutige Jagd ist längst nicht mehr das Beutemachen unserer Vorfahren. Denn mehr noch als wir jagen, betreiben wir Hege, „Wahlabschuß", sogar – horribile dictu – „Wildstandsbewirtschaftung". Das ist heutzutage in unseren zivilisierten Jagdgefilden nötig.

Eigentlich ist es zu bedauern, daß es so ist, denn die Jagd verliert viel von ihrer Poesie. Wir sehen uns genötigt, unser Jagen in Regeln und Richtlinien einzuordnen, sie zwischen von uns selber gesetzten Schranken einzuengen. Wir müssen uns fügen, sonst wäre die Hege der Wildbestände in unseren überkultivierten Wildbahnen undenkbar.

Doch nimmt es – so glaube ich – endgültig die Poesie, wenn der Jäger, anstatt mit der Freude seiner Vorfahren an das erlegte Wild heranzutreten, sich ihm mit Furcht und Hemmung nähert: Ob das Stück wohl alt genug ist, ob er wohl „nicht einen Fehlabschuß getätigt hat?" (Oh, welch schrecklicher Ausdruck!)

Daher kommt es auch, daß die Schulter des führenden Berufsjägers von so großer Verantwortung gedrückt wird. Denn der Gast, der mit der Gunst der Götter (sprich wegen seines Ranges oder seiner dicken Brieftasche) „den Abschuß tätigt", jagt nicht auf eigene Verantwortung. Höchstens auf eigene Brieftasche, ein Umstand, der vom führenden Berufsjäger besonders berücksichtigt werden muß. Die Verantwortung trägt der begleitende Berufsjäger, wenn der Jagdgast ein von ihm falsch angesprochenes Stück erlegt. Das

Odium für die „Minuspunkte", für falsch geschossene Böcke oder Hirsche lastet auf ihm.

Von welchem Gesichtswinkel wir sie auch betrachten, es ist in jedem Fall eine verantwortungsvolle Sache, ein oft schwieriger, schwerwiegender Entschluß, den Finger krumm zu machen oder das Todesurteil: „Bitte schießen" zu fällen. Ein Entschluß, zu dem man ift in Eile, in der Aufregung vor dem Wild, manchmal bei ungünstigen Lichtverhältnissen und sehr oft nicht ohne Zweifel, nach blitzschnellem Abwägen der Merkmale und Umstände kommen muß.

All dies bezieht sich nicht so sehr auf solche Reviere, in denen man das Rot- und Rehwild wintersüber an den Fütterungen hat, Serien von Abwurfstangen der älteren Hirsche besitzt und die meisten dieser einen Namen tragen. Dort ist das Ansprechen leichter als in den weitläufigen, noch „wilden" Jagdgefilden östlicher Länder, wo auch der Berufsjäger nur einen Bruchteil seines Wildbestandes kennt.

Um dies zu veranschaulichen, genügt ein Beispiel. Obwohl mir als Jagdleiter im Revier Lábod (50 000 Hektar) eine teilweise hervorragend gute Berufsjägergarde von fünfzehn Mann beistand, kannten wir nur einen kleinen Teil des Wildbestandes. Das Rotwild ist dort nirgends richtig „Standwild". Überall ist Deckung und Äsung, und es zieht weit umher. Man weiß nie, welchen Hirsch man vor sich hat, es sei denn einen schon angesprochenen Platzhirsch, solange er das Brunftrudel nicht verläßt. Und viel Zeit hat man meistens auch nicht zum Ansprechen. Es ist schon gut, wenn der Hirsch hinter dem Rudel bei Büchsenlicht aus der Dickung über die Schneise zieht. Da muß der Entschluß blitzschnell gefaßt werden. Und die Böcke waren in der hohen Deckung wie die Gespenster und uns nur zum geringen Teil richtig bekannt.

Unter diesen Umständen kann es dann vorkommen, daß auch dem erfahrensten Waidmann und sogar dem Berufsjäger, der ja mit dem Wild lebt, ein „Druckfehler" unterläuft. Je mehr er schießt oder Gäste führt, um so öfter! Denn nur der fällt nicht aus dem Sattel, der nicht aufsitzt!

Ich habe selber einige hundert Stück Schalenwild erlegt, allerdings größtenteils Kahlwild, habe aber Gäste auf mehrere hundert, im Laufe der vielen Jahre sogar sicherlich über tausend Böcke und Hirsche geführt. Es kam vor, daß ich mich irrte, das eine oder andere Stück falsch ansprach, mich übereilte, weil es zu schnell gehen mußte oder der Zufall mir einen Streich spielte.

Der werfe den ersten Stein auf mich, dem so etwas noch nie passiert ist! Es sind keine „schönen“ Jagdgeschichten, dafür aber lehrreiche. Die besten des bunten Straußes will ich erzählen.

Wir hatten im Láboder Revier zur Brunft auch einen Schweizer Jagdgast. Er war auf einen Kapitalen sehr scharf, doch diese waren dort nicht angebunden. Dennoch hatte er Waidmannsheil, konnte es aber nicht nützen: Im Laufe einer Woche schoß er drei Hirsche vorbei. Und ich war scharf darauf, daß er endlich seinen Hirsch auf die Decke legte und ich keine weiteren Sorgen mehr mit ihm hätte!

Noch vor Büchsenlicht wechselte ein Hirsch mit guter Stimme mitsamt seinem Rudel in eine Akaziendickung ein, in deren Mitte sich eine Schneise entlangzog. Da stand auch ein Hochsitz. Den Hirsch kannten wir freilich nicht, genausowenig wie den Großteil der Brunfthirsche. Das Rotwild war fast zum Nachtwild geworden, es zog meistens spät aus und morgens noch bei Dunkelheit in die Dickung ein. Dieser Hirsch hatte aber eine gute Stimme und breite Trittsiegel. Auch hatte er Kahlwild bei sich; so war es anzunehmen, daß er, wie die meisten dortigen Platzhirsche, reif für die Kugel war.

Nachmittags saßen wir zeitig auf dem Hochsitz. Die Akaziendickung ragte wie eine Wand beiderseits der vier Meter breiten Schneise empor.

Gegen Sonnenuntergang zog ein Tier vorsichtig auf die Schneise und sicherte lange am Rand. Wir saßen unbeweglich wie Salzsäulen. Dann zog es hinüber, das Kalb folgte ihm. Inzwischen sagte ich dem Gast, er solle sich fertigmachen. In solchen Situationen kann man nicht zögern, nicht fackeln. Man muß schießen, wenn ein reifer, jagdbarer Hirsch am Ende des Rudels erscheint, solange er verhofft. Ich selber kann aber auch nicht vor dem Kommando zum Schuß lange spekulieren, ich muß schnell die Entscheidung treffen, der Hirsch zieht in allzu kurzer Zeit über die Schneise. Er beeilt sich, seinem Kahlwild nachzuziehen.

Der Jagdgast erwartete den Hirsch am Ende des Rudels mit aufgelegter, gestochener Büchse, ich mit dem Glas in der Rechten und dem Hirschruf in der Linken. Erst kam ein sehr langes, vielendiges Geweih aus der Dickung, mit starken und breiten Kronen, und als ich auch das Haupt des Hirsches mit der Ramsnase (ich habe später dann die Erfahrung gesammelt, daß die Ramsnase bei Ungarnhirschen im allgemeinen kein charakteristisches Altersmerkmal für wirklich alte, sondern für mittelalte Hirsche ist) von der Seite sah, rutschte es mir übereilt heraus: „Schießen!"

Doch der Hirsch war in Eile. Er verhoffte nicht einmal am Schneisenrand, sondern zog über die Schneise seinem Wild nach. Er war aber kaum über die Mitte, als ich ihm aus meinem Ochsenhorn einen abgehackten Trenser entgegenwarf. Sofort stand er stramm und warf das Haupt auf. Ich riß das Glas an den Kopf und sah den „unschuldig-jugendlichen" Gesichtsausdruck des Hirsches. Jedenfalls war es kein reifer, kein alter. Der Hilferuf eines Ertrinkenden: „Nicht!" Doch im selben Augenblick knallte es, Kugelschlag, Zeichnen.

Diesen Hirsch hatte der Gast natürlich mitten aufs Blatt getroffen; er flüchtete keine 50 Gänge mehr.

Es war ein langstangiger, doch noch dünner, sieben-, achtjähriger Sechzehnender. Ich hätte am liebsten geweint!

Der häufigste Irrtum des wenig erfahrenen Hirschjägers ist, daß er anstatt des von seinem Kahlwild geschützten Platzhirsches, an den schwer heranzukommen ist, dem durch seinen Brunfttrieb unvorsichtigen, unachtsamen Beihirsch die Kugel anträgt.

Schon als angehender Hirschjäger lernte ich, daß zur Zeit der Brunft mit Ausnahme der selten anzutreffenden wandernden alten, starken Hirsche die einzelgehenden zumeist einem Rudel folgen. Dessen Herr und Gebieter ist der stärkere Hirsch – zumindest was die Körperkraft anbelangt. Meistens trägt er auch das stärkere Geweih. Er ist der ältere Hirsch. Ich habe aber auch schon zwei während der ganzen Brunft einzelgehende alte Hirsche mit über 9 bzw. 11 Kilogramm Geweihgewicht gekannt, die auch zur Strecke kamen.

Das Pech mit dem Beihirsch hat mich bislang verschont. Weder ich selber noch später einer meiner Gäste haben versehentlich anstatt des Platzhirsches den Beihirsch erlegt.

Doch ist es passiert, daß bei winterlicher Pirschfahrt im hohen Holz mit viel Sträucherunterwuchs der Jagdgast nicht den ausgewählten Eissprossenzehner mit langen Gabeln schoß, als das Hirschrudel, um den Pirschwagen einen Bogen schlagend, nach hinten zog. Als das Blatt des Hirsches für kurze Augenblicke zwischen zwei Baumstämmen in einer breiten Lücke frei war und ich „schießen" sagte, knallte die Büchse neben mir. Der Hirsch brach auch zusammen, aber es war ein anderer, der auf der Nebenlücke erschienen war. Freilich war dieser kein zum Abschuß freigegebener Gabelhirsch, sondern ein Vierzehnender mit guten Kronen. Der Jagdgast schwor hoch und heilig, daß er sich in der Hitze des Gefechtes geirrt habe (er war ein sehr erfahrener Jäger), aber ich ahnte und bin bis zum heutigen Tage fest davon überzeugt, daß er für dieselbe Schußprämie lieber ein Kronengeweih heimbringen wollte. (In Ungarn werden die Abschußprämien nach dem Geweihgewicht berechnet, gleich, ob Kronenhirsch oder nicht.) Denn dies war sein erster Ungarnhirsch. Doch wer kann in jedem Fall die komplizierte Gedankenwelt der Jagdgäste durchschauen?

Ein einigermaßen ähnliches, doch richtiges Pech widerfuhr einmal einem lieben Jagdkameraden. Er schlich in einem Akazienbestand mit viel Holunderwuchs in hügligem Gelände einem Brunftrudel nach. Der Hirsch knörte nur ab und zu, trieb und sprengte sein Wild. Mal hier, mal dort schien ein roter Fleck durch das Grün des Laubes. Er mußte nahe dran bleiben, um überhaupt etwas erkennen zu können. Die Gefechtslage war aufregend. Er konnte auch das Geweih erblicken und sah, daß der Hirsch gut und reif für die Kugel war, denn Haupt, Träger und Blatt waren für kurze Zeit in einer Lücke zu sehen. Es reichte gerade zum richtigen Ansprechen. Der Hirsch war gleich wieder von den Blättern verdeckt. Jetzt knörte er ein paar Schritte weiter, eine Bewegung, Glas hoch – ja es ist der Hirsch, schnell die Büchse –, der rote Fleck ist noch dort! Das Fadenkreuz steht auf der Rippenpartie, als die Büchse spricht. Rauschende Blätter, knackende Äste, dann Stille. Am Anschuß viel Lungenschweiß, nach einer kurzen Schweißfährte liegt – ein Schmaltier. Es hatte den Platz mit dem Hirsch gewechselt, während der Jäger Glas mit Büchse tauschte.

Ein ähnliches Pech stieß mir mit einem Rehbock zu. Mit einem jungen, sehr passionierten Jagdgast, der in seiner Heimat Forstmann war, pirschten wir zu Fuß zur Blattzeit in dem Erlen- und Wiesengelände der Hanság in Westungarn. Ein Bock, der die Kugel verdiente, trieb seine Ricke auf einer Wiese. Wir konnten uns hinter der Baumreihe, welche die Wiese begrenzte, gedeckt anpirschen. Als wir in die Höhe der Rehe kamen, lugte ich links und der Gast rechts von einem Busch auf die Wiese hinaus. Aber nur sehr gedeckt und durch schmale Lücken, weil die Rehe nahe waren. Ich sehe den Bock und nicke dem Gast zu, er könne ihn schießen. Die Büchse knallt, der Bock bleibt noch einen Augenblick stehen, äugt um sicht und springt ab. „Vorbeigeschossen!" sage ich. „Keine Spur, er hat einen Blattschuß und zeichnete gut!"

Ich konnte das Geschehene nicht klar deuten, bis wir den Anschuß und den blasigen Lungenschweiß einige Schritte vom Platz entfernt fanden, wo der Bock gestanden hatte. Wie erwartet, lag am Ende der kurzen Todesflucht das Schmalreh!

Dem Gast war die Angelegenheit natürlich sehr peinlich. Er entschuldigte sich damit, daß ihm das Haupt des Bockes verdeckt war, und als ich ihm das Zeichen gab, hatte er geschossen. Freilich: „schieße nur dann, wenn du einwandfrei angesprochen hast". Aber ich tröstete ihn noch damit, daß nur der aus dem Sattel fällt usw.

Meinem Bruder ist einmal etwas sehr Seltsames passiert. Ich habe Ähnliches nur äußerst selten und auch nur vor vielen Jahren in Jagdzeitschriften gelesen. Ebendeshalb glaube ich, daß man ihn nicht mit großen Steinen bewerfen sollte, sondern höchstens mit Kieselsteinen, da seine Jägerseele von keiner Todsünde belastet wird.

Vor vielen Jahren – er war noch ein angehender Jüngling – pirschte er eines Abends einen Waldrand entlang, zur Zeit, als die Rehe schon austraten. Er erblickte auch einen reifen, jagdbaren Bock, der etwa 40 Schritt vow Waldrand entfernt in einem Kartoffelschlag äste. Er schoß auf den Bock ohne Auflage oder eine Möglichkeit zum Anstreichen, kniend freihändig. Kein Zeichnen, der Bock wendete nur und verschwand hochflüchtig, doch mehrmals laut schreckend im Wald. Mein Bruder hörte nicht nur das Schrek-

an – und ließ sie leben, außer zweien, die wirklich uralt waren. Die hatten aber auch eine breite Stirn und ein altes, müdes Gesicht.

Ich ampfehle besondere Aufmerksamkeit für die Böcke mit geschecktem Gesicht. Sie sind – zumindest in unseren Rehbeständen – fast immer jung. Sie haben auch einen den Windfang ringartig umgebenden, scharf abgegrenzten, hellen Muffelfleck. Insbesondere bei unseren Feldrehen kommt es aber oft vor, daß auch alte und uralte Böcke einen hellen Muffelfleck haben; der zieht sich jedoch im Gegensatz zu dem junger Böcke den Nasenrücken hoch hinauf und ist nicht scharf abgegrenzt.

Die Seiten des Hauptes sind bei alten Böcken meist eintönig braungrau. Ich kenne einige wenige Gegenden und ihre Rehbestände in Ungarn, bei denen die alten Böcke eine sehr auffallende Brille tragen. Die hat als Altersmerkmal noch nie getrogen. Bei den allermeisten Rehbeständen fehlt aber die Brille als Altersmerkmal vollständig, und es bleibt der Gesichtsausdruck als untrüglichstes Zeichen. Beim Ansprechen des Alters richte ich mich auch gefühlsmäßig nach ihm; der trügt am wenigsten. Dabei benutze ich auch in weiten Feldrevieren immer das Spektiv des Hochgebirgsjägers, das mir hervorragende Dienste leistet.

Mit Böcken, die auffallend stark im Wildbret sind, muß man besonders vorsichtig sein. Hauptsächlich im Feldrevier, und bevor sie verfärbt haben und noch die Winterdecke tragen!

Mit solchen habe ich mir auch schon zwei, drei Mal die Finger arg verbrannt. In Ungarn geht die Bockjagd am ersten Mai auf. Die Rehe verfärben aber erst etwa Mitte Mai, doch fälls besonders in Feldrevieren die Hauptjagdzeit unmittelbar in die ersten Maitage, wenn das Getreide nicht zu hoch steht und die Rehe nicht vollständig verdeckt. Man kann dann neben den schlechten auch einige starke Böcke auf die Decke legen, wenn man die mittelalten als Nachwuchs leben läßt. Es ist heute schon allgemeine Ansicht sowohl der Wildbiologen als auch der erfahrenen Jäger und eine Richtlinie bei der pflichtmäßigen Bewertung der Trophäen, daß das Reifealter der Böcke nicht unter dem 6 bis 7 Kopf liegt, weshalb ein mit 4 bis 5 Jahren erlegter starker Bock mit Minuspunkten bedacht wird.

Das Winterhaar verdickt den Träger des starken Bockes noch mehr, und wenn wir bei einem in Gebäude und Knochengerüst starken Bock nur auf Hals und Gehörn achten, und nicht das Verhältnis zwischen Körper und Träger und das Gesicht berücksichtigen, kann allzu leicht ein Fehler unterlaufen. Im Glauben, einen alten, kapitalen Bock vor uns zu haben, fällen wir das Urteil und schießen den im Gebäude stämmigen, von Gesundheit und Kraft strotzenden, allerbesten „Zuchtbock" im Alter von 4 bis 5 Jahren. In 3 bis 4 Jahren würde er es bestimmt zu einem noch stärkeren, unbedingt aber reiferen Kopfschmuck gebracht haben und hätte sich auch noch vielmals vererben können. Denn ob wir an den Erfolg des Wahlabschusses und der Auslese bei unserem Schalenwild glauben oder nicht (ich selber messe ihm keine allzu große Bedeutung bei), fest steht doch sicherlich, daß man die im Wildbret stärksten Stücke dem Wildbestand zur Vermehrung belassen soll.

Anläßlich der Frühjahrsjagd auf Rehböcke begleitete ich einen ausländischen Jagdgast in einem Feldrevier Ostungarns. Im Revier war ein starker Bock für uns zum Abschuß frei. Der führende Jagdleiter zeigte uns den Bock als Kapitalen, den ich erst vom Jagdwagen aus photographierte, weil wir uns Zeit lassen und ihn ganz genau ansehen wollten. Obwohl er ein sehr starkes Gehörn hatte und sehr stark und gedrungen im „Gestell" war, schätzten wir ihn nur auf mittelalt – gewitzigt durch vorhergegangene obige Erfahrungen. Der Jagdleiter jedoch drängte uns zu schießen, weil er den Bock für kapital und alt hielt. Mein Freund schoß ihn dann endlich; so konnte ich ihn auch auf der Strecke photographieren. Befund nach Zahnabschliff, Rosenstöcken, Naht am Stirnbein: höchstens 5 Jahre. Er erhielt auch bei der Bewertung als zu jung geschossen drei Minuspunkte – und die Jagdgesellschaft keine Abschußprämie für den Bock.

Die sehr alten Böcke, besonders die, welche einen schwächeren Knochenbau haben, werden bekanntlich oft wieder schwach im Wildbret mit einem dünnen Träger. Die bulligen, kraftstrotzenden Böcke sind meistens nicht die ältesten, und wir handeln in jedem Fall im Interesse unseres Bestandes, wenn wir sie länger leben lassen.

Leider genießen die Bachen in unserem Lande keine Schonzeit. Dies ist auch erklärlich, denn der Sauenbestand nimmt trotz scharfer Bejagung ständig überhand. Die Schwarzkittel breiten sich immer weiter aus und sind allmählich auch im Herzen der fast waldleeren ungarischen Tiefebene, im Schilf der großen Fischteiche und in den schmalen Theißauen zum Standwild geworden. Doch wenn sie auch überall und ständig verfolgt werden, so gebietet doch die Ethik unseres Waidwerkes, aber auch unser menschliches Mitgefühl, daß führende Bachen geschont werden, und das ganz besonders in Frühlings- und Sommermonaten.

Damit möglichst viele führende Bachen der Kugel entgehen und keine Frischlinge verwaisen, erzähle ich zwei Erlebnisse mit führenden Bachen, die mir selbst zugestoßen sind.

An einem sonnigen Maimorgen saß ich auf meinem „Auslugbaum" an der Ecke einer großen Schilfdickung im Bruchrevier der Hanság südöstlich des Neusiedlersees. In Ermangelung von Hochständen hatte ich damals meine Aussichtsbäume an strategisch wichtigen Punkten. Von diesen aus konnte ich das mit einzelnen Wiesenflächen durchsetzte, mit Salweiden, Erlen- und Weidenanflug, mannshohen Nesseln und Goldraute bestandene weite, flache Land übersehen. Ich hatte damals noch wenig Erfahrung mit Sauen. Ich möchte dies nicht als Entschuldigung sagen, aber es war der Grund, warum ich den groben Fehler beging.

Ich sah weit draußen auf der Wiese in der Nähe eines mit Schilf und Binsen bewachsenen Grabens vier Sauen im hohen Gras. Besser gesagt, nur ihre Rücken. Ich hatte guten Wind, kletterte also flugs vom Baum und pirschte sie direkt an. Das war nicht schwierig; im Handumdrehen war ich auf etwa 80 Schritt an die vier Sauen im Deckung bietenden hohen Gras heran. Ihre Rücken waren gut sichtbar, und ich hätte einem jeden Stück die Kugel leicht antragen können. Doch im Hinblick auf die Jahreszeit und die zusammengerotteten vier starken Sauen hatte ich Verdacht, daß eine oder auch mehrere führen könnten. Im hohen Gras jedoch konnte ich weder Frischlinge erblicken noch ihr charakteristisches grunzendes „Gespräch" vernehmen.

Ich wartete unentschlossen einige Minuten, bis endlich ein Stück Richtung auf eine zimmergroße, mit niedrigerem Graswuchs bestandene Fläche nahm, wo vormals ein Fahrweg entlangführte, und die ich von meinem Stand gut einsehen konnte. Gut so, hier werde ich feststellen können, ob ihr Frischlinge folgen. Die Sau trat auch aus, verhoffte in der Mitte der freien Fläche. Das Gras war doch so hoch, daß es das Gesäuge verdeckte, doch ich wartete auf die Frischlinge, die nicht kamen. Ich schoß immer noch nicht, sondern wartete, bis sie weiterzog und setzte ihr die Kugel, ehe sie verschwand, aufs Blatt.

Zu meinem großen Schreck und Leidwesen hatte die Bache ein Gesäuge! Wie war das denn möglich? Was ich damals noch nicht wußte, doch später sehr oft zu beobachten die Möglichkeit hatte, bietet eine Erklärung. Die Frischlinge der Bachen, die sich in eine Rotte zusammengetan haben, bilden sehr oft auch eine „Rotte der Jugend", mischen sich, nicht jede Bache führt ihre eigenen Frischlinge, wie dies zum Beispiel bei zum Rudel zusammengetanenen Rottieren im Sommer und in geringerem Maße bis in den Winter hinein der Fall ist. Die Frischlinge sind alle mal hinter der einen, mal hinter der anderen Bache. Sie sind in der Rotte, nicht bei ihren Müttern!

Ich kann mich damit trösten, weil ich dessen sicher bin, daß die anderen Bachen die Waisen weiterhin führen und sogar auch säugen.

Ich pirschte in einer klaren, fast taghellen Vollmondnacht im November im südlichsten Revierteil von Lábod in den Waldungen um das Dorf Csokonya. Das war eines unserer besten Sauenreviere. Obwohl weder das Jagdpersonal noch ich als Jagdleiter sonst Sauen schossen – und Keiler erst recht nicht, da diese für Gäste „aufgehoben" wurden –, hatte ich die Absicht, einen oder zwei Überläufer zu schießen, da das Wildbret gebraucht wurde.

Ich pirschte eben auf einem Weg mit alten Akazien von Baum zu Baum, als rechts von mir auf ungefähr 150 Schritt zwei schwache Sauen aus dem Schatten eines bewaldeten Grabenrandes auf die helle, mondbeschienene Fläche kamen und mal ziehend, mal in Troll fallend sich schnell näherten.

Ich nahm Deckung hinter einem dicken Akazienstamm und sprach die Sauen durch mein Nachtglas an. Beide gleich schwache

Stücke, Überläufer, wahrscheinlich verspätete Frischlinge vom Vorjahr, keine ausgewachsenen, schweren Sauen. Möglich aber, daß sie schon führten. Die Sauen waren bereits nahe heran, und ich beobachtete noch immer das Gelände hinter ihnen, ob wohl Frischlinge folgten. Doch war weit und breit nichts zu sehen, obgleich ich ihren Wechsel bis zum Graben einsehen konnte.

Ich machte mich also hinterm Baum fertig. Kommt nur, ihr lauft mir schön in die Büchse!

Sie kreuzten den Weg in Schrotschußentfernung vor mir. Ein letzter Blick, keine Frischlinge dahinter. Ich schoß die vordere aufs Blatt; die Kugel riß sie um. Die hintere sprang auf den Schuß so blitzschnell mit einer Wendung ab, daß sie, als ich flugs repetiert hatte, mir den Pürzel zeigend flüchtete. Zum Glück konnte ich nicht mehr schießen.

Denn als ich mir eben nach der Aufregung die Zigarette ansteckte, mehr als eine Minute war sicherlich vergangen, kamen – alle Heiligen im Himmel! – fünf kleine, fast noch gestreifte Frischlinge auf demselben Wechsel, leise grunzend nach Art der Frischlinge. Ich wurde fast starr vor Schreck! Sie verhofften einen Augenblick bei der gestreckten Sau; dann setzten sie ihren Weg fort und folgten der zweiten Überläuferbache.

Ich glaube, ich kann mir wirklich keinen Vorwurf machen! Ich habe mit aller gebotenen Umsicht gehandelt, und doch ist das Unglück passiert. Ich könnte nicht einmal schwören, daß ich das nächste Mal besser achtgeben werde.

Das sind die traurigen, gottlob seltenen Ereignisse, nach denen einem die Lust an der Jagd vergeht.

Es ist bekannt, wie fest der Bock seinen Einstand hält.

In diesem Zusammenhang möchte ich eine lehrreiche Geschichte erzählen, in der, wie es sich für dieses Kapitel ziemt, auch Jagdsünden eine Rolle spielen.

Wir jagten mit einem der allerersten deutschen Jagdgäste im riesigen Revier um Magyaróvár in Westungarn auf Frühjahrsböcke. Der Gast führte einen gewaltig langen und schweren Repetierer, aus dem er die Patrone „vom Hofe“ 5,6×61 verschoß. Eine riesige Hülse mit einem ganz dünnen und spitzen Geschoß, ein ballistisches Wunderstück, das natürlich nur für schwaches Schalenwild gedacht war. Es hat eine so gestreckte Flugbahn, daß man praktisch mit einem Haltepunkt schießen kann.

Die Büchse war im Felde wunderbar. Man konnte mit ihr phantastische, fast schon an Zauberei grenzende Schüsse tun. Doch war sie im Wald kaum zu gebrauchen, denn wie die meisten Hochrasanzgeschosse zerlegt sich auch dieses bei der Berührung des dünnsten Zweiges oder Unkrautstengels.

Aber nicht nur, daß die Büchse gut schoß, auch ihr Besitzer konnte hervorragend schießen. Er erlegte damit mehrere Böcke auf Entfernung von 200 bis 300 Schritt, alle sauber aufs Blatt.

Mir war solch eine Hochrasanzbüchse damals (wir schrieben das Jahr 1958) völlig neu, und ich lobte sie gebührend und aufrichtig, ebenso die Schießkunst ihres Meisters.

Dann bekamen wir einen älteren, doch schwachen Gabelbock auf einer weiten Saatfläche in der Nähe einer größeren Fasanenremise in Anblick. Ich will keine Entfernung erwähnen. Es soll genügen, daß er sehr, sehr weit stand. So weit, daß ich an Schießen überhaupt nicht dachte.

Der Gast wollte mich aber offensichtlich völlig in Staunen versetzen, denn er zielte mit entsicherter, auf die Lehne des Wagensitzes aufgelegter Büchse nach dem Bock.

„Sie wollen doch nicht schießen?“ fragte ich.

„Doch, und ich treffe ihn auch aufs Blatt!“

Er sagte dies mit solcher Selbstsicherheit, daß ich ihn gewähren ließ, obwohl der Bock zwei lange Kugelschüsse entfernt war. Ich habe es hinterher sehr bereut, daß ich ihm nachgegeben hatte.

Wir mußten sogar einige Augenblicke nach dem Knall warten, bis die Kugel den Bock erreichte. Dann zeichnete er mit einer hohen Flucht, genauso wie bei einer Kugel aufs Schulterblatt, und wurde zum Wald hin flüchtig. Der linke Vorderlauf schlenkerte hoch oben. Das wäre an sich nicht schlimm. Bei einem tiefen Blattschuß schlenkert er auch. Doch während er in letzterem Fall immer niedriger wird und nach einigen Fluchten verendet zusammenbricht, wird er bei einem Laufschuß immer flüchtiger.

Zu unserer großen Bestürzung geschah das in diesem Fall. Der Bock verschwand im Wald. Der Gast versuchte nicht einmal, den lahmen Bock flüchtig zu schießen. Ich selber hätte ihm bestimmt einige Kugeln nachgesandt. Die Chance zu treffen ist klein, aber man muß es versuchen.

Meinen Deutsch-Kurzhaar Legény hatte ich damals noch nicht. In Ermangelung eines auf Schweiß arbeitenden Hundes mußten wir versuchen, der Schweißfährte zu folgen. Den Gast stellten wir mit seiner langen Büchse auf die Schneisen vor. So ist es freilich sehr schwierig, fast aussichtslos, eines laufkranken Bockes habhaft zu werden. Man braucht schon gewaltigen Dusel dazu. Wir gingen auch jetzt leer aus. Aus dem einen Jagen ging er zu früh heraus, aus dem anderen seitlich; dann wurde er auf der schmalen Schneise vorbeigeschossen, als er flüchtig kam. Am Ende verloren wir nach etwa drei Kilometern die Fährte. Der Bock war verloren – zumindest vorläufig.

Der Schütze beging nicht nur den Leichtsinn, daß er auf riesige Entfernung schoß, sondern noch einen Fehler: Er hätte nicht auf das Blatt, sondern auf die Rippen zielen sollen! Dies hat mir schon als Junge mein Lehrmeister beigebracht, so daß ich seitdem immer hinter das Blatt in die Kammer schieße. Insbesondere und in jedem Fall aber dann, wenn ich aus irgendeinem Grund genötigt bin so weit zu schießen, daß ich höher halten muß und so nicht ganz genau weiß, wieviel das Geschoß fällt. Wenn man dahin hält, schweißt man das Wild nicht an, wenn die Kugel zu tief fällt. Sie geht unter dem Wildkörper durch, ohne den Lauf zu verletzen.

Doch kam der arme dreiläufige Bock am dritten Tag doch noch zur Strecke.

Wir versammelten alle Berufsjäger des großen Reviers mit ihren nur auf Niederwild arbeitenden Hunden und kämmten den Wald durch: Wir begannen mit dem Jagen, in das der Bock nach dem Schuß eingewechselt war, denn dort war offensichtlich sein Einstand. Wir fanden ihn auch gleich, und es gelang uns jetzt, ihn von seinen Leiden zu erlösen.

Nach meinen Erfahrungen würde ich Gift darauf nehmen, daß der mit Laufschuß oder bloß reinem anderweitigen Wildbretschuß angeschweißte Bock spätestens in zwei, drei Tagen nach der erfolglosen Nachsuche in seinen alten Einstand zurückkehrt. Dies könnte ich noch mit mehreren ähnlichen Begebenheiten beweisen, doch sollte es genügen zu sagen, daß in jedem Fall, wenn die Nachsuche auf einen laufkranken Bock erfolglos verlief, wir ihn zwei, drei Tage später unbedingt in seinem Einstand wiederfanden und mit Hunden zur Strecke bringen konnten.

Ich war im Dezember mit dem Rickenabschuß in einem ostungarischen Feldrevier beschäftigt. Wir gehen fehl, wenn wir dies als „Wahlabschuß" im genauen Sinn des Wortes bezeichnen. In dem Revier von 20 000 Hektar Fläche sollten gemäß Abschußplan 250 Stück weibliches Wild erlegt werden. Wie kann man den notwendigen Abschuß erfüllen, wenn man nur kranke, schwache Stücke schießt? Es muß in solchen Fällen „Strecke gemacht werden"; nur das Stärkste leben lassen und die schwächeren Stücke schießen. So sieht es jedenfalls in der Praxis aus.

Es war ein schwieriges Unternehmen, denn die Rehe, die alle schon „Pulver gerochen hatten", sprangen auf sehr weite Entfernungen ab, und man mußte oft auf 250 bis 300 Meter Entfernung schießen. In meiner Berufsjägerzeit hatte ich dieses Handwerk viel betrieben und bin daraufgekommen, das Zielfernrohr, auf maximale Vergrößerung gestellt, beim Ansprechen zu benützen. Mit dem kann ich ansprechen, welches das Rickenkitz ist, kann es im Glas verfolgen, und wenn die Bahn für die Kugel frei ist, auch sofort schießen. Wenn ich aber Glas gegen Büchse tauschen muß, finde ich oft das Stück nicht wieder, das ich vorher angesprochen habe.

Es waren schon fünf Stück in der Kelle des Wagens verstaut, als wir auf einem kleinen Hügel inmitten eines großen Luzernenschlages am Rande eines kleinen Weingartens ein einzelnes Reh erblickten. Es hielt auf Schußentfernung aus, war auch eine Ricke, aber als ich schießen wollte, wendete sie und trat zwischen die Weinstöcke. Im selben Augenblick wurde vom Fuße eines Nußbaumes noch ein Stück hoch, und beide verschwanden hinter dem Hügel. Als wir mit dem Pirschwagen den Hügel umfuhren, erblickten wir in der Senke dahinter die zwei Stücke sofort wieder. Das eine war ein schwaches Rickenkitz. Sie schickten sich schon an abzuspringen, als ich schoß. Es brach zusammen. Das andere Stück konnte nur die Mutter des Kitzes sein. Ich mußte es also schießen. Vorhin hatte ich genau gesehen, daß es eine Ricke war, und was konnte es anken, sondern konnte auch sehen, wie der Bock beim Schrecken den Äser öffnete. Es war also sicherlich der Bock, der schreckte. Mit Recht wähnte er den Bock als vorbeigeschossen, da ja ein angeschweißter Bock nicht schreckt. Er fand es überflüssig, sich Anschuß und Fluchtfährte anzusehen. Er sagte bloß etwas Unziemliches, drehte sich um und verließ auch schon den Schauplatz seiner Schmach.

Nicht zu Unrecht ist eine der Grundregeln unseres Waidwerks, daß der Anschuß und die Fluchtfährte unter allen Umständen untersucht werden muß. Der Teufel schläft nämlich nicht, wie er auch in diesem Fall nicht schlief!

Drei Tage danach kam die Nachricht, daß ein Hirte, dem Verwesungsgeruch nachgehend, den verendeten Bock einige Schritte vom Waldrand entfernt gefunden hatte. Als Strafe für die Nachlässigkeit meines Bruders schlug er das Gehörn des Bockes ab – doch mit der Axt. Ein Glück, daß er nicht jede Stange gesondert vom Rosenstock abschlug, doch blieb bloß ein winziger Stirnknochen am Gehörn. Es konnte nur mit Hilfe eines breiten Messingbandes auf das schräg geschnittene Birkenschild montiert werden und bekam den Namen „Sündenbock“.

In meinen Jugendjahren behaupteten die alten Jäger noch viel öfter schier unglaubliche Dinge aus der Natur- und Wildkunde als heutzutage. So hörte ich oft Erzählungen von Böcken mit vollständig altersgrauem, fast weißem Gesicht und starkem Gehörn. Freilich glaubt ein Junge solche Sachen allzu leicht und vergißt sie auch nicht.

Viele Jahre später, es sind fast zwanzig Jahre her, führte ich den allerersten ausländischen Jagdgast zur Hirschbrunft in der Bruchlandschaft der Hanság in Westungarn. Es war schon heller Morgen mit strahlendem Sonnenschein. An Hirsche war kaum mehr zu denken, als wir mit einem Rehbock zusammentrafen. Er hatte ein „altersgraunes“ Gesicht; auch die Stirn war vorn und beiderseits bis zu den Lauschern grau, fast weiß. Wir schossen ihn sofort, ohne zu zögern – es war ein Dreijähriger.

Seitdem habe ich noch vier oder fünf von dieser Sorte angetroffen, sie sind sehr selten. Ich war aber schon gewitzt, sprach genau ders sein als die Mutter des Kitzes? Es sprang nach dem Schuß ab und flüchtete quer vor dem Wagen nach rechts, so daß ich es eine Zeitlang hinter dem Rücken des Kutschers nicht sehen konnte. Dann wurden seine Fluchten kürzer. Es blieb stehen, um auf das Kitz zu warten, als ich ihm auf die Rippen schoß. Bei der Todesflucht konnten wir den Pinsel schon sehen; es war aber zu spät.

Seitdem zerbreche ich mir immer noch den Kopf, wie das passieren konnte. Freilich hätte man noch vor dem Schuß genau ansprechen sollen.

Der Zufall hat mir einen bösen Schabernack gespielt, doch ist es wahr, daß ich den großen Fehler beging, in der Eile nicht genau angesprochen zu haben. Es war ein im Gebäude schwaches, zweijähriges Böckchen, in dieser Zeit vollständig kahl, was aber mein übereiltes Handeln nicht entschuldigt.

Zum Abschluß noch eine „Blitzgeschichte".

Seit langer Zeit ist es mein Prinzip, nicht über einen, der sonst ein guter Jäger ist, den Stab zu brechen, wenn er selber oder der Gast, den er führt, ein noch nicht reifes Stück schießt, einen jagdlichen „Druckfehler" begeht. Weil dies ja immer und überall, mit jedem vorkommen kann. Keiner ist vor einem Irrtum oder dem Spiel des Zufalls gefeit.

Es passierte in der Frühjahrsjagdzeit der Böcke in Lábod. Wir waren voller Gäste und „arbeiteten im Großbetrieb". Abends und morgens fuhr jeder Gast mit seinem Berufsjäger in getrennte Reviere pirschen. Eines Morgens kommt ein Gast mit einem der tüchtigsten und im Ansprechen firmsten Berufsjäger zurück, und sie bringen nicht einen, sondern gleich zwei Zukunftsböcke. Bei diesem Anblick verließ auch mich mein Gleichmut, und ich erkundigte mich bei dem Kollegen nicht gerade sehr höflich, „wie so was überhaupt möglich wäre?" usw.

Doch die Strafe ließ nicht lange auf sich warten. Am Abend des selben Tages fuhr ich mit einem anderen Jagdgast pirschen. In einer Akazienremise trafen wir mit einem lang-, aber dünnstangigen Sechserbock mit nicht allzu langen Enden zusammen. Es stimmt wohl, daß er weit war, doch kann ich mich damit nicht entschuldigen. Ich hatte ihn genau mit dem Spektiv angesprochen, ihn auf fünfjährig geschätzt, also nicht viel dran, ein ewig Mittelmäßiger. „Bitte schießen!“ Doch der Bock war dreijährig.

Abends kamen wir beim Jagdhaus an, mein Kollege vom Morgen beschaute sich den Bock wortlos, dann kniete er nieder, guckte in den Äser und sagte bloß: „Na, Herr Chef?“

Es war wieder eine gute Lehre, ganz gewiß!

Fuchs!

Im Spätherbst trieben wir ein großes Maisfeld auf Fasanen. Das Treiben war gut ein Kilometer lang, Fasanen gingen noch nicht hoch, den vorstehenden Schützen wurde es langweilig, drei hatten ihre Stände noch nicht eingenommen und standen zu einem kleinen Gedankenaustausch beisammen. Ich war an der Ecke postiert, rechts und hinter mir ein riesiger Acker. Sehr weit vor den Treibern, etwa in der Mitte des Maisfeldes, stand ein Hahn auf. Er ging aber nicht hoch, fiel sofort wieder ein und gab gleich das Signal: „kot-kot". Wenn er dies nicht länger macht, nur eine oder zwei Silben nacheinander, so bedeutet das in der Fasanensprache: „Achtung, Feind!" Er zeigt den Fuchs, die Katze, aber auch den gefährlichsten seiner gefiederten Feinde, den Hühnerhabicht an. Es nützt dem Jäger, wenn er diese Sprache versteht. Er kann sich dann zur richtigen Zeit fertigmachen.

Doch meine Mitjäger waren selber zu laut und überhörten das Melden des Hahnes. Ich stand um so mehr laut- und regungslos und stellte mich, um Deckung zu haben, in den Rand des Maisfeldes, damit mich Reineke ja nicht vorzeitig eräuge. Wer nämlich einen Fuchs im Treiben schießen will, der soll nach Deckung suchen und sich ganz still verhalten. Ich hatte guten Wind, er kam vom Treiben auf mich zu, was beim Fuchstreiben Vorbedingung ist.

Eine Bewegung, ein Laut im trockenen Mais, ein leiser Aufschlag der weichen Sohlen im Galopp auf dem flach gewalzten Boden des Maisfeldes. Dann flüchtete er neben mir vorbei, lang, gestreckt, aber so nahe, daß ich ihn mit der Mündung des Flintenlaufes hätte erreichen können. Es war ein riesiger Fuchs, das fiel sofort auf. Er sprang aus dem Maisfeld auf den breiten, glattgefahrenen Weg heraus, eräugte mich natürlich und wollte nun mit allen Kräften das Weite suchen. Das Korn meiner Flinte stand an der Spitze seines Windfanges, als ich den Schuß hinwarf. Aus nächster Entfernung bekam er fast die ganze Schrotladung in den Kopf. Er schlug ein Rad und kam mit dumpfem Fall auf der Fahrspur zu liegen.

Eine altbekannte Tatsache: Der Fuchs benützt im Treiben jede sich bietende Deckung und geht nach Möglichkeit nur dort hinaus, wo er sie findet. Die einzige unserer Wildarten, die es ähnlich macht, ist das Schwarzwild.

Die Sommerferien hatten soeben begonnen, als eine Nachricht von Jäger Laci Csepi kam, der mein Freund und Lehrmeister war. Die Regeln der Jagd und des Waidwerks, das Führen der Waffe hatte ich von meinem Vater gelernt; hingegen wurde ich in die praktische, hohe Kunst des Waidwerks von Laci Csepi eingeführt. Ich ging in eine gute Schule bei ihm. Er war ein hervorragender Jagdpraktiker und kannte und liebte alles, was kreuch und fleucht, Wild und Getier.

In ganz jungen Jahren wurde er von der tückischen Lungenseuche dahingerafft. Ich bewahre ein dankbares Andenken an ihn, denn meine frühe Jugend war ganz mit ihm verbunden.

„Eine Fuchsfamilie ist im Hanság!" besagte die Nachricht. Das war damals eine große Aufregung, eine seltene Sache!

An einem jeden frühen Morgen, bevor noch die Gespanne zur Heuabfuhr die Wege entlanggefahren waren, spürten wir ab, und abends setzten wir uns an, fütterten Mücken und Gelsen. Denn die Füchse mußten unbedingt geschossen werden; sie durften sich auf keinen Fall im Revier zur großen Gefahr von Junghasen und Fasanenküken und den Jägern zum Spott unbehelligt tummeln. Doch konnten wir die Altfüchse nicht vors Rohr bekommen. Nur zwei Jungfüchse schoß Laci Csepi. Der Rest der Familie hatte Verdacht gewittert, daß ihnen nachgestellt wurde, und stellte sich ständig um. Jeden Morgen mußten wir erneut abspüren, ihren Tageseinstand feststellen und den Abendansitz danach richten.

Eines Morgens standen ihre Spuren im Staub des Weges, der über einen kleinen Hügel führte. Es gibt dort mehrere, und ein jeder war als „Insel" benannt, eine Überlieferung aus alten Zeiten, als diese noch von Wasser und Sumpf umgeben waren Daneben ein großer Erlenbruchwald, der beste Einstand für eine Fuchsfamilie. Denn der Hügel war auch jetzt noch ein trockenes Asyl für Junghasen, Fasanen und Mäuse – ein reichgedeckter Tisch, ein wundervolles Jagdrevier der Füchse.

Zwischen Wald und Hügel ein Wiesenstreifen, da stand eine einzelne Weide am Rande eines „blinden", verwachsenen Grabens. Auf diese Weide kletterte ich vor Sonnenuntergang mit der von Laci Csepi ausgeliehenen Hahnenflinte, die zur Zeit der Monarchie vom weitberühmten Wiener Büchsenmacher Springer gebaut worden war. Diese war Laci Csepis „Sonntagsflinte"; er schonte sie und gebrauchte sie nur zu seltenen, besonderen Anlässen.

Die Dämmerung war bereits stark vorgeschritten, als mir gegenüber aus dem Wald der eine Altfuchs auf die Wiese herausschnürte; allerdings noch weit außer Schußweite! Nach kurzem Sichern – mich hatte er nicht eräugt, weil ich regungslos zwischen den Ästen der Weide hockte – begann er auf der Wiese hin und her zu suchen. Dann nahm er im Trab Richtung auf den Hügel. Und ich war halbtot vor Aufregung, denn er kam immer näher, zur richtigen Seite „über dem Wind". Ich konnte mich aber schon beherrschen, machte keine schnellen, nervösen Bewegungen, sondern nahm die Flinte im Zeitlupentempo in Anschlag und wartete, bis er, ohne Argwohn geschöpft zu haben, auf beste Schußdistanz zum Graben kam. Ich traf ihn auch, wie sich's gehört, als er mit elegantem Sprung über den Graben setzte. Es war die Altfähe, mein erster Fuchs, ich zählte damals zwölf Jahre.

Die übrigen drei Jungfüchse konnten wir dann leicht erlegen. Das war damals noch die Zeit der alten Jägerschule, da Füchse nicht im Niederwildrevier geduldet wurden. Wild aber gab es in Hülle und Fülle, wozu die Kurzhaltung des Raubwildes und Raubzeuges sicherlich beträchtlich beigetragen hat.

Fast zwei Jahrzehnte später, kurz nach Kriegsende, war ich selber in die Spuren von Laci Csepi getreten: Ich war der Berufsjäger in der Hanság von Lébény geworden. Es gab jetzt massenhaft Füchse, denn einige Jahre hindurch waren sie fast ganz unbehelligt geblieben. Ich bejagte sie mit großer Passion, denn Nutzwild gab es nur noch sehr spärlich. Das Jägergehalt war äußerst knapp, und

Fuchsbälge brachten gutes Geld ein: Ein Fuchsbalg den Preis von zwei Doppelzentnern Kolbenmais in der Inflationszeit.

Besonders im Bruch- und Wiesengelände der Hanság gab es viele Füchse. Wir machten dort in den Brüchen manchmal auch Treibjagd auf sie. Ich kann mich an eine erinnern, an der wir mit fünf Schützen und etwa acht Treibern an einem idealen Jagdtag mit leichter Schneedecke sage und schreibe 14 Rotröcke auf die Strecke legten.

Brachten die Fuchsbälge noch so hohen Erlös, mit dem Fallenstellen habe ich mich nie beschäftigt. Schwanenhälse waren nicht zu haben, und das Tellereisen ist ein schreckliches Marterzeug.

Nur gut, daß sich bei uns so wenig Jäger auf das Fallenstellen verstehen, das langsam, aber sicher in Vergessenheit gerät. (Ich spreche hier vom Eisenstellen auf Raubwild, besonders auf den Fuchs, nicht von Kasten-, Knüppel- und Wieselfallen, die man in gutgehegten Niederwildrevieren auch heute nicht missen möchte!) Der Fuchsfang mit dem Eisen ist nicht leicht, macht viel Umstände und Mühe und braucht viel Zeit. Denn man muß die Eisen jeden Tag frühmorgens revidieren, sonst balgt oft ein anderer den Fuchs ab.

Ich selber habe nie einen fallenstellenden Jäger kennengelernt, obwohl in meiner Jugend unter den „alten Semestern" sich noch einige fanden. Doch auch diese stammten meistens aus bergigen Revieren. So hatte ich auch keinen Meister, von dem ich dieses Handwerk hätte lernen können und der mir sein „Geheimnis" weitergegeben hätte. Es hat nämlich ein jeder Fallensteller seine eigene, besondere Witterung, mit der er den Rotrock in das Eisen lockt. Denn ihn zu fangen ist die richtige Kunst. Der Fang des Fischotters ist eine Aufgabe für Lehrlinge, man braucht das Eisen bloß am Ausstieg fängisch zu stellen. Katzen, Iltisse und Wiesel spazieren von selber blindlings in die Kastenfalle. Dies ist eines der leichtesten Dinge. Aber den Fuchs im Eisen zu fangen? Vom Blaseninhalt der Fuchsfähe bis zum gerösteten Katzenfleisch gibt es die verschiedensten „leckeren" Witterungen in Rezepten. Die Mischungen muß man dann zwei Wochen lang im Dunghaufen vergraben und darf sie womöglich nur beim Licht des abnehmenden Mondes ausgraben. Ich habe sehr viel darüber gelesen, viele Anweisungen und viel Wissenswertes, besonders in alten deutschen Jagdbüchern. Und ich sah viele Abbildungen in alten, vergilbten Blättern von „Wild und Hund“ und der „Deutschen Jägerzeitung“, auf welchen viele Fuchsbälge auf einer Kordel aufgereiht sind. Daneben steht pfeiferauchend ein bärtiger Grünrock, sein Drahthaar sitzt neben ihm, und sie sind mächtig stolz auf ihre Strecke beim Fallenstellen.

In diesen Jahren gab es Winter, in denen ich auch getrost meine Fuchsstrecke in Form von erbeuteten Bälgen hätte an der Kordel aufreihen können. Doch diese waren alle mit Schrot geschossene Füchse. Ein Photo der Strecke hätte ich aber nie zusammenbringen können, weil ich die Bälge, wie sie vom Spannbrett gezogen wurden, sofort in Kleingeld umtauschen mußte. Wir lebten damals mehr von Fuchsbälgen als vom Gehalt.

In der damaligen ungarischen Jagdzeitschrift „Nimród“ schrieb einmal jemand, daß in einigen Kantonen der Schweiz das Wildbret des Fuchses als Delikatesse angesehen würde. Es entzog – und entzieht sich heute noch – meines Wissens, ob dem auch so sei, aber ich fand die Sache wert, sie selber auszuprobieren. Mit Eßbarem waren wir damals nicht verwöhnt. Ist es da nicht schade, diese appetitlichen Fuchskerne zu vergraben? Meine Ehehälfte wollte erst überhaupt nichts davon wissen, doch schließlich ließ sie sich überzeugen: Es sollte ein „Fuchspörkölt“ zubereitet werden. Ich ging selbstverständlich aus dem Hause. Als ich abends nach dem Reviergang gut verfroren und ausgehungert heimkam und die Küchentüre aufstieß, wankte ich sofort wieder ins Freie. Drinnen war eine Witterung, wie im Zoo beim Hyänenkäfig!

Doch unseren Hunden mundete das Fuchswildbret köstlich. Von nun an bekamen sie es als Delikatesse gereicht; doch wurde es nicht in der Küche, sondern draußen im Kessel gekocht!

Ich denke, daß schon Äsop in seinen Tierfabeln den Fuchs als Schlaumeier ehrte. Wahrscheinlich deswegen, weil sein Gesicht wahrlich Tücke und Schlauheit spiegelt. Er wird auch seitdem weit und breit als Verkörperung der Schlauheit hingestellt, sowohl bei der Jugend als auch bei Erwachsenen.

Ich möchte hierzu eine Gegenmeinung riskieren, daß nämlich der alte Keiler, das Leittier eines Rotwildrudels viel schlauer, gewitzigter und vorsichtiger als sogar ein Altfuchs sind. Schon deshalb, weil von allen unseren Wildarten gerade der Fuchs sich am leichtesten und sichersten treiben und drücken läßt. Er benützt nicht seinen Verstand, sondern handelt meist nur instinktmäßig.

Damals drückten wir zwischen Donau und Raab oft auf Füchse. In den Nachkriegsjahren gab es viele, und wir hielten sie so kurz, wie wir nur konnten. Doch es gab ständig Zuzug. Es war spannendes, aufregendes Jagen, und der Erlös aus den Fuchsbälgen kam in eine gemeinsame Kasse und wurde bei Wintersende verteilt. Wir kauften dafür Pulver, Schrot, Pfropfen und Zündhütchen zum Nachladen von Patronen. So waren sie billiger und verläßlicher.

An einem strahlenden Februartag drückten wir in der Nähe der „Alten Donau", wie der Hauptstrom dortzulande im Volksmund heißt, auf Füchse. Neben dem Hauptdamm gab es in den ausgehobenen Gruben langgestreckte Schilfpartien; Lieblingseinstände Reinekes. Ich weiß schon nicht mehr warum, aber ich bekam vom Revierjäger Lachmann einige selbstgeladene Patronen. „Sie haben einen guten Brand", sagte er, „ich habe die Pfropfen fest hineingepreßt."

Das Treiben fing von sehr weitem an. Es war eine mit Schilf, Röhricht, Weiden und Brombeeren verfilzte Dickung. Ich stand an ihrer Ecke an eine Altweide geschmiegt. Vor mir hatte ich eine trockene Niederung, in der das lange zurückgebliebene Hochwasser jeglichen Pflanzenwuchs vernichtet hatte. Dann wieder hinter meinem Rücken in der Grube die sich fortsetzende Schilfdickung. Freilich hatte ich guten Wind.

Mitten im Treiben meldete ein Fasanenhahn: „Kot". Dann wieder nach einer kurzen Weile: „Kot-kot". Mehr sagte er nicht. Doch ist dies das sicherste Zeichen, daß ein Fuchs im Treiben herumschleicht. Im Halbanschlag stand ich gut gedeckt hinter meiner Weide. Ein Schilfhalm bewegte sich ruckartig. Dann näher noch einer – die Flinte hatte ich schon im Anschlag –, ein roter Streifen an der anderen Schilfecke am Grabenrand, der Fuchs stahl sich neben dem kleinen Damm des jenseitigen Grabenrandes heraus. Ohne Verdacht geschöpft zu haben schnürte er herüber und wollte gleich wieder in der jenseitigen Deckung verschwinden. Rums! Er lag im Feuer und schwenkte zum Abschied nur zweimal seine Fahne.

Das Treiben kam näher. Plötzlich „Njiff-njiff" im Schilf: Einer der Hunde kam offensichtlich an einen sich duckenden Rotrock. Der zweite Hund war auch schon da, sie drückten den Fuchs aus dem Schilf – auf mich zu! Komm nur, Freundchen! Heraus springt Rotrock auf den trockenen Schlammboden der Niederung; mit einem Stock könnte ich ihn totschmeißen. Ich sehe am Blitz in seinen Sehern, daß er mich erkannt hat. Doch hinter ihm sind die Hunde, es gibt keinen andern Weg als den nach vorne. Er streckt sich lang in seiner Flucht, ein riesenhafter Fuchs, die vordere Partie im Strahl der Sonne ein fast funkelndes Rot, die Hinterhand silbrig, seine dikke, buschige Lunte zieht er nach. Wenn er so langgestreckt hochflüchtig ist, ist es ein Hochgenuß, ihn Rad schlagen zu lassen. Schuß! Doch nur ein schwaches Pusten. Wie beim Nachbrenner. Immer noch zeitig, der linke Lauf wird's schon noch schaffen. Doch dieser pustete auch nur. Daß doch diesen Lachmann . . .! Hätte er doch wenigstens Minenwerferpulver in die Patronen getan! Möglich, daß der gewaltige Fuchsrüde heute immer noch flüchtig ist, so sehr hatte er sich erschrocken!

Vielleicht ist der Fuchs das einzige Wild, das in die Höhe, auf Bäume oder Hochsitze hinaufäugt.

Hierzu folgende Begebenheit. In einem Waldtreiben saß ich inmitten einer Dickung auf einem Hochsitz, zu dem von beiden Seiten ein Pirschsteig heranführte. Plötzlich bemerkte ich schon unmittelbar unter mir, wo der Steig um einen großen Busch einen Bogen machte, einen heranschnürenden Fuchs. Er war so plötzlich und unerwartet unter mir, daß ich eine schnelle Bewegung, vielleicht auch ein Geräusch machte. Der Fuchs verhoffte, äugte fast senkrecht zu mir herauf. Dann wendete er im Augenblick und war verschwunden, bevor ich mich gefaßt hatte.

Im Laufe meines Jägerlebens habe ich mehrere hundert Füchse geschossen. Doch niemals gelang es mir, zwei oder sogar drei in einem Treiben zu erlegen, von der Fuchs-Dublette überhaupt ganz zu schweigen; ich hatte auch nie die Chance dazu.

Hingegen kamen mir öfters – vielleicht insgesamt drei, vier Mal zwei Füchse nacheinander im selben Treiben, doch wegen irgendwelcher mißlichen Umstände konnte ich nie beide erlegen. Selbstverständlich habe ich sehr oft je einen Fuchs in aufeinanderfolgenden Treiben geschossen – vier an einem Jagdtag war meine Höchststrecke. Fuchs–Fasanenhahn-Dublette gelang mir öfters – eine Fuchs–Schnepfen-Dublette leider nie. Ich habe auch nie im freien Feld auf der Hasenjagd, ob in Kessel oder Streife, einen Rotrock erlegt. Es ist gewiß ein hoher jagdlicher Genuß, den seinen roten Balg zwischen den Treibern im langgestreckten Galopp retten wollenden Reineke mit gutem Schuß roulieren zu lassen.

Denn gerade solche Episoden verleihen dem Jägerleben die Würze. Vielleicht kommt es noch. Obwohl die Chancen jetzt schon mehr auf seiten der Füchse stehen.

Das Sprengen des Fuchses aus dem Bau zur Winterzeit haben meine Jäger und ich immer mit Passion betrieben. Scharfe Bauhunde hatten wir stets. In Lábod, im hervorragenden Sauenrevier, waren dieselben Hunde auch erstklassige Sauhunde. Der erste war ein Drahthaar-Foxterrier, den ich als Althund bekam. Es war ein nach Foxerlart lieber, anhänglicher Hund, aber unglaublich scharf. Ein jedes Tier, auf das er gehetzt wurde, nahm er sofort unbedenklich an und hängte sich womöglich an seine Kehle, gleich ob es ein Hund war, eine Ziege oder ein Schaf. Seine Kiefer bekamen dann einen Starrkrampf, und man konnte ihn kaum von seinem Opfer loslösen. Sauen hatten wir damals nicht in diesem Revier: Ein Glück für den Hund, denn er war als Sauhund zu scharf und wäre bestimmt in Kürze zu Schanden geschlagen worden. Er arbeitete im Bau ganz hervorragend, ob auf Fuchs oder Dachs, und leistete uns hervorragende Dienste. Doch auch hier war er ein zu scharfer Draufgänger, verbiß sich ständig in seinen Gegnern, Maul und Windfang waren stets voller Schmisse und Wunden, sogar Zähne herausgebissen. Dabei wurde er immer schärfer. Doch auch er konnte den ausgewachsenen Fuchs im Bau nicht abwürgen, vom Dachs gar nicht zu reden, wie man das so oft und schön erzählen hört. Ich kann es mir nicht vorstellen, wie der Hund im Bau an die Drossel des Fuchses kommt. Denn nur so kann er ihn abwürgen. Fuchs und Dachs jedoch wehren sich, stellen sich gegen den Hund, und fast immer hängen sie sich dann gegenseitig im Gebiß. Es werden dabei schwere Bißwunden verteilt; aber nach meiner Erfahrung ist solch ein Duell für keinen der Gegner tödlich.

Das Schicksal meines Foxerls wurde das vieler guter Dorfhunde. Er verschwand eines Tages spurlos. Entweder wurde er gestohlen oder von einem „Wohlgesinnten" vergiftet.

Mein zweiter Bauhund, der es verdient erwähnt zu werden, war ein schwarz-roter Kurzhaarteckel namens „Tapi". Er war einer unserer allerliebsten Hunde und ging im Alter von zwölf Jahren an Altersschwäche ein. Er war ein sehniger, starker, robuster Dackel mit schönen krummen Beinen. Ein richtiger „Jagdteckel". Denn im süddeutschen Sprachraum gibt oder gab es noch zwei Varianten des Dackels: Den breitrückigen „Bierdackel" mit dickem Hintern und den kleinen, schwächlichen, feinknochigen „Salondackel".

Den Tapi brauchte man gar nicht als Jagdteckel vorzustellen. Dies verrieten nicht bloß seine äußere Erscheinung, sondern auch seine hervorragend feine Nase und seine erstklassige Stöberarbeit sowie seine Arbeit im Bau. Denn hier war er Meister. Nur schade, daß er in ein Niederwildrevier zu mir kam, wo es damals noch keine Sauen gab und wir das wenige Reh- und Rotwild gänzlich schonten. So arbeitete er nur im Bau, doch wäre er sicherlich auch ein hervorragender Gebrauchshund auf der Wundfährte geworden. Da er für den Fuchsbau etwas zu stark war und ihm deshalb viele Röhren zu eng waren, mußte er sich diese erweitern, um an den Fuchs zu kommen. Er kam aber immer sofort aus dem Bau heraus, wenn dieser leer war. Wenn es eine Fähe mit Jungfüchsen war – die springt bekanntlich nur, wenn sie arg bedrängt wird –, verfolgte er sie so weit, bis er sie in den Kessel der Endröhre drängte und verbellte sie aus gebührender Entfernung. Er griff nicht so kopflos an wie der Terrier. Wir konnten, sobald er Standlaut gab, einen Einschlag machen und zu der Fähe und ihren Jungen gelangen.

Das Sprengen des Fuchses verspricht zur Ranzzeit im Januar und Februar bei Schnee den größten Erfolg. Zu dieser Zeit steckt er tagsüber gerne im Bau, oft mit einer Fähe sogar mehrere Rüden.

So sehr mir das Fuchssprengen Spaß machte, um so weniger gern nahm ich am Ausgraben der Jungfüchse im Frühjahr teil. Ich weiß genau, daß dies im Niederwildrevier notwendig ist, weil es die beste Methode zum Kurzhalten des Fuchses ist, besonders, solange die Jungfüchse noch blind sind und die Fähe sich ständig bei ihnen aufhält.

Sehr oft fanden wir schon Ende März Baue mit Jungfüchsen. Bis Mitte April haben bei uns schon alle Fähen geworfen. Bis zu diesem Zeitpunkt gruben wir immer alle bewohnten Baue aus, denn eine Fuchsfamilie verursacht im Laufe der Aufzucht des Nachwuchses den größten Schaden am Niederwild.

Ich habe Fuchsfähen gefunden, die elf, sogar zwölf Embryonen innehatten. Einmal fand ich im selben Bau sage und schreibe vierzehn Jungfüchse. Diese begannen sich schon rötlich zu verfärben; sechs befanden sich in einem Kessel der Burg Malepartus, acht im anderen. Sie waren genau gleich stark und gleich weit entwickelt, so daß ich glaube, daß sie aus einem Wurf stammten. Freilich könnten sie auch zwei Fähen zur Mutter haben. Der Jäger erfährt draußen in der freien Wildbahn manchmal solche Begebenheiten, die fast unglaublich erscheinen. In der Natur lernt man nie aus!

„Au-Au! – Au-Au!“ höre ich im schneebedeckten Winterwald unter frostglitzernden Sternen den Ruf des suchenden Fuchsrüden. Er bellt immer im Abstand von einigen Minuten. Ich kann seinen nächtlichen Wechsel mit dem Ohr verfolgen. Dies ist für mich ein ergreifender, fast geheimnisvoller Ton, der „Ruf der Wildnis“, der Natur, das Sinnbild des freien Tieres, wie das röchelnde Stöhnen des Hirsches oder der zum erdgebundenen Menschen herabklingende Ruf der ziehenden Wildgans.

In Schneehemd und Kapuze gehüllt ducke ich mich hinter dem Damm des Fischteiches. Vor mir der weite Eisspiegel des zugefrorenen Teiches, hinter mir das stille Glucksen des Wassers im Abflußgraben. Rechts vom Teich die dunkle Kulisse des Hochwaldes. Aus ihr kommt schemenhaft ein schwarzer Strich auf die Eisfläche heraus. Lang, niedrig als wenn er im Grauweiß des Eises schwimmen würde. Ein Fuchs!

Scharf schneidet der Klageschrei des Hasen in die Winternacht. Zweimal, dreimal, bis er endlich in einem versterbenden Ton endet. Der Fuchs dreht blitzschnell, steht nun spitz und sichert herüber. Er zögert eine Weile, dann beginnt er auf mich zuzuschnüren. Er kommt mit tiefer Nase, dann im gemächlichen Trab, als wenn ich ihn an der Schnur zu mir herüberziehen würde. Aus einer Entfernung von mehreren hundert Metern. Erstaunlich, wie er die Richtung beibehält! Er verhofft, sichert, dann setzt er seinen Weg fort und kommt immer näher heran. Ich schmiege mich an den Damm. Die Flinte habe ich schon längst im Anschlag. Komm nur, Freund, ich habe besten Wind, jetzt kannst du mich nicht mehr wittern, auch nicht unter Wind umschlagen. Er ist zwanzig Schritt heran, als der Schuß blitzt. Die Wälder werfen das Echo hin und her, doch der Fuchs vernimmt es nicht mehr. Es war ihm ein schönes, plötzliches Ende beschieden.

Mit der Hasenquäke habe ich viele Füchse geschossen. Einmal sprangen mir an einem Wintertag mit tiefem Schnee fünf Rotröcke, aber nur zweien konnte ich den Balg abziehen. Es gab im Láboder Revier viele schier undurchdringliche Kieferndickungen, die ich abpirschte, die Lieblingseinstände von Sauen und Füchsen. Ich suchte meine Stände sehr sorgfältig aus, so daß ich Deckung, guten Wind und genügend Schußfeld hatte. Überall verbrachte ich eine halbe Stunde und quäkte zwei, drei „Verse“. Scharf, laut, markerschütternd wie der bedrängte, in Todesangst klagende Löffelmann. Dieser Klage kann kein Raubwild widerstehen, solange es keine schlechten Erfahrungen mit ihr gesammelt hat.

Ich halte das Erlegen des Fuchses mit der Hasenquäke für einen Probestein der hohen Schule der Jägerei – wenn man vom Erdboden aus quäkt. Denn vom Hochsitz aus ist es viel leichter, da man ein viel größeres Blick- und Schußfeld hat und der Fuchs den Jäger doch nicht so leicht wahrnimmt. Auch äugt er nur in Ausnahmefällen nach oben. Wenn er das Quäken vernimmt, das aus weiterer Entfernung vom Hochsitz aus kommt, so hält er ganz genau die Richtung, blickt jedoch in solchen Fällen nicht nach oben.

Freilich habe ich die meisten meiner mit der Hasenquäke geschossenen Füchse vom Hochsitz aus erlegt. Viele auch mit der Kugel, wenn sie überhaupt nicht auf Schrotschußdistanz herankommen wollten. Aber noch viel mehr habe ich vergrämt, besonders dann, wenn kein Hochsitz da war und ich vom Boden aus quäkte. Entweder kam er unter Wind oder pirschte sich in solch dichter Dekkung nahe an mich heran, daß er mich erkannte. Oder aber er gewahrte meine Bewegung, wenn er plötzlich seitlich oder hinter meinem Rücken erschien und ich, um die Situation vielleicht noch retten zu können, ruckartig in Anschlag gehen mußte.

Man sollte jedoch nicht glauben, daß man Reineke nur in Winternächten übertölpeln kann! Er steht auch im Sommer zu.

Auf das Quäken stand Verschiedenes zu. Hunde, Katzen, sehr viele Nebelkrähen und Elstern. Oft kam auch ein Hase kopflos herangestürzt und sogar auch – Menschen! Diese kamen axt- oder spatenschwingend, und ich schrie sie dann aus meiner Deckung sehr zornig an und ergötzte mich an ihrer Bestürzung.

Auch mit der Kugel habe ich eine Anzahl von Füchsen erlegt. Doch hätte ich noch viel mehr schießen können, wenn ich sie getroffen hätte! Denn für so leicht ich den Schrotschuß auch auf den Fuchs halte (auch hochflüchtig ist er viel langsamer als der Hase, so daß es vorkam, daß ich Füchse vorn vorbeischoß, weil ich gefühlsmäßig so vorhielt, wie ich es bei Hasen gewohnt bin), die Kugel hat so sehr viel Platz neben ihm. Besonders, wenn er in Sautreiben flüchtig kommt.

Groß ist die Freude über einen mit guter Kugel roulierenden Rotrock. Nur schade, daß der schöne, ansehnliche Balg so sehr von der groben Kugel zerrissen wird!

Wenn wir nun schon von der Schießkunst sprechen, muß ich sagen: Ich habe einige Meister getroffen, die die höchste Kunst des Flüchtigschießens mit der Kugel fast bis zur Vollkommenheit beherrschten. Mit schier tödlicher Sicherheit ließen sie den über die schmale Schneise flüchtenden Rotrock roulieren, mit der Büchse, mit speziell zum Flüchtigschießen konstruierten, wundervoll balancierten und nach Maß geschäfteten Doppelbüchsen mit weichen Flintenabzügen. Selbstverständlich schossen sie durchweg ohne Zielfernrohr, einige der Büchsen hatten überhaupt keine Kimme, nur ein grobes Flintenkorn. Die Büchsen und ihre Besitzer waren Belgier, die daheim jegliches Hochwild, Rehwild inbegriffen, im Treiben flüchtig schießen. Andere Länder – andere Sitten. Mit der Kugel auf flüchtiges Wild schießen, das konnten sie!

Einmal traf ich bei sommerlichem Pirschgang auf einer Waldschneise mit einem abgekommenen, kantigen, fast haarlosen Fuchs zusammen. Er war für den Schrotschuß zu weit. Deswegen beschoß ich ihn mit dem Kugellauf 8×60 R des Drillings. Auf den Schuß sprang er mit allen vier Läufen zugleich hoch und verschwand von der Schneise. Ich glaubte, ich hätte ihn unterschossen, weil er erschrocken hochschnellte. Nichtsdestoweniger ging ich pflichtgemäß zum Anschuß. Ich fand viel blasigen Schweiß und Lungenstücke am Anschuß, und an der etwa zwanzig Schritt langen Fluchtfährte lag der längst verendete Fuchs mit Blattschuß.

An einem Herbsttag mit Schnürlregen durchquerte ich eine ganz junge Kieferschonung. Mein Drilling mit Zielfernrohr war unter dem Wetterfleck geschultert, an den Läufen stecke der Mündungsschoner, damit kein Regenwasser in die Läufe käme. Plötzlich sprang ein Fuchs vor mir auf etwa hundert Schritt ab und flüchtete schräg vor mir weg. Es eilte sehr mit dem Schuß. Ich wurde nervös; solch ein Drilling ist ein kompliziertes Ding, erst muß man auf Kugel stellen, dann entsichern. Wer denkt in solchen Fällen an den Mündungsschoner? Durch das Zielfernrohr kam ich etwas vor dem Windfang des flüchtigen Fuchses ab. Er hatte kein Glück, denn er traf mit der Kugel zusammen. Doch war durch das Zielfernrohr der Mündungsschoner freilich unsichtbar, ich hatte auch ihn durchschossen. Die Kugel schlug ihn aber nicht durch, sondern noch bevor sie ihhn ereichte, zerriß vom Druck der Explosion ringsherum die Naht, und das Deckelstück war weggeflogen.

Später habe ich dann noch zwei weitere Mündungsschoner zerschossen und gab es dann endgültig auf. Nicht das Fuchsschießen, sondern den Gebrauch des Mündungsschoners!

Ich habe nun einige meiner Fuchserlebnisse und Erinnerungen zu einem Strauß zusammengebunden. Ist er nicht farbig, bunt und abwechslungsreich? Genauso wie der liebe, sympathische Kerl, Reineke Rotrock selber. Es ist schade, daß ihm mit Pulver und Gift nachgestellt wird. Aber nicht nur wegen der Tollwut müssen wir ihn kurzhalten. Er vermehrt sich sehr schnell, sein Bestand wächst im Handumdrehen beträchtlich an, wenn ihm nicht nachgestellt wird. Doch der „schädliche“ Fuchs wird trotz aller Nachstellungen erhalten bleiben – zu unserer Freude, denn er gehört genauso in unsere Wälder und Fluren wie Hirschbrunft und Kuckucksruf. Er bietet uns vielseitige Jagdfreuden, und unser aller Herzen schlagen höher, wenn im Treiben der Ruf „Fuchs!“ ertönt.

Fuchs auf dem Wildacker in der Morgensonne

Seltene Strecke – Waldschnepfe
und Baummarder (S. 219)

Hüttenjagd

Was da kreucht und fleucht

Der Großteil meines Jägerlebens fiel in die Zeit, als der Naturschutz noch in den Kinderschuhen steckte und die Verordnung über Jagd- und Schonzeiten nur ganz wenige Arten, Edelreiher und einige andere Vögel, in ihren Schutz nahm. Heute ist es umgekehrt, denn es werden bloß die wenigen jagdbaren Wildarten aufgezählt, und alles andere ist geschont! Das ist auch sehr richtig und erfreulich, denn in meinem eigenen Jägerleben hat die Zahl vieler Raubwild- und Vogelarten, die in meiner Jugend nicht selten waren, in einem fast unglaublichen Maß abgenommen. Freilich ist dies bloß in kleinstem Grad dem Jäger anzulasten. Zumindest auf dem europäischen Kontinent haben die Jäger kaum eine Tierart je vernichtet; auf anderen sind es meist auch nicht die Jäger, die dafür verantwortlich sind.

Was aber die zahlenmäßige gewaltige Verminderung der allermeisten Tierarten verursacht, ist in erster Linie die weitgehende Veränderung der Lebensräume und noch viele andere Faktoren, wie zum Beispiel die Aufspeicherung von Giftstoffen im letzten Glied der Ernährungskette.

So kann man naturschützlerische Bemühungen nur außerordentlich begrüßen, deren Ziel der Schutz der Umwelt, des Lebensraumes ist, denn dadurch wird die Erhaltung einzelner Tierarten ermöglicht.

In meinem Jägerleben hat sich der Begriff des „Nutzwildes" und des Raubwildes und Raubzeuges und so auch der jagdbaren Tiere grundlegend verändert. So wird auch in diesem Kapitel von mehreren Wildarten die Rede sein, die heute unter völligem Schutz stehen, seinerzeit jedoch zum jagdbaren Wild und teilweise zum Raubwild zählten.

Da ich als ornithologisch sehr interessierter Berufsjäger sicherlich mehr Möglichkeit als „normale“ Waidgesellen zum Sammeln diesbezüglicher Erfahrungen gehabt habe, wird es sicherlich interessieren, wenn ich einiges in bunter Reihenfolge erzähle.

Ich fange mit denen an, die ich niemals geschossen habe: Wildkatze, Steinmarder, Haselhuhn, Kranich. Ich spreche hier nicht von den nur in den Karpaten rund um meine Heimat vorkommenden Wildarten, denn diese gehören nicht in den Rahmen dieses Buches. Von ihnen möchte ich hier bloß so viel erwähnen, daß ich leider niemals einen ausgewachsenen Bären gesehen habe, freilich auch nie einen Luchs. Einmal hatte ich ein Zusammentreffen mit einem Wolf und nutzte auch meine Chance. Außerdem schoß ich auch Auer- und Spielhahn und einige Gemsen, doch nicht in den Südkarpaten, wo es die stärksten Gemsen gibt und die Jagd besonders schön und schwierig sein soll, sondern in den Alpen, was aber für mich als Flachlandjäger ein ganz besonderes Erlebnis war. Nicht zu allerletzt durfte ich auch einen besonders guten Muffelwidder in der Bundesrepublik als das fürstliche Geschenk eines sehr lieben Freundes erlegen.

Wildkatzen gab es dort, wo ich lebte und arbeitete, nicht, und ich habe wenig in Revieren gejagt, wo sie vorkamen. In meiner engeren Heimat in Westungarn waren sie unbekannt, und in meiner „Wahlheimat“ Somogy äußerst selten. Ich möchte jedoch erwähnen, daß in den zehn Jahren meines dortigen jagdlichen Wirkens insgesamt zwei Wildkatzen erlegt wurden, und durch doppelten eigenartigen Zufall beide nicht von Berufsjägern, sondern von Fischermeistern. Diese Betreuer der vielen dortigen Teichwirtschaften hatten nämlich Begehungsrecht im Umkreis der Fischteiche und durften Raubzeug und Raubwild erlegen. Von der einen Katze weiß ich auch bestimmt, daß diese der Fischermeister neben seiner Wohnung zufällig auf einer Waldschneise schoß.

Ich selber habe niemals eine lebende Wildkatze in Schußweite gesehen, obwohl ich ab und zu jagend in die Ostkarpaten und die Mittelgebirge Nordungarns, Börzsöny, Mátra und Pilis, gekommen bin, wo diese Wildart heimisch ist. An der Theiß, wo sie in Auwäldern und manchmal auch in Fasanenremisen vorkommt und nicht gerade selten ist, hatte ich auch niemals Waidmannsheil auf sie.

Doch war ich bei einer Fasanenjagd in Südostungarn an der rumänischen Grenze nahe daran, eine Chance zu haben. Dort kamen ein, zwei Stück in fast jedem Jahr vor, die aus den etwa 40 Kilometer entfernten Bergen hinter Arad von dem vielen Niederwild hier im Flachland gelockt wurden.

Wir trieben einen Akazienwald, auf dessen breiter Schneise die Schützenlinie stand. Am Schneisenrand war Gesträuch als Deckung angepflanzt worden, durch das man jedoch hie und da Durchblick hatte. Ich war der dritte oder vierte Schütze von der Ecke; rechts neben mir stand ein Berufsjäger, der sehr „gerade schoß". Als das Treiben anging, fingen die Fasanen an, aus dem Maisfeld hochzugehen. Ich äugte natürlich schußfertig nach links, ob wohl einer von den Hähnen auf mich zudrehte. Hasen wurden auch geschossen, doch ich guckte natürlich nicht auf den Boden, wenn getriebene Fasanen in der Luft waren. Die Flinten knallten lustig, zwei, drei Hähne hatte ich selber schon geschossen, als ich meinen rechten Nachbarn schießen hörte. In der Hitze des Gefechtes hatte ich bloß registriert, daß er in die Büsche vor mir, an den Rand der Schneise, geschossen hatte.

Als wir nach dem Treiben das Wild sammelten, ging mein Nachbar etwa zwanzig Schritte von mir entfernt in die Büsche. Und was brachte er heraus? Einen kapitalen Wildkuder! Er war mir näher gewesen, war eigentlich „meine Katze". Ich hätte ihn leicht schießen können, wenn ich nicht in der anderen Richtung beschäftigt gewesen wäre und ihn rechzeitig gesehen hätte.

Vor einigen Jahren hatte ich in der Nähe von Gödöllő, 30 Kilometer östlich von Budapest, auf einer Saujagd fast wieder Waidmannsheil. Es wurde eine große Kieferndickung getrieben, und die Schützen standen auf einer schmalen Schneise davor.

Kaum daß das Treiben angeblasen war, meldete der Fasanenhahn: „Ko-koko-ko". Er sagte nur diese Strophe langgezogen, mit großen Pausen. „Fuchs!" sagte ich zu meiner Tochter, die hinter mir stand. Wer hätte denn an etwas anderes gedacht? Nach einigen Augenblicken jedoch sah ich, daß eine starke Wildkatze auf der anderen Seite meines Nachbarschützen über die Schneise huschte. Der Nachbar war Ausländer, kein routinierter, flinker Schütze, und er war so verdattert, daß er nicht einmal das Gewehr hochbrachte.

Ich selber bin nicht sicher, ob ich sie getroffen hätte, wenn sie zwischen uns gekommen wäre; doch hätte ich sie dann jedenfalls beschießen können.

Ich habe wenig in Revieren gejagt, wo Haselwild heimisch war. In den Revieren, die ich verwaltete, gab es keins, doch habe ich sehr viel im Revier des Rodna-Gebirges in den Ostkarpaten, das wir seinerzeit leider nur drei kurze Jahre in Pacht hatten, gesehen. Dort war es besonders in den Buchen–Fichten-Mischwäldern der unteren Hälften der Südhänge so häufig, daß man bei einem Pirschgang im Durchschnitt bestimmt drei, vier Stück zu sehen bekam. Meistens gab es auch dichten Haselnuß-Unterwuchs in diesen Beständen, so daß meiner Meinung nach der Name dieses Wildes sehr treffend ist, weil es die mit Haselsträuchern unterwachsenen Bestände besonders zu lieben scheint.

Ich habe nie ein Haselhuhn geschossen, obwohl ich es sehr gerne getan hätte. Doch hatte ich dort stets die Büchse auf der Schulter. Mit Kleinkaliber- oder Einstecklãufchen, das wir damals noch nicht kannten, wäre dies eine Kleinigkeit gewesen, denn sehr oft sah ich den niedlichen kleinen Hahn mit Schopf und schwarzem Kehlfleck auf den Stämmen umgestürzter Bäume sitzen. Scheu waren sie nicht, denn sie machten sich meistens nichts aus der Gegenwart des Menschen. Jedoch blieb ihr reizender Anblick vor meinem seelischen Auge haften, und schließlich und endlich ist es nicht schade, daß ich keinen Haselhahn geschossen habe.

Genauso geht es mir mit dem Kranich. Heute würde ich keinen mehr schießen, selbst wenn es gestattet wäre und sie mir über Kopf streichen würden. Doch in meiner Jugend war ich sehr erpicht darauf, weil er bei uns in Westungarn eine besondere Rarität war und ich an den Fingern einer Hand aufzählen könnte, wie oft ich ihn in Pannonien südlich und westlich der Donau gesehen habe.

Man muß wissen, daß in meiner Heimat der Kranichvogel seit der Entwässerung der großen Sümpfe im vorigen Jahrhundert nicht mehr brütet. Nur im Herbst und Frühjahr zieht er durch unser Land; zum größten Teil nur durch die Große Ungarische Tiefebene östlich der Theiß. Die östlichen Komitate werden von den meisten durchziehenden Kranichen besucht. Hier habe ich nicht selten hoch in den Lüften in Keilformation ziehende, laut rufende Kraniche gesehen, doch nie am Boden ruhende, geschweige denn den berühmten Kranichtanz aufführende Vögel.

Den ersten Kranich meines Lebens sah ich in der Hanság bei einer Pirschfahrt Anfang September 1929. Im Gegenlicht des untergehenden Sonnenballes strich ein einzelner Kranich auf Schrotschußentfernung gegen Süden über die Wiesen. Ich kann mich genau erinnern, daß seine Prachtfedern sich über dem Stoß wölbten. Freilich hatte ich keine Flinte bei mir, weil unsere Jagd dem Hirsch galt.

Dann habe ich daheim lange Jahre lang keinen Kranich mehr gesehen. Inzwischen machte ich aber als Soldat langen Sommerurlaub in den Pripjat-Sümpfen des damaligen Ostpolens, Dort brütete der große Vogel noch in den unendlichen Sümpfen und Wiesen; hie und da kamen mir einige Kraniche bei den Märschen auf den endlosen Sandwegen auch zu Gesicht, als sie aufgescheucht den Weg überflogen.

Daheim sah ich ihn zum ersten Mal im April 1951 in Westungarn auf der kleinen Schüttinsel wieder. Sieben Stück hielten sich damals auf den flachen, deckungslosen Feldern der Gemeindefeldmark von Dunaszeg drei, vier Tage lang auf und ästen auf den Wintersaaten. Sieben große, graue, wunderbare Vögel in ihrem Prachtkleid. Es wäre ein Kinderspiel gewesen, einen von ihnen mit einer genau schießenden Büchse zu erlegen, denn sie hielten den Wagen bis auf 150 Schritt aus. Sie gaben mir genügend Gelegenheit, mich an ihrem Anblick zu ergötzen. Doch eine Büchse war damals bloß ein Wunschtraum.

So versuchten wir halt, sie zu drücken. Drei Flinten gingen in Gräben und hinter Maisstrohhaufen in Deckung, doch gelang es uns nie, sie schußgerecht zu bekommen. Sie waren immer schlauer als wir, obwohl wir das Treiben sogar dreimal haben versuchen können, denn am nächsten Tag waren sie wieder auf ihrem gewohnten Feld.

Bis sie dessen zu guter Letzt überdrüssig wurden, beim vierten Mal hochgingen, mit lautem Trompeten sich kreisend in den Himmel schraubten und Richtung Norden uns erdgebundene Menschlein verließen.

Den Dachs habe ich nie als bejagbares Wild, als ersehnte Beute angesehen und habe auf ihn nie Jagd gemacht, außer in meinen Jugendjahren. In der Hanság kam er nicht vor, denn dort konnte er sich wegen des hohen Grundwassers keine Burg mit vielen Röhren graben, und in den höher gelegenen Feldmarken gab es wenig Wald, mit Ausnahme der berühmten Fasanerie von Bormász, die aus etwa 200 Hektar Wald bestand.

Dorthin verirrte sich einstmals ein Dachs. Das war eine große Aufregung! Es war Mitte Sommer, und wir fanden seine Spuren auf mehreren Fahrwegen öfters im Staub. Eine charakteristische Spur, vorn fünf Zehen, und davor sind die Abdrücke der Krallen stets sichtbar. Dies unterscheidet sie von den Fährten aller anderen Tiere mit Ausnahme des Bären.

Wir wußten auch, in welchem Bau er wohnte. Im Gegensatz zum Fuchs verbringt der Dachs die Tage immer im Bau. Deswegen kann man dem Dachs beim Bau mit mehr Aussicht auf Erfolg auflauern oder ihn mit Bauhunden ausgraben.

Doch solche hatten wir damals nicht, weil sie sich jahraus, jahrein nur gelangweilt hätten. Denn Sauen hatten wir auch keine. Wir mußten also auf den Dachs ansitzen, mußten seiner unbedingt habhaft werden, denn man konnte den Eierdieb doch nicht in dieser berühmten Fasanerie dulden! Doch war ihm an seinem Bau nicht beizukommen, denn dieser lag in einer Dickung, wo keine Möglichkeit zum Ansitzen war. Und da der Dachs ein ausgesprochenes Nachttier ist, seine Burg meistens nach Dunkelwerden verläßt und schon vor der Dämmerung wieder einschlieft, blieb uns als einzige Methode der Nachtansitz bei Mondschein.

Sándor Czank hieß der damalige Revierjäger des Bormászer Waldes. Er war schon ein älterer Mann und stand vor seiner Pensionierung. Sein Revier war deswegen auch sehr klein; eigentlich bestand es nur aus dem Wäldchen, und seine Aufgabe war es, dieses von Raubwild und Raubzeug freizuhalten und vornehmlich dafür zu sorgen, daß von keinen Unbefugten die Ruhe des Wildes gestört wurde. Ich aber – ein Bengel von 13 Jahren – wohnte bei Oberjäger Józsi Csepi in Bormász, einem Gehöft am Rande des Waldes.

Die erste Nachricht vom Auftauchen des Dachses kam von Sándor. Wir sollten zum Ansitz in die Fasanerie kommen, denn der Dachs wechselt gern die Fahrwege entlang, genauso wie der Fuchs. Es war abnehmender Mond, also war die zweite Nachthälfte günstig, wir sollten uns um zwei Uhr nach Mitternacht bei der Schranke vom „Kárhozó" treffen.

„Kárhozó" bedeutet auf deutsch so etwas wie „Unheilbringer" und war eine mit Erlenwald bewachsene Senke von etwa 20 Hektar, die an einer Ecke mit den größeren Woldkomplex zusammenstieß. Ende der zwanziger Jahre wurde dies – seinem Namen entsprechend – der Ort einer doppelten Tragödie. Im November, nach Laubfall, wurden die Fasanen von Raubschützen dezimiert. Berufsjäger und Gendarmen waren ständig in Bereitschaft, um sie auf frischer Tat zu ertappen. Eines Nachts kamen sie wieder, und die Jäger baten um Hilfe der Gendarmen. Vier Mann gingen sofort hinaus und stellten die aus dem Wald herausführenden Wege mit der Jägerei ab.

Der Kommandeur des Postens, ein Feldwebel, kam spät nachts nach, doch fand er die den Wilderern auflauernden Bewaffneten nicht, und da er infolge der großen Schießerei auf die vielen aufgebaumten Fasanen im Walde des Glaubens war, drinnen sei ein Feuergefecht im Gange, drang er bei Mondlicht allein mutig in die Richtung der Schüsse in den Wald ein, bis er auf die Raubschützen stieß. Jetzt entwickelte sich ein richtiges Feuergefecht, im Laufe dessen der Gendarm einen Raubschützen erschoß, selber einen Schuß mit gehacktem Blei erhielt und dann noch aus nächster Nähe erschossen wurde. Morgens wurden die beiden Opfer nahe beieinanderliegend tot aufgefunden.

Jahrelang konnte nicht ermittelt werden, wer die Raubschützen und wer der Getötete war. Bis dann eine im Stich gelassene Liebschaft zehn Jahre später Rache nahm und die Täter anzeigte. Es war ein Vater mit seinen beiden Söhnen, die aus einer etwa 60 Kilometer entfernten Ortschaft per Bahn in das Revier fuhren, um Fasanen zu wildern. Der Vater, damals schon ein alter und kranker Mann, nahm den Mord auf sich.

Der Ort der zweifachen Tragödie wurde damals mit einem Gedenkstein gezeichnet. Ich weiß nicht, ob der Stein heute noch im „Unheilbringer"-Wald steht.

Sándor war um zwei Uhr nachts nicht an der bezeichneten Schranke. Józsi, der ein großer Spaßmacher war und andere immer nur allzu gern zum Narren hielt, schnitt nach Sitte der Jäger eine lange Kerbe auf einen Stecken, benetzte die Schnittfläche mit Speichel, schrieb seine Mitteilung mit Tintenstift darauf und stach den Stekken in die Mitte des Weges.

Die Mitteilung hatte folgenden Wortlaut: „Sándor, der Dachsjäger, amüsiert sich des Nachts um zwei mit seiner Frau!"

Hernach verzogen wir uns schmunzelnd ins Dunkle hinter die Randbäume. Sándor kam dann auch in Kürze, sah den Stecken, zog ihn aus dem Boden, kramte sein riesiges kupfernes Radfeuerzeug heraus, und beim Schein der Flamme entzifferte er umständlich die Mitteilung.

Nachdem Sándor das Schreiben enträtselt hatte, sagte er etwas ganz Unschönes was dem Durchschnittsungarn nicht schwerfällt, und warf den Stecken zwischen die Bäume. Wir platzten vor Lachen.

So endete der erste Dachsansitz meines Lebens.

Dann saßen wir noch einige Male auf den Dachs an, der jedoch niemals kam. Dabei hätte ich ihn so gern geschossen! Dann bekam ihn Sándor doch endlich durch puren Zufall. Nachdem der Dachs aus seinem Winterschlaf erwacht war, traf Sándor mit ihm eines Märzabends auf einer Schneise zusammen. Doch bis er seine Flinte von der Schulter gebracht und den Hahn gespannt hatte, konnte er nur schräg auf den runden Hintern des wegflüchtenden Dachses schießen.

Als wir wenige Tage später auf Schnepfen eine „Klopfjagd" machten und nach einem Treiben ein Junge sagte: „Ich habe drinnen in der Dickung einen toten Hund mit einem gestreiften Kopf gefunden!", suchten wir ihn natürlich sofort. Es war der erste Dachs, den ich in meinem Leben gesehen habe.

Zweimal traf ich einen im Bakonywald und in Somogy an Mondscheinabenden in der Hirschbrunft. Wir benützten denselben Pirschsteig, doch in entgegengesetzter Richtung. Das eine Mal kam er mir laut schnaufend und pustend näher, und da ich ihn wegen einer Biegung des Steiges nicht sehen konnte, wußte ich nicht, was es war, und trat einen Schritt beiseite. Wir stießen fast zusammen. Er erschrak fürchterlich, tat einen lauten Grunzer, machte kurzerhand kehrt und suchte das Weite, so schnell er konnte!

Zwei habe ich in meinem Leben geschossen, beide bei zufälligen Begegnungen. Jedoch erst in den fünfziger Jahren, und beide in Westungarn. Eine Duplizität der Fälle, denn beide rumorten schon bei hellem Nachmittag am Waldrand, was äußerst selten vorkommt. Doch war ich damals nicht mehr stolz auf meine Beute und hatte auch keine besondere Freude an ihrer Erlegung. In Lábod gab es ziemlich viele Dachse, und im Interesse der Fasanenhege hielt ihn die Jägerei durch Ausgraben kurz. Ich selber fand an dieser Jagdart jedoch nie Gefallen, besonders, seitdem ich einmal dabei war, als, nachdem das Muttertier in der Röhre gestellt, ausgegraben und totgeschossen wurde, noch zwei niedliche Jungdachse zum Vorschein kamen. Dies geschah Anfang April, und die Jungdachse waren spannenlang und schon regelrechte Dachse. Das heißt, daß ihr Kopf gestreift, der Fang spitz und der Rücken silbergrau war. Altdachse „en miniature", was bei Jungfüchsen nicht der Fall ist.

Der Eingang der Dachsröhre ist weiter als der der Fuchsröhre, und es liegt auch mehr Sand davor, der beim Graben ans Tageslicht befördert wurde. Doch da der Fuchs sehr häufig Dachsbaue bewohnt, läßt es sich oft erst nach dem ersten Einschlag feststellen, ob Dachs oder Fuchs den Bau bewohnen. Der Dachs „füttert" die Gänge und Kessel seines Baues *immer* mit trockenen Blättern aus, der Fuchs jedoch niemals.

Oft ergeben sich eigenartige Zufälle. Ich befaßte mich Anfang August mit dem Niederschreiben des „Dachskapitels", als ich, einer lieben Einladung auf einen Bock folgend, ins nördliche Somogy in die Nähe des Balaton fuhr.

Am Nachmittag meiner Ankunft gab es ein gewaltiges Gewitter, doch ließ es gegen Abend nach, so daß die Strahlen der untergehenden Sonne die liebliche, hüglige, bewaldete Landschaft vergoldeten. Natürlich versprach dies eine wundervolle Abendpirsch. Mit dem Jagdmeister der Jagdgesellschaft pirschten wir lautlos und behutsam eine zimmerbreite Wiese in einer Talsohle entlang. Rechter Hand Hochwald, links mannshohes Gestrüpp. In den Spuren des Fahrweges auf der Wiese rann das Regenwasser wie in kleinen Gebirgsbächen, und an den Blättern hingen große Tropfen.

Ein junger, noch nicht reifer Sechserbock war eben im Hochwald verschwunden, als kaum weiter als 80 Schritte vor uns ein Dachs über den Weg watschelte. Der erste Eindruck von seiner Figur waren der im Verhältnis zum starken Körper auffallend dünne Hals und Kopf. Kaum daß der Dachs in der Dickung verschwunden war, kam der zweite nach! Der verhielt sogar kurz bei einer Pfütze, suchte mit tiefer Nase, offensichtlich nach der Fährte des ersten, der Fähe, und dann watschelte auch er von dannen. Ich hatte ganz den Eindruck, daß der Rüde in der Ranzzeit der Fähe folgte, um so mehr, als es auch in den „großen Büchern" geschrieben steht, daß die Ranzzeit des Dachses in den August fällt.

Anfang der fünfziger Jahre hatte sich der Rotwildbestand der Donau-Auen der Schüttinsel so vermehrt, daß wir einige Stücke Kahlwild und Schneider schießen mußten. Doch sparten wir die damals noch seltenen Jagdmöglichkeiten meistens für Gäste auf.

An einem Januartag veranstalteten wir für einige Jagdgäste der Budapester „Obrigkeit" ein Riegeln auf Kahlwild.

Wir drückten die „Hufeisen-Insel" durch. So genannt nach dem toten Donauarm, der sie wie eine Schleife umrandete. Auf der Insel gab es eine ganze Menge uralter Korbweiden mit vielen Höhlen und Wülsten und auch alte Weidenbestände. Sie war landschaftlich außergewöhnlich reizvoll. Ich selber ging mit den Treibern durch. Ich hatte sogar eine „Büchse" in der Hand, ein seltenes Ding in dieser Zeit, doch muß ich sie in Anführungsstriche setzen, denn es war ein nicht umgebauter italienischer Militärkarabiner Kal. 6,5, der bei der Forstbehörde zum „persönlichen Schutz" irgendeines Forstbeamten lagerte. Zu einem anderen Zweck war er ja auch kaum zu gebrauchen! Er trug ein ganz robustes Visier und ebensolches Korn, und niemand wußte, wohin er die jahrzehntealten, ausgegrabenen, verrosteten Kugeln spuckte. Es war wirklich keine „Jagdwaffe", doch besser als nichts, und in dieser Zeit waren wir wirklich nicht verwöhnt.

Wir hatten zur Hälfte durchgetrieben, als mir der linksgehende Treiber zurief: „Schauen Sie mal, ein Eichkater, er läuft dort den hohen Weidenstamm hinauf!"

Ein Eichhörnchen? Ich stutzte. Das lebt ja überhaupt nicht in diesen Auwäldern mit Weiden und Pappeln! Muß mal schauen, was es ist! Ich ging zum Treiber hinüber, und er zeigte mir auch sogleich den an der gebogenen Spitze der Weide sich duckenden Baummarder. Ich konnte sogar seinen gelben Kehlfleck sehen. Was konnte ich anderes tun, als mit dem Püster hinaufzielen? Freilich nur gefühlsmäßig, denn anders ging's nicht. Ich schoß hinauf, und, o Wunder, der Marder kam herunter. Das Vollmantelgeschoß riß nicht einmal große Löcher in seinen seidenweichen Balg.

Dies war der erste Marder meines Lebens, den ich sah.

Um so mehr gab es in Lábod. Einen dunkelbraunen starken Rüden jagte einmal beim Anmarsch zum Schnepfenstrich mein Hund Legény auf eine hohe Erle hinauf. Mein Bruder schoß ihn herunter wie eine aufgebaumte Katze.

Ich selber habe in Lábod den Marder kaum auf der Spur bejagt, nicht deshalb, weil dies für mich kein Jagdvergnügen gewesen wäre, sondern weil ich als Oberjäger kein eigenes Revier hatte und nicht die Marder meiner Kollegen schießen wollte.

Denn jeder Berufsjäger betrachtete die in seinem Revier lebenden Marder als seine eigenen, und es wäre nicht schicklich gewesen, wenn sie der Chef selber gezehntet hätte. Es ist etwas anderes, wenn er zufällig vor das Rohr kommt! Die allwinterlich mit Flinte oder Falle erbeuteten Marderbälge brachten den Revierjägern einen guten Nebenerwerb. Einige meiner Kollegen bauten Knüppelfallen, meistens zwischen Kiefern in der Höhe von anderthalb Metern über den Boden und beköderten sie mit Drosseln oder Türkentauben. Es kam vor, daß ein Berufsjäger im Winter vier, fünf Marder in diesen Fallen fing.

Wer sein Revier gut kannte, der wußte auch die ausgehöhlten Bäume darin, es waren meistens Stein- oder Zerreichen, wo Marder mit Vorliebe hausten. Aber auch in Eichhornkobeln in den Spitzen der Bäume. Doch hatte ich selber nie das Waidmannsheil, daß auf mein Klopfen ein Marder gesprungen wäre, obwohl ich unzählige Bäume mit Eichhornkobeln angestoßen habe!

Der Mensch gebraucht bei der Jagd seit Urzeiten Tiergehilfen.

Der Uhu, die größte unserer Eulen, ist ein solcher Helfer des Jägers, den er nicht direkt zum Beutemachen, sondern zum Anlocken seiner Beute benützt. Die große Eule wird von vielen unserer Greifvögel und den Feinden unseres Niederwildes, den Krähen, Elstern und auch vom Eichelhäher, den größten Eiervertilgern, gehässig angegriffen. Der Jäger bindet die Eule weit sichtbar an der Jule an und verbirgt sich in Schußweite in einem Versteck der Krähenhütte, um die den Uhu attackierenden Krähenvögel beschießen zu können.

Die Gehässigkeit der Greif- und Krähenvögel gegen den Uhu war schon unseren Altvorderen bestens bekannt. Die alten jagdlichen Fachbücher vergangener Jahrhunderte befassen sich eingehend mit der Hüttenjagd, der Haltung und Verwendung des Uhus.

Als ich Jungjäger war, gab es freilich noch viel mehr Uhus in den meisten Ländern Europas, auch viel mehr Greifvögel. Die Auffassung der Jäger war aber auch anders, indem sie in jedem Raubvogel den Erzfeind des Niederwildes sahen. Heute hat leider die Zahl der Uhus in Mitteleuropa nur allzu sehr abgenommen, in unserem Lande brüten nur mehr einige wenige Paare, doch auch die Zahl der Greifvögel schrumpft so zusammen, daß unser Naturschutzgesetz endlich alle Arten unter Schutz gestellt hat.

Mein Lebtag oblag ich der Hüttenjagd mit großem Eifer und viel Passion. Als Junge hatte ich schon in der Hanság einen lebenden Uhu, dann auch einen in Lábod, doch als kein lebender da war, jagte ich mit einem präparierten Uhu, später auch mit einem aufblasbaren aus Gummi, doch diese unbeweglichen Locken ziehen die Aufmerksamkeit weniger auf sich, und freilich zeigen sie den Angriff nicht an! Denn eines der interessantesten Erlebnisse bei der Hüttenjagd mit dem lebenden Uhu ist, sein Benehmen bei den Angriffen verschiedener Feinde zu beobachten.

In der Hanság jagten wir damals auf die verschiedenen im Durchwandern begriffenen Greifvögel, da Krähen und Elstern dort eine Seltenheit waren. Wir hatten kreisrunde, spitze Hütten aus Schilf mit einer Schießluke von etwa 30×30 Zentimeter. Das war auch eine gute Übung im Schrotschießen, denn es war gar nicht so leicht, den im Sturzflug auf die Eule hassenden Vogel durch die kleine Luke auch zu treffen. Wenn man aber größere Luken machte und nur seinen Kopf darin zeigte, so hatten die Angreifer den Menschen sofort weg.

Damals saß ich viel in der Hütte, doch erlegte ich meistens nur Bussarde und Kornweihen. Die Weihen überwinterten dort geradezu massenhaft und stellten den Winterhühnern mit Vorliebe und Erfolg nach. Seltene Greife habe ich dabei jedoch niemals geschossen. So weiß ich auch mit Bestimmtheit, daß Wander- oder Würgfalke niemals auf meinen Uhu haßten, ein Habicht auch nur einmal, obwohl er ein besonders scharfer Feind des „Aufs" ist. Und diesen einen habe ich vorbeigeschossen; er war zu schnell und wendig.

Doch kann man die Hüttenjagd nicht nur mit dem Uhu betreiben! Der Haß des Krähenvolkes richtet sich nicht allein gegen die große Eule. Sie stürzen sich und hassen auf alle anderen Tag- und Nachtgreifvögel, vor denen sie ihre Jungen oder ihre Beute glauben beschützen zu müssen.

Welcher meiner Waidgefährten hätte nicht ihr gehässiges Gezeter gehört, womit Krähen und Elstern Habicht und Fuchs anzeigen und verfolgen? Anstatt des Uhus lockt sie auch der Waldkauz an, sogar ein dem Fuchs ähnlicher rötlicher Hund; Katzen haben ebenfalls auf die neugierigen Krähen und Elstern eine Anziehungskraft.

Nachdem ich das Láboder Revier übernommen hatte, schaffte ich sofort einen lebenden Uhu an. Von unserer Direktion wurden einige ausgewachsene Nestlinge aus Rumänien bestellt, und einer von ihnen kam nach Lábod. Er war dort auch überaus nötig, denn es gab Legionen von Nebelkrähen und Elstern, und wir mußten ihrer mit allen Mitteln Herr werden, denn dies ist die Grundlage einer erfolgreichen Niederwildhege.

Hier kam ich auf eine andere Technik der Hüttenjagd: Wenn man nämlich mit Schrot auf die in Trupps hassenden Krähenvögel über dem Uhu schießt, so „beerdigen" sie zuerst ihre gefallenen Gefährten, das heißt, sie ziehen mit großem Gekrächze „Ehrenkreise" über ihnen. Doch eräugen sie den Jäger in der Schießluke nur allzu schnell und suchen das Weite. Ich hatte jedoch damals zu meinem Drilling, den ich als Dienstwaffe benützen konnte, ein Einstecklaufchen Kal. 22. So konnte ich damit durchs Zielfernrohr und mit Stecher, den Gewehrlauf nur ein wenig durch einen schmalen Spalt hinausgeschoben, die auf den trockenen Ästen des „Einfallsbaumes" krächzenden Krähen eine nach der anderen mit der kleinen Kugel in die Brust schießen. Der Knall war so schwach, daß sie manchmal nicht einmal abstrichen oder gleich wieder einfielen.

Damals hatten wir nicht einmal ständige Hütten, sie wären sowieso mutwillig zerstört worden, sondern gruben tiefe, längliche Gruben in den Sand in der Nähe eines beliebten „Einfallsbaumes". Er mußte bloß einzeln stehen und oben trockene Äste haben. Wir bedeckten die Grube dicht mit Zweigen, gruben die Jule tief ein und banden den Uhu mit einer langen, leichten Kette daran, so daß er nach Belieben auch zu Boden gehen konnte. Der gute „Jagduhu" jedoch saß gern oben auf der Jule, äugte ständig in alle Richtungen und klappte oft mit den Schwingen.

Es war eine große Freude und Genugtuung, schlauer als die so gerissenen Nebelkrähen und Elstern zu sein! Einige Male machte ich auch gute Beute!

Vom Gesichtspunkt der Verhaltensforschung ist es eine interessante, jedoch ungeklärte Erscheinung, warum die Tag-Greifvögel auf den Uhu und auch auf andere größere Eulen hassen. Dies ist auch zu einem bestimmten Grad eine artspezifische Eigenschaft, denn die verschiedenen Arten der Greifvögel reagieren meistens unterschiedlich auf den Uhu.

Ob sie wohl aus „Brotneid" auf die große Eule hassen, wie die alten Jäger behaupteten? Man kann nicht selten beobachten, daß ein kleinerer Greifvogel, zum Beispiel ein Turmfalke, auf einen viel größeren Verwandten, etwa einen Bussard, oder noch viel mehr ein Bussard oder Habicht auf einen kreisenden oder aufgeblockten Adler haßt und stößt. Ich denke jedoch, nicht mit dem Ziel, ihm die Beute abzunehmen, sondern, zumindest hatte ich beim Anblick solcher Angriffe stets das Gefühl, daß der Kleinere, Schnellere und Flinkere seine Freude daran findet, den größeren und plumperen Gegner zu ärgern.

Die meisten Greife und Krähenvögel haben ihr Leben lang niemals einen Uhu gesehen. Denn dieser ist nirgends ein häufiger Vogel, lebt in großen, zusammenhängenden Waldungen der Gebirge und ist tagsüber kaum unterwegs. Doch wenn wir den Uhu auf seine Jule aufblocken lassen, greifen sie ihn sogleich an, denn der atavistische Haß erwacht in ihnen. Und zwar jeder nach seiner Art. Die großen Adler, so auch der Seeadler, kreisen meistens nur zwei, drei Mal über ihm, eher aus Neugier; dann pflegen sie zusammen mit den sie begleitenden Nebelkrähen auf einen trockenen Ast in der Nähe aufzublocken. Die Falken nehmen, außer den Turmfalken, der beständig über ihm zu rütteln pflegt und mit Vehemenz angreift, im allgemeinen wenig Notiz vom Uhu. Höchstens, daß sie mit einem schwungvollen Sturzflug eine Scheinattacke machen und dann unbekümmert ihrem Luftwechsel folgen. Demgegenüber greift der Habicht scharf, öfters und andauernd an; manchmal soll er sogar mit ausgestreckten Krallen auf den Uhu schlagen, was dieser damit pariert, daß er zu Boden geht und rücklings seine gewaltigen bekrallten Fänge dem Angreifer entgegenstreckt. Kreischende Töne ausstoßend attackieren ihn Bussarde, Turmfalken und auch Weihen, doch richtig vehement greifen letztere nur im Frühjahr an. Demgegenüber kreisen der Rote und Schwarze Milan meistens nur über dem Uhu, ohne ihn richtig anzunehmen.

Die Nebel- und Saatkrähen und auch die Elstern, denen heutzutage die Hüttenjagd fast ausschließlich gilt, benehmen sich jedoch beim Anblick des Uhus völlig anders. Die Nebelkrähen werden von ihm am meisten angezogen, denn sie sind es, die die meisten größeren Greife, so auch vor allem den Habicht, belästigen und begleiten. Wenn sie des Uhus gewahr werden, krächzen sie schon von weitem und alarmieren damit ihresgleichen der Umgebung, auch die Saatkrähen und Elstern, die dann krächzend in ganzen Scharen über dem Uhu kreisen und ihn von Zeit zu Zeit mit Sturzflügen attackieren. Die Elster kommt eher aus Neugier, schakert um die große Eule herum und ruft damit alle Elstern der Gegend zum Tatort. Doch habe ich mehrmals gesehen, daß der Kleine Raubwürger und sogar der Pirol den Uhu angriff.

Freilich reagiert auch dieser verschieden auf die Angriffe seiner Feinde. Wenn sich Adler, Großfalke oder Habicht nähern, bläst er sich auf, spreizt seine Schwingen, stellt sich in „Abschreckstellung", knappt mit dem starken Schnabel; er „imponiert" seinem Gegner. Wenn dieser ihn aber dennoch angreift, so geht er zu Boden und streckt ihm die bekrallten Fänge entgegen. Er nimmt aber vom Bussard, Turmfalk und anderen Greifen, ebenso von Krähen und Elstern kaum Notiz; er verfolgt ihr Annähern nur mit seinem ungemein wendigen Kopf und den wundervollen großen gelben Augen. Woher der als Jungvogel aus dem Horst genommene Uhu weiß, wie gefährlich ihm die verschiedenen Feinde sind?

Ein in der Praxis des Hüttenjägers, Tierphotographen und Wildbeobachters sich stets bewährender tierpsychologischer Kunstgriff: Zwei Mann gehen zusammen zur Hütte, dort kommen und gehen sie beide herum und setzen den Uhu auf die Jule. Dann verschwindet der Jäger im Versteck, während sich sein Helfer nach getaner Arbeit in voller Sicht entfernt. Die Krähen und Elstern verfolgen natürlich mit gespanntem Interesse, was da vor sich geht. Wenn sie nur einen Mann sehen, der verschwindet, „als ob ihn der Boden verschluckt hätte", so sind sie vorsichtig und werden sich nur mit Argwohn nähern.

Es gehört zu meinen schönsten jagdlichen und ornithologischen Erinnerungen, als ich mich an einem strahlenden Aprilmorgen am Ufer eines Somogyer Fischteiches am Anblick von zwei über dem Uhu in nächster Nähe aufgeblockten Seeadlern mit schwefelgelbem Schnabel und blendendweißem Stoß sowie einem weißbrüstigen, dunkelrückigen Fischadler mit leuchtendblauen Fängen ergötzen konnte.

„Einige Male machte ich auch gute Beute!" (S. 222)

Saatgänse. Nur ein Teil des riesigen Fluges kommt in den Bildausschnitt des Teleobjektivs

Wie Schwadronen anstürmender Kavallerie . . .

Wanderer der Himmelsstraßen

Wenn ich auf die Keile der hoch im Himmel ziehenden Wildgänse hinaufschaue, ergreift mich immer die atavistische Sehnsucht des an den Boden gebundenen Geschöpfes. Denn für mich sind Wildgänse das Symbol der schrankenlosen Freiheit. Der Stimme der Natur folgend, machen sie sich auf den Weg, formieren sich und reisen in unerreichbaren Höhen, wer weiß woher, und wer weiß wohin, frei, ungebunden über Länder und Meere, Gebirge und Ebenen. Doch sie wissen genau, wo ihr Ziel ist. An nebligen, dunklen Herbstabenden hören wir manchmal sogar über den Lichtern der Großstädte den Ruf der ziehenden Gänse. Als ob sie den Weg verloren hätten und nun im Banne des Lichtermeeres kreisen würden. Doch sie wissen auch dann ganz genau, wohin sie ihr Weg führt; ihr Instinkt sagt ihnen dies sicherer als jede Kompaßnadel. Es ist bloß ihre Stimme, die zu uns herunterdringt und dem Menschen der Erde Botschaft aus dem hohen Norden zuträgt.

Denn die bei uns vorkommenden Arten von Wildgänsen brüten mit einer Ausnahme alle im hohen Norden und sind bloß unsere Wintergäste, solange die Gewässer, die ihnen als Übernachtungsplätze dienen, nicht zufrieren und ihre Äsungsplätze nicht von tiefem Schnee bedeckt werden. Dann ziehen sie weiter gegen Süden und wandern am Frühlingsanfang wieder nach Norden zu ihren weit entfernten Brutplätzen.

Die Ausnahme ist die auch bei uns brütende Graugans *(Anser anser)*, die der ungarische Volksmund treffend „Blonde Gans" nennt. Beide Namen beziehen sich auf die auffallend hellgrauen Flügeldecken dieser Art, wodurch sie bedeutend heller erscheint als ihre Verwandten. Sie ist die Urahne unserer Hausgans, die ihren melodischen Ruf der Wildgans bis zum heutigen Tage beibehalten hat. Solange es in der ostungarischen Großen Tiefebene unermeßliche Sumpfgebiete gab, brütete die Graugans zu Tausenden hier und war so häufig, daß ihre Flüge mit den vielen Wildenten zusammen regelmäßig von den Gewässern auf die Stoppelfelder zur Äsung zogen. Mit dem Verschwinden der großen Gewässer schwand auch ihre Zahl dahin, bis sie vor einigen Jahrzehnten bereits auf der Liste der aussterbenden Arten stand. Nur ganz wenige Paare brüteten noch in den Schilfgewässern dreier großer Teiche. Im damaligen Naturschutzgebiet Kisbalaton, am Velence-See südwestlich von Budapest und am Neusiedlersee. Denn sie braucht als Brutplatz weite Schilfflächen, wo sie ihr Nest auf abgebrochenen Schilfstengeln baut.

Der richtig erkannte, moderne Naturschutz hat jedoch nicht nur den großen Vogel selbst, sondern auch die Unberührtheit seiner Brutplätze bewahrt. Die Graugans nimmt in den letzten Jahren nicht nur zahlenmäßig an Brutpaaren stark zu, sondern erobert an vielen Stellen immer neue und neue Brutplätze, wo das Schilf nicht mehr abgeerntet und abgebrannt wird und wo die Gänse nicht nur zum Nisten genügend breite und ungestörte Schilfgürtel, sondern daneben auch ruhige Wasserflächen finden.

Die Graugans ist unsere größte Gans. Aber nicht bloß ihren Ruf, sondern auch ihren Körperbau, den fleischfarbenen Schnabel und die Ständer hat unsere Hausgans geerbt. Sie hält sich nur vom Frühjahr bis zum Herbst in der Brut- und Aufzuchtzeit der Jungen bei uns auf, zieht im Herbst zum Überwintern in südlichere Gegenden, hauptsächlich an die Gestade des Mittelmeeres, und trifft im Frühjahr erst dann bei uns ein, wenn die nordischen Gänse schon im Abwandern begriffen sind. Sie lösen sich geradezu ab.

Das Gros unserer Wildgänse gibt aber doch die im Herbst ankommende „Wintergans" ab. Bei uns kommen gewöhnlich drei Arten vor: Die Saatgans *(Anser fabalis)*, die Große Bläßgans *(Anser albifrons)* und die Kleine Bläßgans *(Anser erytropus)*. Auf all diese ist die Jagd gestattet, weil ihre Zahl zum Glück noch nicht so sehr abgenommen hat wie die der Graugans.

Die beiden ersteren gibt es bei uns noch in großer Zahl. Meistens kommt die Saatgans zuerst an; schon gegen Ende September, Anfang Oktober. Es ist sehr viele Jahre her, als daheim in Westungarn mein Lehrmeister sagte, ich solle nur aufpassen, am 30. September kämen die ersten Saatgänse an. Ich habe dies viele Jahre lang beobachten können, und es stimmte in den meisten Jahren. Wenn ich mich richtig erinnere, kamen sie nie auch nur einen Tag früher. Doch hörte ich den Gänseruf und sah ihren Keil am Himmel ziehen, wenn dieser Tag kam, oder höchstens einige Tage später: Denn die Gänse „unterhalten sich", ob sie ziehen, sitzen oder weiden, und man hört ihre Stimmen von weitem. Dadurch verraten sie sich am ehesten.

Auch mit dem Ohr können wir die Saatgans von den Bläßgänsen unterscheiden, denn sie hat einen viel tieferen Ruf. (Der Ungar nennt die Bläßgänse „lilik" – eine Nachahmung ihres hohen, lauten Rufes, der sich ganz wie „li-lik" anhört.) Wenn man sie in der Hand hat, so unterscheidet sich die Saatgans auf den ersten Blick von allen anderen Gänsen durch ihren orangefarbenen Schnabelring, während Basis und Spitze des Schnabels schwarz sind.

Diese Gans brütet in Skandinavien und in der Sowjetunion am Polarkreis in verkümmerten Buschwäldern, Tundren mit Büschen, entlang von Flußläufen und an Seegestaden. Nicht nur, daß sie beim Herbstzug früher eintrifft, sie zieht vor dem Frost auch eher weiter nach Süden als die Bläßgans, die öfter bei uns überwintert.

Es ist eine interessante Beobachtung, daß in meiner Heimat die Saatgans viel zahlreicher an den Gewässern der Donau und an den westlich gelegenen großen Seen vorkommt. Entlang der Theiß und östlich von ihr in der Großen Tiefebene überwiegt jedoch die Bläßgans bei weitem. Am Anfang der Zugzeit gibt es dort auch vereinzelt Flüge von Saatgänsen; doch werden diese wenigen von dem später im Herbst eintreffendem Gros der Bläßgänse verdrängt.

Die Bläßgans ist viel mehr der Vogel der Steppen-Weidegelände und der sich hier sammelnden „wilden Wasser" der Großen Tiefebene Ostungarns. Im Gebiet jenseits der Theiß liegen ihre klassischen Ruheplätze. Und auch die viel seltenere Kleine Bläßgans wird hier angetroffen, sie kommt nur äußerst selten, sozusagen als Rarität westlich der Theiß vor.

Beide Arten der Bläßgänse haben als gemeinsames Erkennungszeichen den fleischfarbenen Schnabel. Die älter als einjährigen Exemplare zeigen die weit leuchtende weiße „Blässe" an der Stirn und die dunklen Querstreifen an Brust und Bauch, die man bei guter Beleuchtung auch an den hoch in der Luft ziehenden Gänsen erkennen kann.

Das Federkleid der Kleinen Bläßgans, die kaum größer als eine Stockente ist, gleicht dem ihrer größeren Verwandten fast vollständig. Doch sobald man sie in der Hand hat, fällt der leuchtendgelbe Augenring, ihr sicheres Bestimmungszeichen, sofort auf.

Die Große Bläßgans brütet in den nördlichsten Regionen, noch über dem Polarkreis in feuchten Tundrengebieten, wohingegen die Brutplätze der Kleinen Bläßgans um den Polarkreis liegen.

Ich muß noch kurz die berühmte Gänserarität der Pußta Hortobágy, die Rothalsgans *(Branta ruficollis)*, erwähnen, die vom fernen Osten, von den sibirischen Gebieten nördlich des Kaspischen Meeres sehr selten bei uns eine Gastrolle gibt. Diese zierliche kleine Gans mit ihrem dunkelziegelroten Hals und Kopf und dunklen Rükken überwintert hauptsächlich an den südlichen Gestaden des Kaspischen Meeres. Auf den riesigen Grasflächen der alten unangetasteten Pußta Hortobágy kamen unter den Hunderttausenden von rastenden Bläßgänsen fast jährlich einige ganz wenige „Rothälse" vor. Meines Wissens sind sie jedoch nie westlicher verstrichen. Die Rothalsgans war seinerzeit die heißersehnte Beute der Gänsejäger der Hortobágy. Fast so selten wie der legendäre weiße Rabe. Leider habe ich sie selber niemals gesehen.

Unser Land ist die Raststätte der aus dem hohen Norden gegen Süden wandernden Wildgänse. Im Herbst machen sie Station bei uns, ruhen sich von dem weiten Flug aus, manchmal einige Monate lang. Des öfteren überwintern auch viele von ihnen bei uns, wenn es nicht allzu starke Fröste und hohe Schneelagen gibt. Auf ihrer Rückreise kommen sie wieder vorbei, doch bloß für kurze Zeit, denn der Fortpflanzungstrieb veranlaßt sie, ihre Brutplätze im hohen Norden noch zur richtigen Zeit zu erreichen.

Meine Heimat liegt in einer der Hauptzugrichtungen der europäischen Wildgänse und Wildenten. Die andere führt in Westeuropa an den Gestaden der Nordsee und des Atlantischen Ozeans entlang, die dritte am Lauf der Wolga und den Gestaden des Schwarzen Meeres entlang über den Bosporus.

Die wandernden Wasservögel umfliegen die breiten und hohen Bergketten der Alpen; doch überfliegen sie die Karpatenkette leicht und finden diesseits eine an Gewässern reiche, fruchtbare Ebene, eine bevorzugte Raststätte.

Nicht jede Gegend ist jedoch als Raststätte der Wildgänse geeignet. Sie brauchen unbedingt einen breiten, ruhigen Wasserspiegel, einen ungestörten Übernachtungsplatz und in dessen Nähe gute Äsungsflächen, grünende Weiden, dichte Saaten oder Maisstoppeln.

Wo finden die Gänse noch solche Plätze in unserem Lande?

Leider nicht mehr vielerorts! Auf unseren großen natürlichen Seen, dem Balaton und dem Velence-See, dem Neusiedlersee, dessen bessere „Gänsezonen" jedoch jenseits der Grenze in Österreich liegen, entlang des Laufes der Donau, vornehmlich jedoch in der Gegend von Győr und im Süden bei Baja, wo sie auf den Spiegeln von trägfließenden Altwässern übernachten können. In Ostungarn aber hauptsächlich auf den größten Fischteich-Komplexen: der Hortobágy, des „Weißen Sees" bei Szeged und in Biharugra und auch noch auf den „wilden Wässern", den Ansammlungen des herbstlichen Regenwassers auf den undurchlässigen Grassteppen. Unter diesen ist an erster Stelle das Naturschutzgebiet von Kardoskút in der Nähe von Orosháza zu erwähnen, wo in den seichten „wilden Teichen" von beträchtlicher Größe Zehntausende von Wildgänsen ungestört übernachten können.

Sie übernachten meistens auch in geschlossenen Scharen auf dem Wasser. Von weitem zeigen sie im Mondlicht einen zusammenhängenden dunklen Strich. Auch nachts „palavern" die Gänse, man hört von fern ein ständiges Geschnatter. Bei Tagesanbruch, wenn den kommenden Tag ein heller Streifen am östlichen Horizont ankündigt, wird ihr Gespräch immer lauter. Es erheben sich die ersten Scharen, dann folgen mit dem Getöse eines über eine Eisenbrücke fahrenden Schnellzuges und mit ohrenbetäubendem Geschnatter die anderen; Flug nach Flug, Ketten von Gänsen ziehen eine nach der anderen auf die Weideflächen.

Tagsüber äsen sie verstreut in größeren oder kleineren Flügen, stets bedacht darauf, daß sie auf flachem, völlig deckungslosem Gelände bleiben. Mit langen Hälsen wachende Beobachterposten gibt es immer im Flug, meist sogar mehrere. Sie haben die Köpfe hoch, solange die anderen äsen. Nichts entgeht ihren scharfen Augen!

In den Mittagsstunden bekommen sie Durst, besonders bei windigem Wetter, wenn der Wind ihre Kehlen ausdörrt. Dann gehen sie Flug nach Flug gesondert hoch, ziehen zum Wasser und wieder zurück zum gedeckten Tisch; manchmal wiederholen sie dies öfters am Tage. Nach Sonnenuntergang erheben sie sich wie auf Kommando geschlossen und ziehen mit lebhaftem Geschnatter Kette nach Kette zum Wasser, zu ihren nächtlichen Ruheplätzen.

Der Ruheplatz der Wildgänse ist der Übernachtungsort auf dem ruhigen Wasserspiegel. Zu diesem müssen sie allabendlich zurückkehren, sie sind an ihn gebunden. Und das, solange er nicht zufriert. Dann werden sie gezwungen, sich südlichere Zufluchtsstätten zu suchen.

Unsere „Wintergänse" verdienen Schonung, auch wenn sie bloß im Herbst und Winter bei uns zu Gast sind. Freilich kann man sie deswegen noch bejagen, denn zum Glück sind sie noch bei weitem nicht auf der Liste der bedrohten Arten. Zur Herbstzeit kommen sie oft zu Zehntausenden, wenn auch leider nicht mehr zu vielen Hunderttausenden wie noch vor einem halben Jahrhundert.

Auf den zur Übernachtung dienenden großen Seen, dem Balaton, dem Neusiedlersee, wo auf den weiten Wasserflächen den Gänsen nicht beizukommen ist, werden sie in Ruhe gelassen. Zu Zehntausenden, manchmal auch immer noch zu Hunderttausenden, halten sie sich hier oft monatelang auf. Vom Balaton ziehen allmorgendlich viele, viele Ketten von Gänsen in allen Richtungen auf die umliegenden Wiesen und Felder zur Äsung.

Schon als kleiner Junge war ich mit der Wildgans engstens verbunden. Sie übt bis zum heutigen Tag einen besonderen Zauber auf mich aus.

Daheim in Westungarn strichen die Gänse oft über unser Haus und unseren Garten und fielen in den Feldern ein, wo wir sie vom Fenster aus beobachten konnten. Die an der Donau und am Neusiedlersee übernachtenden Gänse ästen oft in großen Schwärmen auf den Saaten und herbstlich abgeernteten Maisfeldern.

Eine meiner allerersten schemenhaften Kindheitserinnerungen – ich konnte damals 3 bis 4 Jahre alt gewesen sein – sind mit den Wildgänsen verknüpft. Mein Vater, der mich zum Jägersmann erziehen wollte, hatte mir von frühester Jugend an schon viel Jagdliches beigebracht, unter anderem auch, daß nach Waidmannsregeln Wildgänse als einziges Wild aus der Grube bejagt werden dürfen. Darauf hatte ich mir im Garten eine „Gänsegrube" gegraben, von der aus ich mit selbstfabriziertem Pfeil und Bogen Gänse zu erlegen hoffte.

Ich war damals schon so passioniert, daß man mich, der ich vor Einnahme einer besonders gräßlichen Medizin, ich glaube, es war Rizinusöl, unters Bett geflüchtet war und mich dort verklüftet hatte, so herauslockte, daß jemand mit der Nachricht geschickt wurde, es seien Wildgänse im Garten neben meiner Grube eingefallen, worauf ich meinen Zufluchtsort sofort verließ, um nachzusehen.

Die allererste Wildgans meines Lebens schoß ich an unserem Gartenzaun. Als elfjähriger angehender Jungjäger kam ich aus der Schule zu den Weihnachtsferien heim, nahm das Gewehr und schlug mich sofort in die Büsche.

Denn ich war damals schon stolzer Besitzer einer oft besungenen Ejektorflinte Kal. 28, eines federleichten, überaus führigen und engschießenden Gewehrs.

Am selben Abend revidierte ich den Zaun des Obstgartens, in dessen Löcher gern Schlingen gestellt wurden, als ein Flug Gänse hoch am Himmel zu den Schlafplätzen Richtung Donau zog. Der Keil kam genau auf mich zu, sehr, sehr hoch, an der Grenze der Schrotschußentfernung, aber ich duckte mich doch an einem Pfosten des Zaunes. Als sie über meinem Kopf waren, schoß ich mit der „Spielzeugflinte" hinauf. Wer könnte mein Erstaunen und meine Freude beschreiben, als eine Gans aus der Reihe die Schwingen zusammen- und Kopf und Hals über den Rücken klappte und wie ein Stein in großem Bogen heruntersauste und mit dumpfem Prall auf dem angrenzenden Acker aufschlug. Es war eine Saatgans, meine erste Gans, ein Zufallstreffer ersten Ranges. Ich kann mich nicht erinnern, mit dieser „Bubenflinte" noch mehr Gänse geschossen zu haben.

Das lag allerdings nicht so sehr an der Flinte, sondern eher daran, daß ich bis auf die Zeit der Weihnachtsferien in die Stadtschule verbannt war und daß in dem uns damals zur Verfügung stehenden riesigen Jagdbann die Gänse nur tagsüber zur Äsung einfielen. Leider eigentlich nie an bestimmten Plätzen, so daß wir sie nie beim Einfall bejagen konnten; die Feldmarken waren zu weitläufig. Nur durch großen Zufall konnte man dann und wann eine schußgerecht bekommen.

Auf den großen Schlägen des Gutes, wo die Sicht frei, weit und unbehindert war, fielen, von ihren Übernachtungsplätzen kommend, die Gänse tagsüber ein. Da damals überall nur Ochsen- oder Pferdegespanne arbeiteten, scheuten sich die Gänse vor diesen weniger, und man konnte manchmal sogar auf Schrotschußnähe herankommen. Doch nicht mit dem Sandläufer, denn Kutschierwagen waren ihnen ungewohnt, sondern mit niedrigen Bauernwagen, deren Seiten mit Maisstroh verblendet wurden. Wenn es auch ab und zu gelang, so an die Gänse auf Schrotschußdistanz heranzukommen, war es doch eine Ausnahme und zu wenig ergiebig.

Ich griff deshalb zur Büchse, denn mit ihr konnte man viel weiter „hinlangen", und es schien mir nicht nur erfolgreicher, sondern auch waidgerechter zu sein, als mit Schrothagel aus weiter Entfernung auf die Gänse zu schießen. Es machte wenig Freude, da man dabei sehr viele krank schoß.

Ich habe mit der guten alten 9,5 ohne Zielfernrohr trotz der naturgemäß sehr gekrümmten Flugbahn einige Dutzend Gänse erlegt. Als ob einer mit der Kanone auf Spatzen schießen würde, könnte man mit Recht sagen. Freilich wäre dafür eine moderne Kleinkaliberbüchse mit gestreckter Flugbahn das Richtige gewesen.

Ich schoß also mit diesen riesigen Batzen mit Stahlmantel und Bleispitze auf die in den Feldmarken äsenden Gänsescharen. Angeschweißte Gänse gab es keine; was die Kugel faßte, das lag oder strich mit Waidwundschuß eventuell kürzere oder längere Strecke über die kahle Feldmark, um dann niederzugehen, was man mit dem Glas immer genau beobachten konnte. Die meisten blieben am Anschuß, und zwar auch nicht allzusehr zerschossen, da sich das schwere Geschoß ohne genügend Widerstand kaum stauchte und wenig Zerstörung im Wildkörper verursachte.

Das spielte aber auch sonst keine Rolle, denn aus meinen Gänsen wurde daheim stets Fleischbrühe zubereitet. Ich kann verraten, daß aus dem Wildbret der Wildgans die vorzüglichste „Bouillon“ gekocht werden kann.

Die Sicherheit des „Hinterlandes“ mußte man aber ständig im Auge behalten. Das Terrain ist dort flach wie ein Tisch, so daß ich meistens vom Wagen aus schoß, um doch einen Einschlagswinkel des Geschosses hinter den Gänsen zu bekommen. Geschossen wurde nur, wenn die Schußrichtung völlig frei war, kein Dorf, keine Straße, kein Gehöft dahinter in der Ferne lag.

Vor allem in der Herbst- und Frühjahrszeit hatten wir viele durchziehende Gänse. Im Winter verließen sie uns meistens. Damals durfte man auch im Frühjahr die Zuggänse bejagen. Die Gans war für mich mehr Hochwild als Niederwild, diese seltene Art der Gänsejagd war eine aufregende Sache und machte mir sehr viel Freude. Ich führte genau Schußbuch, das leider in den Kriegswirren verlorenging, und so kann ich keine Zahl nennen. An die hundert sind es aber sicherlich gewesen.

Auf 120 bis 150 Gänge hielten die Gänse meistens aus, wenn man sie geschickt anfuhr, die Pferde nie direkt auf sie zusteuerte und im richtigen Augenblick hielt, wenn sich die Hälse schon reckten. Dann mußte es aber schnell knallen. Meistens schoß ich nicht auf einzelne Gänse, sondern faßte Ziel, wo mehrere in einer Linie sich deckend hintereinander standen. Man konnte dies bedenkenlos tun, da ja die Gans, welche von der Kugel gefaßt wurde, immer zur Strecke kam, auch wenn der Schuß waidwund saß. Zwei Gänse mit einer Kugel habe ich oft geschossen, mehrere Male sogar drei. Es ist aber kein Jägerlatein, daß ich einmal, als der Gänseflug mit gestreckten Hälsen zum Abstreichen bereit war, mit einem schnellen Kugelschuß sage und schreibe vier zur Strecke brachte. Zweien waren die Hälse durchschossen, den hinteren beiden der Brustkern. Natürlich ein reiner Zufallstreffer, aber doch eine jagdliche Rarität.

Es war Anfang der vierziger Jahre, als Vater sich eine Doppelbüchse 9,3×74 R zulegte. Mit nebeneinanderliegenden Läufe natürlich, denn in unserer Familie gab es nur solche Gewehre. Die Doppelbüchse war zum Flüchtigschießen auf Sauen gedacht, weswegen sie einen maßgeschnittenen englischen Flintenschaft hatte. Denn „die Läufe schießen, der Schaft trifft", sagt der wahre Spruch. Über Kimme und Korn konnte man genauso gefühlsmäßig mit ihr schießen wie mit einer Flinte.

Eines Novembertages versuchte ich Ricken mit der neuen Büchse zu schießen und war gerade dabei, in der Deckung mehrerer zusammengestellter Bündel Maisstroh einen Sprung Rehe anzupirschen, als von einer Saat hinter den Rehen ein Flug Gänse vor einem nahenden, niedrig fliegenden Flugzeug hoch wurde. (Flugzeuge gab es damals noch wenige, die Gänse hielten sie für Großraubvögel und flüchteten oft Hals über Kopf vor ihnen.) In windender Fahrt in guter Schrotschußhöhe steuerten sie direkt auf mich zu, der ich schon hinter dem Maisstroh stand. Als sie auf gute Schrotschußnähe heran waren, „zeigte" ich auf die Nächste wie auf einen Kopffasan. Ich staunte bloß, als sie mit der Kugel durch die Brust die Schwingen zusammenklappte und in großem Bogen einige Meter hinter mir auf den Boden schlug! Es packte mich aber schnell der Hochmut: Ich wollte eine Dublette schießen! Natürlich ging die Kugel des linken Laufes in die Lüfte.

Eines Spätherbsttages war ich früh losgezogen, um es vom Wagen aus in den Feldern auf Gänse zu versuchen. Mein Bruder kam nicht mit, denn er sagte, es lohne sich nicht, den ganzen lieben Tag durchgerüttelt zu werden. Ich bin immer gutgläubig gewesen, auch schon damals: Ich glaubte ihm seine listige Ausrede.

Es kam dicker Nebel, bis zum Abend sahen wir überhaupt nichts und kehrten ohne Beute heim. Mein Bruder war noch nicht zu Hause. Er war angeblich zum Entenstrich zur Weide neben dem Altwasser der Raab gegangen.

Es war schon tiefdunkler Abend, als er mit seinem Jagdgefährten heimkam. Die beiden konnten die vielen erlegten Gänse kaum schleppen! Sie hatten schon vorher ausgekundschaften, daß die Gänse auch tagsüber zur Tränke an die seichten Wasserlachen der Weidefläche kamen. Im Nebel hatten sie dort natürlich reiche Ernte.

Das war das einzige Mal, daß es einem von uns gelang, daheim einen guten Gänsestrich zu erwischen.

Als ich in meiner ersten Dienststelle als Berufsjäger nördlich der Stadt Győr im Revier, das sich von der Staatsgrenze der „Alten Donau“ westwärts bis zum Raab-Fluß dehnte, Oberjäger war, hatte ich die Möglichkeit zum Gänsestrich in den Altwässern der Donau in der Inselwelt des Überschwemmungsgebietes. So eine von Menschen kaum betretene Urlandschaft wie diese gibt es in unserem Lande heutzutage nicht mehr. Sie ist viel wilder als der berühmte Wald von Gemenc am südlichen Lauf der Donau, weil es hier viel mehr Wasserläufe und Inseln gibt, und die meisten Waldungen auf Inseln liegend nur mit dem Boot zu erreichen sind. Deswegen sind sie auch forstlich schwierig zu bewirtschaften. Die Gewässer werden meistens nur von Fischern und Sportanglern aufgesucht, und in die Wälder kommt nur ab und zu ein Mensch. Zur Sommerzeit ist dies ohne Mückenschutz auch kaum zu empfehlen, denn Legionen von Blutsäugern stürzen sich sofort auf das Opfer.

Mit den Regulierungsarbeiten der Donau wurde das Hauptstrombett durch steinerne Dämme abgegrenzt. Vor den Ausfluß eines jeden Nebenarmes kam ein solcher Damm, der die Strömung dämpft.

Im Herbst und in lauen Winterszeiten übernachten Tausende von Wildgänsen auf den Wassern zwischen den Inseln, dort hauptsächlich auf dem breiten, stillen Spiegel des Donauarmes von Bagamér.

Zu diesem Donauarm kam ich damals dann und wann zum Gänsestrich, hatte einige Male auch guten Anflug und schoß den Kahn halb voll mit Gänsen.

Doch liebte ich diese Jagdart im Finstern nicht. Die Gänse kamen sehr spät, manchmal nur bei Mondschein, und man konnte nur aufs Geratewohl zur Kette der Gänse hinaufschießen. Auch wurde man vom Mündungsfeuer vollständig geblendet und sah die Gans nur später fallen, wenn man überhaupt getroffen hatte. Und dann verlor man auch viele Gänse, die geflügelten tauchten sofort, und die weich geschossenen wurden von der Finsternis verschluckt.

Deswegen jagte ich an der Bagamérer Donau nur selten auf Gänse. Und vor allem, weil es mir leid tat, die sich zur Nachtruhe begebenden Gänse mit meiner Schießerei zu stören. Dort habe ich nämlich zum ersten Mal die Beobachtung machen können, wie sehr sie dies stört.

Wie recht hat das kanadische Jagdgesetz, das die Gänsejagd nur vormittags auf den Äsungsflächen gestattet, doch ist es verboten, sie abends an den Gewässern, ihren Übernachtungsplätzen, zu stören!

Später hatte ich öfters die Möglichkeit, am Balaton auf Gänse zu jagen. Auf dem großen Binnensee übernachten auch jetzt noch oft mehrere zehntausend und manchmal auch hunderttausend Gänse, die am Morgen auf die Felder der Umgebung streichen und dort tagsüber äsen. Wenn kein Schnee liegt, bleiben die Gänse sogar bei Frost, wenn der See schon vollständig zugefroren ist, und übernachten auf der Eisfläche. Ihr Großteil sind Saatgänse, doch einige Flüge Großer Bläßgänse gibt es auch vornehmlich bei fortgeschrittener Jahreszeit.

Die Gänse bleiben hier, um auszuruhen, denn auf der riesigen Wasserfläche stört sie beim Einfall und des Nachts nichts, und es macht ihnen nur sehr wenig aus, wenn sie draußen auf den Feldern beschossen werden. Meistens jedoch bejagt man sie am Ufer des Sees beim Abend- und Morgenstrich, was aber fast aussichtslos ist, denn die Gänse wissen genau, daß sie dort beschossen werden, und steigen stets weit über Schußdistanz hoch, es sei denn, daß sie ein sehr starker Gegenwind oder dichter Nebel niederdrückt. Nur dann haben die „Uferjäger" eine Chance.

Deswegen wurden meines Wissens auch am Plattensee niemals so große Strecken gemacht wie beispielsweise in der Hortobágy, an den Fischteichen von Biharugra und am Neusiedlersee.

Die Gänsejagd am Balaton ist auch sehr schön, wenn man die Möglichkeit hat, weiter draußen in den Feldern auf sie zu passen. In der Nähe der Südwestecke des Sees konnte ich öfters zum Morgenstrich in die Felder gehen, einige Kilometer vom See entfernt, wo die Gänse auf Maisstoppeln oder auf grünen Saaten ästen.

Meistens kamen sie erst bei vollem Schußlicht an; man mußte also in Baumreihen oder in Gräben gute Deckung finden. Freilich strichen sie fast immer hoch, selten nur konnte man ihre Ständer sehen, was bekanntlich ein sicheres Zeichen dafür ist, daß die Gans in Schrotschußhöhe streicht.

Sehr viele Gänse habe ich hier nie auf einem Strich geschossen, weil ich mich einfach nur dem Gefühl nach anzustellen pflegte, in der Hoffnung, daß dort einige Flüge in erreichbarer Höhe über mich streichen werden. Mit Lockgänsen habe ich dort leider nie gejagt, doch glaube ich, daß man mit dieser Methode viel erfolgreicher und vor allem reizvoller jagen könnte, wenn der Jäger vor seinem Versteck lebende oder künstliche Lockgänse anbindet bzw. aufstellt. Oft streichen die Gänse da den ganzen Tag, besonders bei steifem Wind, wenn ihnen „die Kehle austrocknet" und sie auch tagsüber öfters das Wasser aufsuchen. Überdies habe ich die Beobachtung gemacht, daß sie bestimmte Äsungsplätze bevorzugen. Mit dieser Methode könnte man hier gute Strecke machen, weil es viel leichter ist, die über den Lockvögeln kreisenden Gänse zu schießen als die in Keilformation ziehenden. Denn diese fliegen meistens nicht nur vorwärts, „in die Richtung, in welche ihr Hals zeigt", sondern auch seitwärts, besonders wenn sie vom Seitenwind geschoben werden.

Die Jagd mit Lockgänsen ist meines Erachtens nicht bloß die schönste und aufregendste, sondern auch die ergiebigste. Denn sie wird bei Tageslicht ausgeübt, man sieht ständig die rufenden Gänse von weitem heranstreichen, dann ziehen sie einen Kreis über den Locken. Der Jäger duckt sich, damit er in seiner Deckung ungesehen bleibt, und beobachtet nur aus den Augenwinkeln, verfolgt mit seinem Gehör den Kurs der Gänse, und wenn sie dann mit gut hörbarem Schwingensausen in Schußentfernung sind, erhebt er sich plötzlich. Endlich sind sie schußgerecht, die vorsichtigen, scharfäugigen Gänse!

An einem Morgen, als der steife Südwind sie in Bodennähe drückte, konnte ich beim Strich elf Gänse schießen. Ein andermal acht Stück an einem Vormittag, als es mir gelang, zwischen zwei weit voneinander äsenden großen Flügen Deckung zu nehmen und die manchmal niedrig von einem zum anderen hinüberstreichenden Gänse zu zehnten.

Hier am Balaton schoß ich nicht mehr mit der Kugel auf die äsenden Gänse, denn es ist doch viel schöner, die hoch oben im Blau des Himmels streichende Gans mit gut vorgehaltener Flinte zu treffen . . .

Zuletzt, sozusagen als Schlußakkord, will ich noch von der Pußta Hortobágy erzählen, der allerbesten der damaligen Gänsejagden. Damals war die Hortobágy für einen in Westungarn wohnenden Jäger schwer zu erreichen. Wir lasen und hörten sehnsüchtig Berichte über die riesigen Scharen der dort rastenden Gänse und über die sagenhaften Strecken.

Ich kann es meinem guten Los verdanken, daß ich noch den märchenhaften, schier unglaublichen Gänsereichtum der alten Hortobágy kennenlernen und die völlige Besonderheit der Gänsejagd in der Pußta erleben durfte.

Auch dies war dem Zusammenspiel glücklicher Umstände zu verdanken, wie so vieles im Leben. Bei irgendeiner Hasenjagd in der Großen Tiefebene lernten wir Jagdkumpane aus der Gegend der Hortobágy kennen, die sehr erfahren in der Organisation von Gänsejagden waren; sie luden uns sogleich für den nächsten Herbst ein und bereiteten auch alles trefflich vor.

Eigentlich war es eine Leichtigkeit, damals in die Hortobágy zur Jagd zu gehen. Fast die ganze Grassteppe von etwa 30 000 Hektar gehörte der Stadt Debrecen, und jeder konnte bei dem Fremdenverkehrsamt für fünfzig Pengő eine Jagdkarte für die ganze Jagdzeit erwerben. Damit bekam er das Recht, auf der Grassteppe und allen „wilden Wassern" der Hortobágy mit Ausnahme einer Schutzzone von 200 Metern um den Komplex der „großen Fischteiche" auf Wasserwild zu jagen. Das erlegte Wild gehörte dem Schützen. Eine geschossene Gans brachte fünf Pengő beim Wildhändler ein; aus dem Gegenwert von zehn Gänsen war die Jagderlaubnis bezahlt.

Die Schwierigkeiten lagen jedoch anderswo. Außer der Jagdkarte brauchte man noch Unterkunft, Gruben, die von den Einheimischen, die den Gänsestrich ständig beobachteten, vor der Jagd gegraben wurden, ein Gespann, welches den Jäger in der Finsternis lange vor Tagesgrauen mit seinen Patronen und anderen Siebensachen zur Grube und mittags mitsamt den geschossenen Gänsen zurück brachte. Schließlich brauchte man einen Einheimischen, der mit dem bewundernswerten Instinkt des Pußtamenschen in der Dunkelheit der endlosen Weite oder im Nebel genau den Ort der Grube zu finden imstande war.

All dies konnte der Jäger in der berühmten Hortobágy-Csárda

inmitten der Pußta am gleichnamigen Fluß erhalten. Selbstverständlich auch Pußtaromantik mit Zigeunermusik. Freilich geschäftsmäßig für eine schöne Stange Geld, denn auch damals kamen schon ausländische Jäger; das Gänsejagen von der „Csárda“ aus war sehr „fashionable“ geworden und so auch nichts für junge Jäger mit einer mageren Brieftasche.

Unsere Freunde jedoch, einheimische, routinierte Gänsejäger, kannten andere Möglichkeiten der Gänsejagd.

Es stand am nordwestlichen Rande der gewaltigen Grassteppe einsam in der unendlichen Weite eine jahrhundertealte, schilfbedeckte Csárda. Ihr damaliger Besitzer Józsi Czinege hatte wohl eine Erlaubnis zum Ausschank, und abends kamen auch einige Pußtabewohner, Rinder- oder Pferdehirten, um ein Glas Wein oder einen hausgebrannten Schnaps zu trinken, doch genügte dies nicht zum Leben. Auch die paar Morgen schweren, alkalischen Bodens nicht, die zum Haus gehörten. Zur Ergänzung seiner Einkünfte war Józsi in der Gänsesaison „Grubengräber“, eine Spezialität der alten Hortobágy.

Der „Grubengräber“ kannte die Pußta wie seine eigene Tasche, er kannte Luftwege und Wechsel des Wasserwildes und freilich auch die Witterungsverhältnisse, denn beides hängt eng zusammen. Im Herbst und im Frühjahr beobachtete er ständig den Strich der Gänse und ihre Luftwechsel. Wo man sie brauchte, grub er dann Gruben, freilich nicht bloß eine, sondern mehrere, verstreut in der schier endlosen Pußta. Jeder Grubengräber brachte nur seine eigenen Gäste in seine Gruben, mit eigenem Pferd und Wagen, die zu dieser Zeit in der Landwirtschaft sowieso unbeschäftigt waren, und er verdiente auch gutes Fuhrgeld. Doch war er auch verantwortlich dafür, daß bis zum Frühjahr, wenn das Vieh in die Pußta hinausgetrieben wurde, die Gruben zugeschüttet waren, damit das Vieh nicht die Läufe darin brach.

Beim Eigentumsrecht der Gruben bestand eine harte Ordnung. Mir ist es passiert, daß wir eines Morgens etwas verspätet zur Grube kamen, in der schon ein fremder Jäger mit seinem „Vizsla“ (ungarische Vorstehhundrasse) saß. Er war ein Jäger aus dieser Gegend, schoß auch sauber, denn ich konnte zwei seiner Dubletten sehen, als wir im Heranfahren waren. Er wußte natürlich, daß dies

Józsis Grube war und ich sein Gast. Wir stellten uns gegenseitig vor, und dann kramte er seine Klamotten zusammen und zog mit Hund und Gänsen in der Pußta los, ohne ein Wort der Empörung verlauten zu lassen. Für den Tag hatte er schon ausgespielt, jedoch hatte ich das Recht auf die Grube. Die Macht des Gewohnheitsrechtes!

Bei unserem ersten Besuch im Herbst 1943 kamen alle Gänse der Hortobágy zu den Fischteichen, weil andere Gewässer ausgetrocknet waren, und man konnte sie nur aus den ringsherum in angemessener Entfernung von den Dämmen ausgehobenen Gruben bejagen. So konnten wir auch nicht in der zu weit entfernten alten Csárda wohnen, sondern mußten mit einer Notunterkunft vorlieb nehmen, die nur eine Stunde Wagenfahrt von unseren Gruben entfernt war.

An diesem ersten Ausflug schossen wir nur wenig Gänse. Es waren wundervolle Oktobertage mit klarer Luft, strahlendem Sonnenschein, und im windstillen Wetter strichen die Gänse nur allzu hoch.

Wir waren jedoch nicht traurig, daß wir keine große Beute machen konnten. Denn alle Gänse der Hortobágy – es müssen Millionen gewesen sein – zogen allabendlich in endlosen Ketten zu den Teichen. Morgens erhob sich aber mit ohrenbetäubendem Rauschen und Geschnatter eine Welle von Gänsen nach der anderen vom Wasser, und sie zogen in allen Richtungen auf die Steppe hinaus.

Eine wundervolle, nie gesehene Naturerscheinung, die man sich überhaupt nicht vorstellen kann!

Im Frühjahr des nächsten, schicksalsschweren Jahres 1944 konnten wir noch einen zweiten Ausflug in die Hortobágy machen. Der Lenz kam spät in diesem Jahr, der März war kalt und windig, der Vogelzug ebenfalls verspätet. Mitte März bedeckten ungezählte Schwärme von Gänsen die Grasflächen und Gewässer der Hortobágy. „Die Gänse ziehen wie der Rauch!" sagte Józsi Czinege, als die riesigen Schwärme sich am Horizont erhoben. In diesen wirren Zeiten gab es wenige Jäger in der Hortobágy. Wir sind dort steckengeblieben, denn eine Woche lang gab es keinen Zugverkehr. Was konnten wir Besseres tun, als auf Gänse zu jagen? Patronennachschub kam von den Freunden in Tiszafüred, solange der Vorrat reichte.

Das Jagdhaus in der Hanság (S. 245)

Hier hat er in der Nacht gebrochen

Sein erster Kessel (S. 246)

Am Ende der Fährte . . . (S. 252)

Diesmal wohnten wir in der alten Csárda, denn es gab nach der Schneeschmelze überall Gewässer, und wir konnten auch in ihrer Nachbarschaft gut jagen. Wir wohnten im großen Schankraum, in dessen Ecke ein riesiger Backofen Wärme spendete, und schliefen auf den Eichenbänken, die sich an der Wand entlangzogen. Die ganze Einrichtung des Raumes hatte sich seit mindestens hundert Jahren bestimmt nicht geändert. Es war ein Holzgitter vor der Schenke, und vor den Bänken standen schwere Eichenholztische mit Kreuzbeinen.

Stunden vor Tagesanbruch fuhren wir mit dem Pferdefuhrwerk los, und meistens war Mittag schon gut vorüber, wenn wir heimkamen. Der Wagen war mehr oder weniger mit Gänsen vollbeladen. Je nachdem der Strich gut oder schlecht gewesen war, wie die Witterung paßte, und ob wir an den richtigen Stellen saßen.

Nachmittags kamen dann einige Hirten und andere Pußtamenschen auf einen Umtrunk. Wir saßen unter der Petroleumlampe und sangen mit Zitherbegleitung; die Klänge alter Weisen drangen durch die blinzelnden Augen der kleinen Fenster hinaus in das Dunkel der Nacht.

Nicht nur die Millionen der Wildgänse, sondern auch der besondere Zauber des Lebens und der Menschen in der Pußta haben in meine Seele unauslöschbare Spuren geschrieben ...

Es vergingen zehn, zwölf Jahre, bis ich wieder in die Hortobágy kam. In den darauffolgenden Jahren habe ich sie noch viele Male besucht. Es war nämlich eine meiner Aufgaben zu versuchen, dort jagdliche Ordnung zu schaffen und die vorhandenen Jagdmöglichkeiten zu organisieren. Ich habe wenig Erfolg gehabt! Es gab damals zu viele Jäger und schon sehr wenige Gänse!

Denn es hatte sich inzwischen allzu vieles in der Urlandschaft der Hortobágy geändert; am meisten das Bild der Pußta und der Lebensraum der Zugvögel. Die „wilden Wasser" wurden reguliert, indem die größeren Senken in Fischteiche umgewandelt wurden, die Grasflächen mit alkalischen Böden wurden umgepflügt, um aus ihnen wenig fruchtbare Ackerflächen und zum Teil Reisfelder zu machen. Wo die Steppe noch erhalten blieb, wurden kreuz und quer Kanäle und Gräben gestochen, Leitungen gebaut, anstelle der

Schilfhütten des Hirtenvolkes traten häßliche Vorwerke aus Beton.

Den Enten blieben noch ihre Wasserflächen auf den Fischteichen erhalten; doch die Lieblingsplätze der Gänse waren vernichtet. Die Steppe mit ihren Weideflächen und seichten Gewässern war zum größten Teil verschwunden, und die neuen Fischteiche waren als Übernachtungsplätze nicht großflächig genug. Es blieben ihnen nur ihre einstmaligen Zufluchtsstätten, die „großen Fischteiche", übrig.

Die Gänse hatten jedoch auch hier keine Ruhe mehr. Draußen auf den Resten der Grasflächen lohnte es sich nicht mehr zu jagen, auch war es zu umständlich geworden, die Gruben auszuheben, vor Morgengrauen lange Strecken mit dem Pferdefuhrwerk zu fahren, einen halben Tag lang in der Grube zu sitzen, wenn die Gänse konzentriert an den Fischteichen zu bejagen waren. Die Jäger gingen lieber zum abendlichen Einfall und morgendlichen Strich, wenn die Gänse zur Äsung zogen.

Dahin konnte man bequem mit dem Auto hinausfahren und zwischen den Teichen dann mit der Pferdebahn; man brauchte nur einige Schritte bis zum Stand zu gehen. In der Deckung des Schilfes stehend konnte man leicht die Gänse und Enten beschießen, wenn ein Flug oder Schof ausnahmsweise in Schußhöhe strich. Denn sie wußten stets sehr schnell Bescheid und erhoben sich unerreichbar hoch in den Himmel, bevor sie über die Dämme kamen.

Vorerst gelang es mir nicht, diese Jagdmethode abzuschaffen. Der Andrang war zu groß, und ich traf nicht auf das nötige Verständnis. Die Gänse hatten sozusagen nie Ruhe, sie wurden ringsherum, zwischen und auf den Teichen fast ständig beschossen, sowohl von inländischen als auch später von ausländischen Jägern, die alle an der berühmten Gänsejagd in der Hortobágy teilnehmen wollten. Wenn es noch erfahrene Gänsejäger gewesen wären! Doch die allermeisten beschossen das Wild bis zum hohen Himmel hinauf und verschossen Hunderte von Patronen. Freilich tat dies den Gänsen kaum Abbruch, doch das Geballer störte sie ungemein und zwang sie, in anderen Gegenden Zuflucht zu suchen.

Wenn ich mich richtig erinnere, war es im Jahre 1957, als ein deutscher Jagdgast an einem Abendeinfall die beste Nachkriegsstrecke, nämlich 33 Stück, erzielte. Er war aber auch ein hervorragender Schrotschütze. Vor dem Kriege waren solche Strecken bei der Grubenjagd kaum erwähnenswert gewesen.

In den folgenden Jahren wuchs die Zahl der Jäger noch an, die der Gänse nahm jedoch ständig ab. Zu guter Letzt hörte die Schießerei ganz von allein auf, weil es kaum mehr Gänse gab! Seit langem bin ich selber nicht mehr dort gewesen, doch wie ich hörte, gab es vor einigen Jahren kaum mehr Gänse.

Wie kann die Zahl der Gänse so abgenommen haben? Sicher ist, daß sie durch die häufige Störung an ihren Übernachtungsplätzen vergrämt wurden. Dort wohnende Jäger und Ornithologen, die etwas von Gänsen verstehen und in den letzten Jahrzehnten die Möglichkeit hatten, den Gänsezug von Jahr zu Jahr zu beobachten, sagten mir, daß es unter den Großen Bläßgänsen kaum Jungvögel gibt. Dies ist auch bei hoch streichenden Gänseflügen bei guter Sicht leicht festzustellen, denn die Altvögel haben sehr auffallende dunkle Brust- und Bauchstreifen, während die Unterseite der Jungvögel hell ist. Man sagt, daß infolge irgendwelcher Naturkatastrophen im Brutgebiet der Nachwuchs zugrunde gehen soll.

Ich habe jedoch auch aus ornithologischen Berichten erfahren, daß in der Ukrainischen Ebene riesige Fischteichsysteme erbaut worden sind. Der Wanderweg der Gänse hat sich dadurch geändert; sie machen eher dort Station als in der wenig gastfreundlichen Pußta Hortobágy.

Zu untermauern scheint dies auch die ornithologische Meldung, daß sich auf der Wandervogel-Zugstraße der westeuropäischen Meeresküste die Zahl der Großen Bläßgänse auffallend erhöht hätte.

Ob es uns gelingen wird, die Pußta Hortobágy für die wandernden Wasservögel zurückzuerobern, darauf erhalten wir in Kürze Antwort.

Vor einigen Jahren wurde nämlich die Hortobágy in der letzten Minute zum Nationalpark erklärt. Die riesige Fläche mit ihren Fischteichen, den wenigen noch übriggebliebenen unberührten Grassteppen und Wildwassertümpeln, der letzten Herde des grauen ungarischen Viehs mit den gewaltigen Hörnern und den zottigen Schafen mit gewundenen Hörnern; mit den vor der Peitsche des

„Csikós“ über die Pußta galoppierenden Pferdeherden und den letzten Überbleibseln der alten, ungefälschten Pußtaromantik. Man will dies alles wieder beleben und möglichst viel wiederherstellen, was unbeachtet und unbedacht zerstört wurde.

Das Knallen der Flinten dort hat aufgehört, die durchziehenden Gänseschwärme haben ihre notwendige Ruhe. In der Nähe wurde an der Theiß ein gewaltiger Stausee gebaut, wo die Gänsescharen auch werden übernachten können. Es ist zu hoffen, daß die Wanderer der Himmelsstraßen zu ihren jahrhundertealten Ruheplätzen zurückkehren werden, wenn sie dort Ruhe und Sicherheit erwarten.

Das Ende der Fährte

Wie die Fährte des Wildes, so windet sich der Wandel und Wechsel des Menschenlebens dahin, im Zickzack, in ständigem Auf und Ab. Jeder deiner Schritte hinterläßt eine Spur auf deinem Lebenswechsel, die Spuren verbinden sich wie die Glieder einer Kette, und die Kette läuft und läuft, wird immerfort länger, von Tag zu Tag, von Jahr zu Jahr, von der Kindheit zur Jugend, über die vielen Freuden und Sorgen des Lebens hinweg, bis sie einmal plötzlich reißt und bei deinem letzten Schritt vom Tode jäh abgeschnitten wird.

In einer stillen Winternacht fing es sachte zu schneien an, und der Neuschnee breitete ein weißes Tuch über das schier endlose Moorland. Nach kaum einer Stunde hörte der Schneefall auf. Als ich bei der ersten Dämmerung aus der Jagdhütte trat, empfing mich ein Bild wie aus einem Märchen. Die Zweige, Sträucher, Schilfhalme trugen alle eine dicke weiße Haube, und es gab keine andere Farbe im Moor als weiß und schwarz.

Am Rande einer kleinen Dickung stand die gewaltige Fährte einer einzelnen Sau, so stark, wie ich sie während des Pirschens durch viele Reviere bis zu den Ostkarpaten nie in Anblick bekommen habe. So breit wie die eines starken Hirsches, die Länge des Schrittes für eine Sau nahezu unglaublich!

Diesen Keiler, den Urgroßvater der Sauen des Moor- und Bruchgebietes, der vielleicht als erster seiner Sippe hier vor Jahren einwechselte, um ein neues Einstandsgebiet zu erobern und seinen zahlreichen Nachkommen neue Heimatreviere zu gründen, hatte ich schon einmal in Anblick bekommen und als ein unwirkliches Phantom mit Ehrfurcht bewundert.

Fast taghell hatte der Vollmond damals in einer Julinacht den blonden, reifen Weizenschlag am Waldrand beleuchtet, in welchem eine einzelne Sau stand, die so stark war, daß ich kaum meinen Augen traute. Im wallenden Bodennebel der windstillen, lauen Sommernacht konnte ich auch die Gestalten zweier Rottiere in ihrer Nähe ausmachen, die sich ebenfalls am leckeren, milchigreifen Weizen gütlich taten. Die dunkle Gestalt der Sau war so lang wie das vom Mondlicht hell beschienene Kahlwild, vielleicht eine Spanne niedriger, aber zu weit für eine sichere, saubere Kugel.

Und jetzt führt die riesige Fährte des unwahrscheinlich starken Keilers in die kleine Dickung! Aber wahrscheinlich steckt er nicht hier, denn dahinter breitet sich weit ausgedehnt das große Bruch des „Brandwaldes" aus, einer der besten, ungestörtesten Einstände, der für Menschen nur jetzt bei Frost zu begehen ist. Aber wer würde denn in dieser menschenleeren Gegend etwas zu suchen haben?

Es wäre unnütz, diese Dickung zum Abfährten zu umschlagen. Ich bin allein, könnte die Sau ja nicht drücken lassen, ich muß ihr selber auf die Schwarte rücken!

Mit schußfertiger Büchse folgte ich der Fährte in die Dickung. Obwohl das Halten der Fährte ein Kinderspiel ist, sind doch fast alle Chancen auf der Seite des Wildes.

In dem mit Salweidensträuchern dicht bewachsenen Schilf ist es unmöglich, leise vorwärts zu kommen; bei dem windstillen Wetter vernimmt das Wild das Geräusch schon von weitem. Die Sicht ist in der schneebehangenen Dickung auf wenige Schritte beschränkt. Nichtsdestoweniger versuche ich das höchst spannende Ausgehen der Fährte!

Kaum winde ich mich einige Minuten durch die Dickung, sehe ich einen dunklen Fleck vor mir im Wirrwarr des Gestrüpps! Doch nicht der Keiler im Kessel? Nein, das wäre ein viel zu leichter Erfolg, ein unverdientes Waidmannsheil! Es ist der noch dampfende warme Kessel des Keilers, der, als er mein Brechen vernahm, rechtzeitig und lautlos sein Lager verließ. Freilich ist er ein alter, durch viele Gefahren und Erfahrungen gewitzter Schlaumeier, der sich nicht durch die vielmals bewährte Praktik übertölpeln läßt, daß der auf der Fährte folgende Jäger langsamen, gezogenen Schrittes das Knacken des ziehenden, anwechselnden Wildes nachahmt.

Ich hatte guten Wind, ein Zufall, da man sich ja beim Ausgehen der Fährte nur nach dieser und nicht nach dem Wind richten kann. Doch hatte ich den Fehler begangen, der Fährte morgens zu zeitig zu folgen. Es wäre klüger gewesen, in der warmen Hütte ausgiebig zu frühstücken, mich in aller Ruhe mit Tee zu stärken und etwa um zehn Uhr vormittags mit dem Ausgehen zu beginnen. Bekanntlich haben Sauen am späten Vormittag ihren tiefsten Schlaf, wobei sie leichter im Kessel überrascht werden können. Doch ich hatte mit einer längeren Verfolgung gerechnet und nicht damit, daß sich der alte Keiler in dieser kleinen Dickung außerhalb der beliebten Einstände einschob, wo sonst Sauen selten liegen!

Ich hänge der Fährte nach in der Hoffnung, daß es mir gelingt, den Keiler irgendwo zu erreichen und in Anblick zu bekommen. Er konnte ja nicht viel Verdacht geschöpft haben, ich habe auch weiterhin guten Wind, er zieht auch nur, so konnte es wohl möglich sein, daß er sich in der Nähe wieder einschiebt. Doch zu meiner Überraschung nimmt der Keiler nicht den gut belaufenen Wechsel an, der vom Felde her in die große Dickung des „Brandwaldes" führt, sondern überfällt einen Wassergraben und zieht in Richtung einer kleinen Dickung ganz in der Nähe der Jagdhütte. Drinnen zieht er hin und her, er kann keine hundert Gänge vor mir sein, aber ich kann weder das kleinste Geräusch hören noch ein Haar sehen. Jetzt erreicht die Fährte fast den Dickungsrand, biegt dann scharf rechts ab und führt wieder im Bogen in die Dickung hinein. Dann stoße ich auf die Stelle, wo der Keiler seine frühere Fährte und meine Spur kreuzt. Wenn ich bis jetzt daran gezweifelt hatte, so bin ich nun sicher, daß er sich darüber im klaren ist, von einem Menschen verfolgt zu werden.

Nun weiß ich selber auch schon: er wird mir nicht leicht zur Beute, wenn ich ihn überhaupt erblicken kann. Könnte ich ihn doch bloß in Anblick bekommen!

Dann aber zieht er wieder in Richtung des „Brandwaldes", überquert erneut den Wassergraben und wechselt in dieselbe Dickung zurück, in der er im Kessel war. Wenn jetzt nur einer vorne am Wechsel stünde, der fast schon ein Zwangswechsel ist, weil die beiden Dickungen sich fast berühren. Die Sauen ziehen immer hier in Deckung durch und nicht über die breite Wiesenschlenke auf beiden Seiten.

Doch wäre der Jäger erfolglos an diesem gewohnten Wechsel gestanden! Der alte Keiler war vorsichtiger als der schlaueste Fuchs. Er schlug die Richtung ein, wo zwischen den Dickungen die Wiese etwa steinwurfbreit war. Dort verhoffte er, bevor er die Deckung verließ, trat hin und her, schöpfte Wind, spekulierte lange. All dies war aus dem Fährtenbild deutlich zu erkennen. Dann stahl er sich am Rande der Dickung gut 100 Schritt weiter, und wo die Wiese sich auf etwa 10 Schritt verengt, wo aber sonst Sauen fast nie durchwechseln, ging er hinüber. Nein, er ging nicht, er flog! In drei großen Fluchten hatte er die Wiese überquert, dann fiel er sogleich wieder in Schritt und wechselte in den „Brandwald" ein.

Ich aber folgte ihm unverzagt, obwohl ich schon an die zwei Stunden der Fährte nachgegangen war und vom Naßschnee keinen trockenen Faden mehr am Leibe hatte.

In den Dickungen des „Brandwaldes" konnte ich nur wenig Hoffnung auf Erfolg haben, weil im feuchten Bruch anstelle des ausgebrannten einstigen Hochwaldes jetzt größtenteils schon dichter Erlen-, Birken- und Salweidenjungwuchs stand. Mein Ziel war vielmehr, den Keiler zu veranlassen, in die jenseits liegenden Schilf- und Salweidenpartien mit eingestreuten Wiesenflecken auszuwechseln, wo man stellenweise weitere Sicht hatte. Auch das war nicht leicht. Der Keiler zog ständig vor mir her, in weitausholenden großen Bögen, schlug zwischendurch Haken auf Haken, aber lange Zeit verhoffte er nicht mal, geschweige denn, daß er sich eingeschoben hätte. Er kreuzte dabei auch seine eigene und meine Spur des öfteren und trachtete ständig, unter meinen Wind zu kommen. Ich aber hing immerfort der Fährte nach, sie war von anderen Sau- und Rotwildfährten spielend leicht zu unterscheiden. Ich schob mich oft auf allen vieren oder bäuchlings durch schneebehangenes Buschwerk, turnte über morsche, verbrannte Stämme und die Wurzeln der vom Torfbrand gestürzten Bäume, schwitzend, atemlos, schon fast ohne Hoffnung, da ich ja nicht einmal ein Geräusch des Keilers hatte vernehmen können. Seine Fährte führte mich auch zu einem eingegangenen, von den Sauen stark angeschnittenen Stück

Kahlwild. Freilich war er auch hier ohne zu verhoffen vorbeigezogen.

In einer kleineren, dichten Dickungspartie zog er hin und her, und ich folgte der Fährte mit schärfer angespannten Sinnen, da dies die Sau dann tut, wenn sie sich anschickt, ins Lager zu gehen. Zum Schluß kam ich zu einem dicken, morschen gestürzten Baumstamm, wo der Keiler endlich einen Kessel angenommen hatte. Aber wie? Nicht so, wie ich es erwartet hätte, neben dem Stamm, sondern zwischen den beiden Seiten des inwendig morschen Baumes. Er hatte hier wie in einem Trog gelegen.

Ich wäre wohl äußerst überrascht gewesen, wenn der Keiler aus dem Baumstamm vor mir flüchtig geworden wäre; doch kam es freilich nicht dazu. Er hatte sich wieder viel zu zeitig aus dem Staube gemacht.

Ich hatte aber so viel erreicht, daß er der langwährenden Verfolgung überdrüssig wurde, die Dickung des „Brandwaldes“ endlich verließ und auf die jenseitige, mit Schilf und Salweiden bestandene Fläche auswechselte. Hier zog er ebenfalls von Dickung zu Dikkung weiter, doch hatte ich schon mehr Hoffnung, ihn in einer der Lücken erblicken zu können, und hing der Fährte durch Dick und Dünn weiter nach. Manchmal schwanden schon meine Kräfte, und ich war drauf und dran, die aussichtslos scheinende Verfolgung aufzugeben. Doch war die Mittagszeit kaum vorüber, und ich beschloß, der Fährte bis zum Schwinden des Büchsenlichtes zu folgen.

Den Keiler zur Strecke zu bringen hatte ich kaum mehr Hoffnung, doch wollte ich zumindest sehen, mit welchen Finessen er mir zu entweichen trachtete.

Kaum war ich einige hundert Gänge weitergekommen, als ich zu meiner Überraschung wieder auf einen noch warmen Kessel stieß. Er hatte sich in einem Gestrüpp eingeschoben, wo keine fünf Schritt Sicht waren. Natürlich hatte er sich kein Lager aus abgerissenen Zweigen und Stengeln der Goldrute gerichtet, wie Sauen es bei Schnee mit Vorliebe tun und wie der Keiler heute morgens auch getan hatte, sondern hatte bloß eine seiner Körperlänge entsprechende Furche mit dem Gebräch aufgeworfen und sich da hineingelegt, selbstredend mit dem Haupt in Richtung des Verfolgers. Im Laufe der Verfolgung hatte er immer jede sich bietende Deckung benützt, zog ständig durch die dichtesten Dickungen: er schien genau zu wissen, daß er hier in größter Sicherheit war.

Nun hörten aber die Dickungen auf, und es kam ein Gelände, wo in weiten Flächen hohen Riedgrases einzelne, kleinere Schilfpartien eingestreut lagen. Meine Hoffnungen wuchsen wieder. Vielleicht könnte ich ihn hier erreichen, weil ich teilweise bis zu zweihundert Gänge weit Sicht hatte. Doch auf diesem Terrain, das weite Sicht und Schußfeld bot, fühlte er sich nicht in Sicherheit und war langen Schrittes in einen Dauertroll gefallen. Hier schlug er schon die Richtung auf eine riesige, gut 100 Hektar große Salweidendickung ein.

Im Laufe von mehr als zwei Stunden, in denen ich hier seiner Fährte nachgegangen war, konnte ich immer wieder feststellen, daß er dauernd im Kreise ging, zwischendurch öfters kehrtmachte, um mehrere hundert Gänge auf seiner eigenen Spur zurückzuziehen und dann von ihr unerwartet im rechten Winkel mit einem großen Satz abzubiegen. Offensichtlich versuchte er, mich mit allen seinen Finessen zu narren und abzuschütteln. Denn er war sich natürlich genau im klaren, daß ich ihm folgte.

Das Folgen der Fährte wurde auch deswegen schwierig, weil es schon später Nachmittag und viel Wild auf den Läufen war, so daß seine Fährte sich vielmals mit denen anderer Sauen und Rotwild vermengte und ich manchmal nur durch öfteres Bogenschlagen seine Fährte wieder ausmachen konnte. Und der nasse Schnee fiel dauernd von den Zweigen in meinen Nacken, was aber schon längst keine Rolle spielte, da ich ja bereits seit Stunden völlig durchnäßt war. Er fiel auch auf meine ständig schußfertig gehaltene Büchse und bedeckte Mündung, Visier und Korn, so daß ich sie fortwährend abwischen und säubern mußte.

Die Sonne sank immer tiefer, und die Aussichten, den Keiler auch nur erblicken zu können, wurden immer geringer. Ich konnte nur noch eine Hoffnung haben: daß er, der ständigen Verfolgung überdrüssig, sich wieder irgendwo einschieben würde, um so mehr, als ich wegen des ewigen Rätselns an seiner Fährte nun schon weit zurückgeblieben sein mußte. Gut möglich, daß er auch ermüdet war oder sich mit einer neuen List drückte und ich so doch noch an ihn herankommen konnte.

Ich rätselte also weiter an der Fährte, aber es wurde immer schwieriger. Zum Schluß kam das Fährtengewirr ganz durcheinander, und ich verlor auch die Orientierung inmitten der Dickung. Es war nichts mehr zu machen, ich mußte aufgeben. Aufs Geratewohl schlug ich eine Richtung ein und hielt sie so lange, bis ich schließlich an den Rand der Dickung kam. Da hatte ich nun wieder weite Sicht in der eintönigen, endlosen Bruchlandschaft und konnte feststellen, daß ich mich am westlichen Rand der großen Dickung befand. Die Jagdhütte lag aber in der entgegengesetzten Richtung; ich mußte also auf dem Heimweg die Dickung im großen Bogen weit ausholend umgehen.

Obwohl ich ziemlich am Ende meiner Kräfte war, und auch der kurze Wintertag zur Neige ging, entschloß ich mich zu einem letzten Versuch, um so mehr, als ich damit auch den langen Heimwechsel abkürzen konnte. So kroch ich denn ziemlich verzagt und entmutigt wieder in die Dickung.

Als Lohn meiner Ausdauer erlebte ich eine freudige Überraschung. Ich kam unerwartet wieder auf die nagelfrische Fährte des Keilers! Mit einem neuen, letzten Schimmer der Hoffnung nahm ich sie nochmals auf.

Ich winde mich gerade durch das Ästegewirr einer besonders dichten Stelle, als – heiliger Himmel! – kaum zehn Schritt vor mir hinter einem niedergebogenen Busch eine riesige schwarze Masse flüchtig wird. Eine Sau, so groß wie ein Esel, die im Gestäube des von den Zweigen herabfallenden Schnees breitseits neben mir zurückstürmt. Im Anschlagen klemmt sich die Büchse zwischen Zweigen fest. Ich kann sie irgendwie freimachen, es soll doch wenigstens knallen! Mit einem Ruck ist der Kolben an der Schulter, und, mein Gott, die Laufschiene ist voller Schnee! Ich kann die Sau kaum sehen, Visier und Korn schon überhaupt nicht. Den Schuß werfe ich gefühlsmäßig hin, eine gewaltige Schneewolke kommt herab, überall um mich stäubt der Schnee. Ich springe beiseite, um mehr sehen zu können, die Sau flüchtet nicht weiter. Auf derselben Stelle stößt sie den Schnee von den Zweigen – sie liegt, es kann ja nicht wahr sein!

Als ich ihr gegenüberstehe, ist sie noch nicht verendet, bläst schaumigen Schweiß um sich und wetzt drohend das Gewaff. Ein schneller Fangschuß, ein heraufbrechendes Röcheln, ein Zittern über dem gewaltigen Wildkörper, dann strecken sich die Läufe ...

Den Hut in der Hand, fast erschüttert stehe ich vor dem Keiler. Er ist am Ende seiner langen, gewundenen Fährte angekommen.